吉林油田勘探开发理论与技术丛书

致密砂岩储层微观孔隙结构表征

张海龙　李忠诚　王海龙　陈　栗　王洪学　李金龙　等编著

石油工业出版社

内容提要

本书以吉林油田致密油气储层为研究对象，系统介绍了致密油气储层微观孔隙结构表征实验方法和特色技术，为致密油气高效开发提供技术支撑和理论指导，对其他油田同类型油气开发具有借鉴作用。

本书可供油气地质人员、开发人员及相关院校师生参考阅读。

图书在版编目（CIP）数据

致密砂岩储层微观孔隙结构表征 / 张海龙等编著 .
北京：石油工业出版社，2025.4. -- ISBN 978-7-5183-7318-5

Ⅰ. P588.21

中国国家版本馆 CIP 数据核字第 2025QR7129 号

审图号：GS 京（2025）0044 号

出版发行：石油工业出版社
　　　　　（北京安定门外安华里 2 区 1 号　100011）
　　　　　网　　址：www.petropub.com
　　　　　编辑部：（010）64523581　　图书营销中心：（010）64523633
经　　销：全国新华书店
印　　刷：北京九州迅驰传媒文化有限公司

2025 年 4 月第 1 版　2025 年 4 月第 1 次印刷
787×1092 毫米　开本：1/16　印张：9.5
字数：210 千字

定价：98.00 元
（如出现印装质量问题，我社图书营销中心负责调换）
版权所有，翻印必究

《致密砂岩储层微观孔隙结构表征》编写组

组　　长：张海龙
副组长：李忠诚
成　　员：王海龙　陈　栗　王洪学　李金龙　宋　鹏　吴海瑞
　　　　　　陈　伟　姜振昌　王　昊　刘　奇　程志远　孟祥灿
　　　　　　郭　晴　王婷婷　张　玉　刘凤贤　李元昊

前言
PREFACE

能源是现代社会发展的血脉。随着常规油气资源日益枯竭与全球能源需求持续攀升，非常规油气资源的战略地位愈发凸显。其中，致密砂岩油气作为继页岩气之后全球非常规能源勘探开发的新焦点，正逐步成为能源结构转型的重要支柱。美国、加拿大等国家已通过技术创新实现了致密油气的规模化开发，而中国作为资源储量大国，尽管在鄂尔多斯、四川、松辽等盆地广泛分布致密砂岩油气藏，但其勘探开发仍面临诸多技术瓶颈。在此背景下，如何突破储层物性差、孔隙结构复杂等核心难题，成为提升致密油气采收率、保障国家能源安全的关键所在。

致密砂岩储层的特殊性在于其微观孔隙结构的极端复杂性。通常，致密砂岩储层的渗透率低于 1mD，孔隙与喉道的空间分布呈现出高度非均质性。孔隙作为油气的储集单元，喉道作为渗流通道，二者的几何形态、连通性及分布规律直接决定了储层的品质与开发潜力。例如，北美圣胡安盆地的致密气、威利斯顿盆地巴肯致密油的商业成功，均得益于对储层微观孔隙结构的精准表征与高效开发技术的结合。然而，中国陆相致密砂岩储层地质条件的复杂性，孔隙结构的多尺度性与流体赋存特征的差异性使得传统评价方法难以适用。如何通过先进的表征技术揭示孔隙—喉道网络的本质规律，成为破解开发难题的核心突破口。

本书《致密砂岩储层微观孔隙结构表征》立足于致密油气开发的迫切需求，系统探讨微观孔隙结构表征的理论、方法及其工程应用。全书聚焦以下四个核心议题：一是孔隙结构的科学内涵。从孔隙与喉道的形态、尺度、连通性出发，解析其对储层储集能力与渗流效率的影响机制。二是先进表征技术的集成。结合低温氮气吸附、高压压汞、恒速压汞、核磁共振、数字岩心、微—纳米 CT 扫描等多尺度技术，构建致密砂岩储层孔隙结构的定量化表征体系。三是开发实践的指导价值。通过典型案例分析，阐明孔隙结构参数在储层分级评价、产能预测及开发方案优化中的关键作用。四是未来技术的前瞻和探索。探讨人工智能与大数据在孔隙结构智能解析中的应用潜力，为致密油气高效开发提供新思路。

当前，全球能源结构正向低碳化加速转型，致密油气的规模化开发不仅关乎能源供需平衡，更是实现碳减排与能源安全协同发展的重要路径。本书的撰写，旨在为科研人员、工程师及决策者提供一套系统的理论框架与技术指南，推动中国致密砂岩油气资源从"资源潜力"向"经济产能"的跨越，助力国家能源战略目标的实现。

本书的完成得益于国内外同行在致密油气领域的长期积累与突破性成果，亦凝聚了笔者团队多年的研究成果与实践经验。希望本书能为行业技术进步贡献绵薄之力，并激发更多学者投身这一充满挑战与机遇的领域。

目 录
CONTENTS

第一章　绪论 ··· 1
　第一节　中国致密油气发展历程 ··· 1
　第二节　微观孔隙结构表征方法研究现状 ······································· 5

第二章　沉积和成岩作用 ··· 9
　第一节　成岩作用类型 ··· 10
　第二节　成岩作用定量表征 ··· 23
　第三节　典型实例 ··· 24

第三章　孔隙类型 ··· 26
　第一节　原生粒间孔 ··· 26
　第二节　次生溶蚀孔 ··· 27
　第三节　黏土矿物晶间孔 ··· 27
　第四节　典型案例 ··· 27

第四章　孔隙连通性 ··· 31
　第一节　低温氮气吸附实验 ··· 32
　第二节　高压压汞实验 ··· 36
　第三节　恒速压汞实验 ··· 41
　第四节　核磁共振实验 ··· 43
　第五节　X射线CT扫描 ··· 47
　第六节　聚焦离子束扫描电镜（FIB—SEM） ··································· 55
　第七节　小角度散射 ··· 56
　第八节　全孔径分布表征 ··· 57

第五章　致密砂岩储层非均质性 ··· 64
　第一节　分形理论 ··· 64
　第二节　分形维数的计算 ··· 65

| 第三节　非均质性影响因素 | 67 |
| 第四节　分形维数的应用 | 74 |

第六章　可动流体 81
　　第一节　流体可动性计算方法 81
　　第二节　流体可动性影响因素 82

第七章　渗透率计算模型 93
　　第一节　基于微观孔隙结构参数的渗透率计算模型 93
　　第二节　数字岩心 101
　　第三节　基于流动单元的渗透率计算模型 105
　　第四节　基于人工智能理论的渗透率预测模型 106

第八章　渗吸作用 116
　　第一节　表征方法 117
　　第二节　影响因素 120

参考文献 129

第一章
绪 论

油气资源是油气工业的基础（郑民等，2019）。中国石油天然气集团有限公司第四次油气资源评价结果显示我国常规石油地质资源量为 1080.31×10^8 t，技术可采资源量为 272.50×10^8 t；常规天然气地质资源量为 78×10^{12} m^3，技术可采资源量为 48.45×10^{12} m^3。我国非常规油气资源非常丰富，非常规石油地质资源量为 672.08×10^8 t，技术可采资源量为 151.81×10^8 t；非常规天然气地质资源量为 284.95×10^{12} m^3，技术可采资源量为 89.3×10^{12} m^3。其中，致密油地质资源量为 125.80×10^8 t，油砂油地质资源量为 12.55×10^8 t，油页岩油地质资源量为 533.73×10^8 t；致密砂岩气地质资源量为 21.86×10^{12} m^3，页岩气地质资源量为 80.21×10^{12} m^3，煤层气地质资源量为 29.82×10^{12} m^3，天然气水合物地质资源量为 153.06×10^{12} m^3。

致密油气是当今石油工业的一个新领域，是全球范围内非常重要的非常规资源，是接替常规油气能源、支撑油气革命的重要力量（邹才能等，2012，2013；孙龙德等，2019）。储层致密是致密油气的最典型特征。致密油气与常规油气相比具有以下特征：距离烃源岩近，油气大规模连续聚集，没有明显的圈闭界限，受地层构造影响小；储层物性差，非均质性强，储量密度比（单位岩石体积的油气储量）低，资源品位差，富集区优选及有效储层预测难度大；渗流能力差，单井产量低，递减率大，油气田采收率低，稳产难度大，经济效益差。致密油气的成功勘探开发依赖于：（1）致密油气形成与聚集等成藏理论的突破及甜点区的优选技术的进步；（2）致密储层的压裂改造工艺升级；（3）低成本开发、提高采收率的技术配套及管理体制创新优化。

第一节 中国致密油气发展历程

一、致密油

致密油属于非常规油气资源，其定义有"广义"与"狭义"之分。狭义的致密油是指烃源岩内及紧邻烃源岩致密储层内聚集的石油；广义的致密油则包含了页岩油。早期国内学者将致密油定义为夹在或紧邻优质生油层系的致密碎屑岩或者碳酸盐岩储层中且未经过大规模长距离运移而形成的石油聚集（邹才能等，2014），目前根据国家标准《致密油地质评价方法》（GB/T 34906—2017），将致密油定义为储集在覆压基质渗透率小于或等于0.1mD（空气渗透率小于1mD）的致密砂岩、致密碳酸盐岩等储层中的石油。无论哪种定义，其根本内涵在于储层致密、物性差，尤其是渗透率极低而导致油气难以渗流、运移。

国外对致密油的勘探开发较早，其中北美地区最具代表性，目前已实现致密油的勘探开发和战略性突破。美国的致密油勘探区块主要位于二叠、西湾和威利斯顿等近20个盆地，勘探层系包括巴肯、鹰滩、沃尔夫坎普、伍德福特、斯普林格、巴内特等多套层系（胡素云等，2018），其中巴肯及鹰滩致密油已投入大规模开发，是美国致密油的主产区。加拿大是继美国之后世界上第二个成功开发致密油气的国家，于2005年完成对萨斯喀彻温省东南部巴肯组的致密油气资源评价并对"甜点区"进行规模化商业开采，随着技术成熟，致密油开发逐渐延伸到其他储层（谌卓恒等，2018）。

中国致密油起步晚、发展快，目前已发现了鄂尔多斯、松辽、准噶尔、渤海湾等多个致密油规模储量区（图1-1）。借鉴美国致密油成功经验和成熟技术，我国致密油勘探开发有了良好开端。

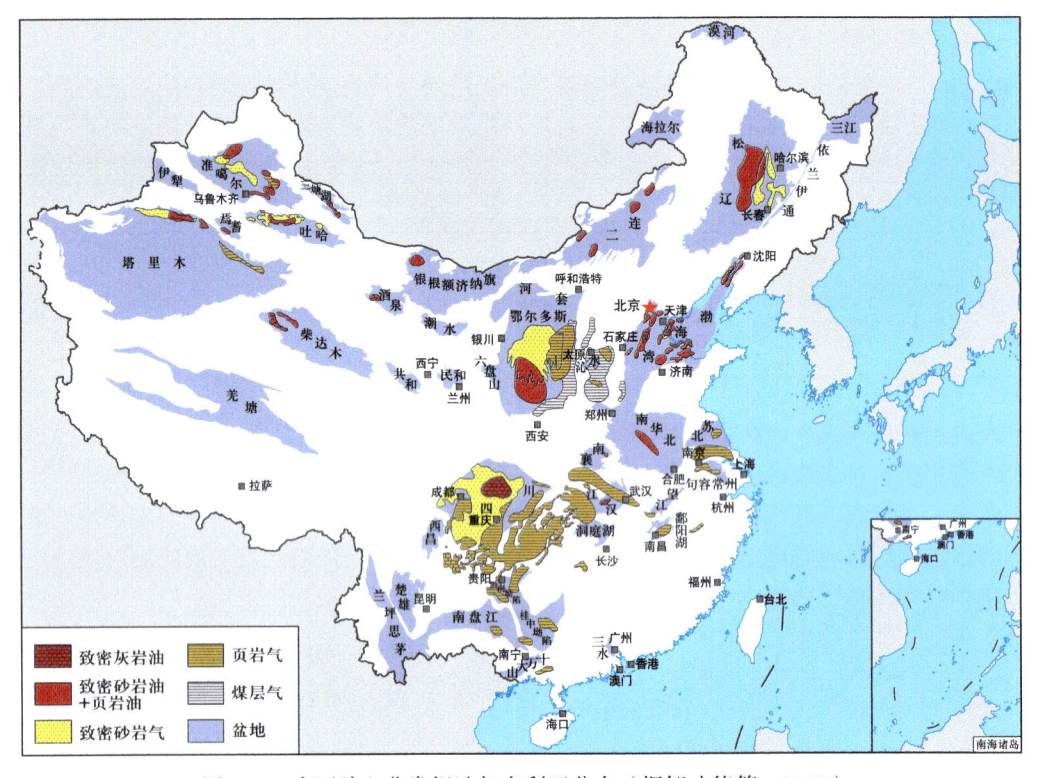

图1-1 中国陆上非常规油气有利区分布（据邹才能等，2018）

鄂尔多斯盆地油气资源富集，是中国目前最大的油气生产基地，随着国家能源需求持续增长，鄂尔多斯盆地成为增储上产的主力（刘显阳等，2023）。鄂尔多斯盆地延长组致密油成藏条件良好，主力层系为长6、长7、长8及长9油层组，盆地中部及南部深湖相沉积发育区是最有利的致密油勘探区（付金华等，2015；王香增等，2016）。经过多年勘探，中国石油探区落实了陇东、新安边、陕北等三大含油富集区，储量规模超10×10^8t，中国石化探区发现镇泾、旬邑—宜君、彬县—长武、富县4个致密油区。鄂尔多斯盆地总体处于勘探中期，延长组下组合展现出较好的勘探前景，延长组9油层组和延长组10油层组甩开勘探发现了多个有利区，落实规模储量近$3×10^8$t。

松辽盆地北部上白垩统扶余和高台子致密油层近年来勘探取得了一系列重要进展，水平井提产成效显著，预测致密油资源量为$21.85×10^8$t，是大庆油田规模增储的重要保障。从松辽盆地北部油气勘探呈现出的新特点出发，以2套主力烃源岩分布为核心，依据盆地内油气显示、油源对比、盆地模拟结果及背斜构造分布特征，初步将中生代海相沉积地层划分出了2个全油气系统，分别是下白垩统全油气系统和上白垩统全油气系统（白雪峰等，2024）。王小军等（2024）的研究表明，关于松辽盆地北部下白垩统扶余油层源下致密油富集模式及主控因素有以下认识：（1）泉头组上覆上白垩统青山口组优质烃源岩，环凹鼻状构造发育，沉积砂体大面积连续分布，储层整体致密。（2）优质烃源岩、储层、断裂、超压和构造等多要素配置联合控制扶余油层致密油富集。源储匹配关系控制致密油分布格局；源储压差为致密油富集提供充注动力；断砂输导体系决定油气运移和富集；正向构造是致密油富集的有利场所，断垒带是向斜区致密油勘探的重点突破区带。（3）基于源储关系、输导方式、富集动力等要素建立扶余油层致密油3种富集模式，一是源储对接油气垂向或侧向直排式——"源储紧邻、超压驱动、油气垂向倒灌或源储侧向对接运聚"；二是源储分离断裂输导式——"源储分离、超压驱动、断裂输导，油气通过断层向下运移到砂体富集"；三是源储分离断砂匹配式——"源储分离、超压驱动、断裂输导、砂体调整、油气下排后通过砂体侧向运移富集"。（4）油源条件、充注动力、断裂分布、砂体及储层物性等方面的差异性造成扶余油层致密油的差异富集，齐家—古龙凹陷扶余油层具有较好富集条件，勘探程度低，是未来致密油探索的重要新区带。

松辽盆地南部扶杨油层致密油的资源量为$10×10^8$t，2014年以来累计探明储量为$1.28×10^8$t，部分区带已经实现效益开发，处于拓展勘探开发阶段，是近期重点攻关的领域（沈华等，2023）。让字井地区扶余油层致密油藏已实现开发动用，探明地质储量超过$1×10^8$t；研究表明，坳陷区扶余油层的剩余油气资源仍具有较大规模。杨大城子油层长期以来作为扶余油层的兼探层位，因缺少针对性的勘探部署，研究认识不足；近年来老井的复查评价表明该油层具有较大的勘探潜力，可作为重要的勘探开发新领域。

准噶尔盆地是中国西部的一个大型叠合含油气盆地，根据地质背景分析，西北缘玛湖凹陷下二叠统风城组中—高成熟度碱湖优质烃源岩最有可能形成源内、源外油气富集和全油气系统。基于此勘探理念，中国石油新疆油田公司围绕玛湖凹陷风城组先后部署实施了风城1井、百泉1井、艾克1井等井，发现风城组不仅发育泥质岩类烃源岩，同时还发育砂—砾岩、火山岩、细粒混积岩等多种储集岩石类型，形成了源储一体的页岩油、致密油及常规油藏，展示出风城组源岩层系内常规—非常规油气共生的全油气系统特征。此外，围绕玛湖凹陷风城组烃源岩，已发现源外三叠系—白垩系等多套含油层系，特别是凹陷区的下三叠统百口泉组、断裂带的中三叠统克拉玛依组及侏罗系—白垩系，形成了克百—乌夏、玛湖西斜坡两大百里油区。中国石油自2010年开始在准噶尔盆地吉木萨尔凹陷进行致密油勘探，已在吉23井、吉25井、吉30井、吉31井、吉171井、吉174井、吉251

井等井获工业油流（匡立春等，2013；邱振等，2016），发现10亿吨级大型致密油藏，并完成了芦草沟组致密油开发先导试验，目前已进入深化勘探阶段。

此外，在渤海湾盆地沧东凹陷古近系孔店组、济阳坳陷古近系沙河街组、柴达木盆地中新统上干柴沟组、四川盆地侏罗系自流井组大安寨段、三塘湖盆地马朗凹陷马中构造带条湖组等层位获得致密油勘探新进展和突破，发现增储上产新领域，目前已形成多个亿吨级储量规模区（王永诗等，2021；周立宏等，2021；陆统智等，2022；侯栗丽等，2024；闫雪莹等，2024；支东明等，2024；）。

二、致密砂岩气

致密砂岩气（以下简称致密气）是目前开发规模最大的非常规天然气类型之一。1980年，美国联邦能源管理委员会将地层渗透率小于0.1mD的砂岩气藏（不包含裂缝）定义为致密气藏，并以此作为是否给予生产商税收补贴的标准。致密气是指覆压基质渗透率小于等于0.1mD的砂岩气层，单井一般无自然产能或自然产能低于工业气流下限，但在一定经济条件和技术措施下可以获得工业天然气产量。致密气藏广泛分布于世界各大含油气盆地中，全球发育致密气的盆地约70个，总资源量为$210×10^{12}m^3$，剩余技术可采资源量约为$81×10^{12}m^3$。亚太与美洲地区是致密气分布的主要地区，超过全球总资源量的60%（图1-2）。由于致密气藏的特殊性，目前采收率多介于30%~50%，均远低于常规气藏。致密气藏采收率低受多种因素影响，主要原因包括宏观和微观两个方面：（1）宏观上致密气藏有效砂体呈孤立状非均匀分布，储量的动用程度主要受控于井网密度，无论井网密度多大（目前全球最大井网密度为16口井/km²），仍有部分储量难以充分动用；（2）微观上致密储层孔喉细小，相当比例的天然气储存于纳米级储集空间或非连通孔隙中，该部分气体难以产出。

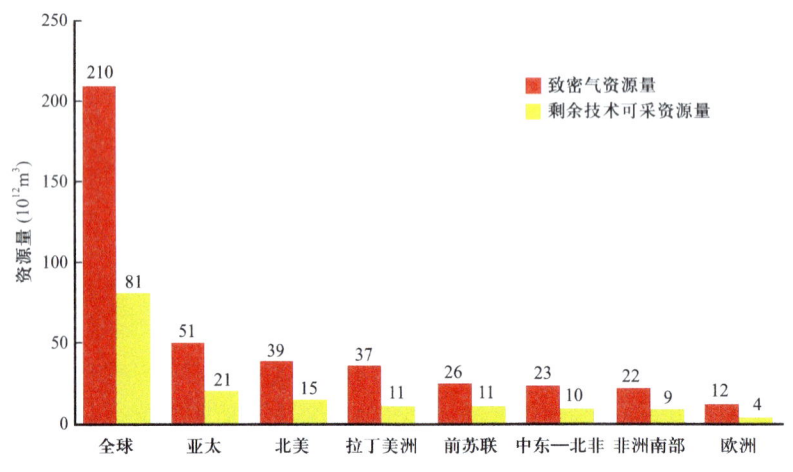

图1-2 全球致密气资源量与剩余技术可采资源量分布图（据贾爱林等，2022）

全球致密气勘探开发始于20世纪70年代（杨涛等，2012；贾爱林等，2022）。首先是储层改造技术的突破与规模化应用使致密气工业化开发成为可能，开发进程快速推进。其次，钻完井与储层改造技术的持续进步使投资成本大幅下降，致密气的效益开发得以实现。直井多层、水平井多段储层改造技术的不断创新与突破极大地释放了致密气产能，提高了气井最终累计产气量，助推了全球致密气产量的快速攀升。美国、加拿大、中国、委内瑞拉、澳大利亚、墨西哥、阿根廷、印度尼西亚、俄罗斯、埃及、沙特阿拉伯等十多个国家均进行了致密气开发尝试，但受资源、技术、市场与成本等诸多因素的影响，目前实现致密气开发最成功的国家为美国、加拿大与中国，我国位居世界第三大致密气产气国。

美国致密气规模化开发始于20世纪70年代，在政策扶持下致密气产量快速上升，从1990年的$600×10^8m^3$增长到2008年的$1956×10^8m^3$。美国致密气主要分布于圣胡安、棉花谷、皮申斯、二叠、尤因塔及绿河等盆地（汪焰，2014）。虽然北美不同盆地致密气特征有所差异，但其具有气层厚度大、储量丰度高、稳定分布、裂缝相对发育、含气饱和度较高等共同特征。甜点区与裂缝发育区、高储层物性区密切相关，总体表现为自然产能低、井控面积小、产量递减快、单井EUR低、低产期长等特征。

我国致密气的开发探索也始于20世纪70年代，1972年首次在四川盆地川西北地区的中坝气田上三叠统须家河组二段气藏进行致密砂岩气藏开发（戴金星等，2021），之后在其他含油气盆地中也发现了多个小型致密气田。由于当时缺乏对致密气开发的认识和储层改造的手段，主要是借鉴低渗透气藏的开发技术对策，仅在天然裂缝较为发育的井区获得少量工业产量，如川中广19井，35年累计产气量达$3.02×10^8m^3$。直到21世纪初，我国致密气开发仍仅限于少量区块，未形成规模产能。2000年，鄂尔多斯盆地上古生界苏6井试气获得$120×10^4m^3/d$的无阻流量（付金华等，2000），从而发现了苏里格气田，这一发现是我国致密气勘探开发历程中的标志性事件，从此致密气作为一种重要的气藏类型被列入了我国天然气开发的历史进程。2000—2005年，中国石油紧密围绕苏里格气田的效益开发，制订了"面对现实，依靠科技，走低成本开发路子"的开发策略，系统开展了关键开发技术攻关，形成了系列开发配套技术，确定了关键开发指标体系，从而推动了苏里格气田的快速上产，促进了我国第一大气田的规模效益开发。2006年以来，我国致密气开发形成了鄂尔多斯盆地快速上产、其他盆地不断突破的格局，四川盆地三叠系须家河组、塔里木盆地白垩系巴什基奇克组、松辽盆地深层白垩系（登娄库组、营城组和火石岭组）、吐哈盆地侏罗系八道湾组陆续取得进展（张品等，2018；曾凡成等，2021；李睿琦等，2023；姜洪福等，2024；郭彤楼等，2024）。目前致密气已成为我国产气量最大的气藏类型，2020年陆上产气量达$470×10^8m^3$，但各盆地产量分布不均衡，呈现出鄂尔多斯盆地"独大"的局面，其产气量超过我国致密气总产量的90%。

第二节　微观孔隙结构表征方法研究现状

储层孔隙结构可直接影响储层储集能力和渗流能力，在致密砂岩储层表征与评价方面意义重大。随着先进测试方法及仪器的引入，储层孔隙结构研究呈现出研究尺度更广、研究精度更细、研究方向更为全面及定量化表征等特征。目前多种方法和技术手段得到了研究者的认可和采纳，依据测量方式不同，这些方法可分为直接观察和间接测量两类。由于原理不同，这些方法在测量范围和分辨率上存在差异，可在不同角度和尺度上研究储层孔隙结构（Medina et al.，2017）。

铸体薄片和扫描电镜（SEM）可直接观察孔隙和喉道的大小、形态、连通性及孔喉配置关系，是最为常见的直接观察孔隙结构的方法。铸体薄片和SEM观察均为定性实验方法，为了获取定量数据，一些学者借助图像分析软件对这两种技术获取的图像进行定量分析（Ehrlich et al.，1984）。通过图像定量分析技术（DIA）可得到一系列定量参数，例如反映孔隙大小与分布的面积、周长、等效面积圆直径和分选系数等参数，反映孔隙表面粗糙程度的周长与面积比和孔隙比表面，反映孔隙形状的周长与等效面积圆的周长之比、长短轴比和形状因子，从而在表征储层孔隙结构，研究孔隙结构对储层渗透率、电性、声波速度的影响以及评价储层方面发挥重要作用（Anselmetti et al.，1998；Cerepi et al.，2002；Fournier et al.，2018），但DIA技术存在无法提供三维数据的缺点。聚焦离子束扫描电镜（FIB—SEM）是另外一种在扫描电镜下定量分析孔隙结构的方法，由于采用了离子束逐层切割样品的方法，这种技术可获取样品内部的孔隙结构特征，结合图像处理软件可进一步分析孔隙三维空间展布并定量计算孔径分布和孔隙度等参数（Vilcáez et al.，2017）。FIB—SEM最高精度小于1nm，能够根据灰度识别不同组分并区分孔隙和喉道（孙亮等，2016）。但FIB—SEM精度受切割厚度影响，当切割片层较厚时部分孔径较小的微孔隙无法识别；而选择较薄的切割片层会导致离子刻槽范围过小，从而损失大孔隙信息（刘伟新等，2016）。

孔隙结构间接测量法主要包括3类：通过流体充注获取孔隙结构信息的常规/高压压汞、恒速压汞和低温气体吸附；借助核磁共振信号研究储层孔隙结构的岩心核磁共振（NMR）及核磁共振冻融（NMR-C）；借助X射线、中子束等具有穿透性及散射特征的X射线计算机断层扫描成像（CT）、小角度X射线/中子散射（SANS/SAXS）和超小角度X射线/中子散射（USANS/USAXS）。

压汞法是目前使用最为广泛的测定孔喉分布的方法。通过向岩石样品中注入汞并记录平衡状态下的压力和体积，可获得汞注入曲线和一系列特征参数。伴随着油气勘探的目标向非常规油气藏转变，为了更精细地刻画纳米级孔喉系统，测试中使用的最大进汞压力可达60000psi（约为413.7MPa），对应孔喉半径约为1.8nm，被称为高压压汞。高压压汞实验操作方便、时间较短、结果准确，可表征孔喉半径从几百微米到几纳米范围内的孔隙系统，在国内外得到了普遍应用（Zhao et al.，2015）。由于小孔（喉道）对大孔的屏蔽作用，压汞半径实际上是孔喉半径而不是真实的孔隙半径（Medina et al.，2017）。为解决这一问题，Yuan和Swanson（1989）提出了恒速压汞技术。恒速压汞实验中压力随着汞进入喉道而增加，而当汞的弯液面从喉道进入更宽的孔隙时，压力瞬间降低。通过这种压力波动可区分孔隙和喉道，并得到与孔喉配置关系和连通性有关的参数，例如孔隙汞饱和度、喉道汞饱和度和孔喉比等。孔隙和喉道半径可分别通过等效球半径求得（Xiao et al.，2017）。恒速压汞实验中为精确测量压力变化和进汞体积，汞进入样品的速度较低（5×10^{-5}mL/min），存在实验时间较长的缺点。目前恒速压汞实验中最大压力仅为6.2MPa，可表征喉道半径下限为120nm（Zhao et al.，2015）。

低温气体吸附技术主要借助样品孔隙表面对气体吸附作用来研究储层孔隙结构。通过测定样品在不同相对压力（p/p_0，其中 p 为系统中气体压力，p_0 为实验温度下气体饱和蒸气压）下对气体的吸附量和解吸量，结合 BJH、DFT 等模型可计算样品孔径分布（闫建平等，2018）。实验中常用气体为氮气和二氧化碳，前者有效测量范围为 2~100nm，后者精度可达 0.35nm（Clarkson et al.，2013）。低温气体吸附技术采用粉碎样品进行实验，对样品形状无要求，纳米级的测试范围使其在微孔研究方面与压汞法存在互补关系，被广泛应用于页岩储层研究中。由于无法有效表征孔径大于 100nm 的孔隙，低温气体吸附技术对致密砂岩储层适用性较差。不同学者在实验条件选取及优化方面也存在争议，脱气温度、时间和样品粉碎程度的不同对结果存在一定影响（李传明等，2019）。

利用自旋原子核的核磁共振弛豫现象和岩石核磁共振分析理论可获取样品微观孔隙结构特征，被称为核磁共振技术（Zhang et al.，2018；Khatibi et al.，2019）。弛豫过程包括纵向（T_1）和横向（T_2）两个组成部分，其中 T_2 分布曲线常被用于研究储层孔径分布。核磁共振技术高效无损，能提供包括孔隙度和束缚水饱和度在内的一系列参数，在非常规储层孔隙结构研究中得到了广泛应用（Xiao et al.，2016；Zang et al.，2022）。核磁共振实验结果为 T_2 分布，需要同其他方法结合才能将其转换为孔径分布。冻融核磁技术解决了这一问题，借助 Gibbs—Thomson 方程，可将孔隙中固体晶体熔点与孔隙半径联系起来（Petrov et al.，2009）。冻融核磁技术对样品形状无要求，但只能表征孔径小于 500nm 的孔隙，无法对致密砂岩中普遍存在的微米级孔隙进行研究。

CT 实验中，X 射线穿过样品并被吸收，其衰减率与样品矿物组成和孔隙度有关，借助这一现象和三维重构技术可以获取样品孔喉配置关系、分布及连通性等孔隙结构定量参数（Vergés et al.，2011；Zhang et al.，2020）。CT 同样是无损技术，但成本较高，在尺度上也存在一定限制。纳米 CT 和微米 CT 所能观察到的孔隙半径下限分别为 50nm 和 3.2μm。

由于岩样中矿物散射长度密度的不同以及孔隙和裂缝的存在，当使用 X 射线或中子束照射样品时会发生散射现象，基于这一原理储层孔隙结构特征可通过小角度散射技术获取（Anovitz et al.，2013；Sun et al.，2017）。传统小角度散射技术只能表征 1~100nm 的孔隙，通常用于页岩储层研究。超小角度散射技术的应用使这一方法表征孔隙半径上限达到了 30μm，但受限于实验设备及中子束源（或 X 射线源），目前还处于实验室研究阶段，仅见少量文献报道。

上文所述孔隙结构评价方法都具有一定的局限性和适用范围。由于致密砂岩储层孔隙半径分布范围较广（从几纳米到几百微米），单一方法很难全面表征其孔隙系统，国内外学者研究中多采用多方法结合开展综合表征。Rezaee 等（2012）使用铸体薄片、高压压汞和核磁共振技术研究了来自西澳大利亚的致密砂岩储层孔径分布并分析了孔隙结构参数与渗透率关系。Lai 等（2016）在四川盆地须家河组致密砂岩储层微观孔隙结构研究中同时使用了核磁共振和高压压汞技术。刘标等（2017）比较了典型致密砂岩、煤及页岩样品的冻融核磁、高压压汞、气体吸附及核磁共振的孔径分布测试结果并探讨了冻融核磁的适用性和准确性。刘翰林等（2018）使用铸体薄片、扫描电镜、恒速压汞等方法表征并对比了陇东地区长 6 段和长 8 段致密砂岩储层微观结构差异，建立了不同储层类型的孔隙演化和成因模式。吴松涛等（2019）使用铸体薄片、扫描电镜、高压压汞、核磁共振和微米CT技术评价了华庆地区长6段致密砂岩储层孔隙结构和可动流体。冯越等（2019）使用薄片、扫描电镜、高压压汞和核磁共振分析了胜北洼陷致密油储层孔隙结构特征及其控制因素。

近几年多方法结合表征储层孔隙结构的研究中将重点聚焦于不同方法原理、结果对比及综合应用，形成了一系列全尺度孔径分布综合表征方法。

气体吸附与高压压汞结合的方法中，基于二者在一定尺度范围内的互补性，以固定点（50nm）或重合点为界，较小孔隙的孔径分布曲线通过气体吸附获得，较大孔隙的孔径分布曲线通过高压压汞获得（Zhang et al., 2017）。这种方法结合了两种技术的优点，常被用于研究储层中的纳米级孔隙，对微米级孔隙适用性较差，多被用于页岩储层研究中。

核磁共振与气体吸附/高压压汞/CT技术结合的方法主要通过比较前者获取的 T_2 分布和后者获取的孔径分布确定表面弛豫率，将核磁共振实验中获得的时间转化为孔隙半径（Daigle et al., 2016）。另外一种核磁共振与气体吸附结合的方法通过二者曲线的重合点将气体吸附获取的小孔分布与核磁共振获取的大孔分布拼接（Xiao et al., 2016）。这些方法可获得储层全尺度孔径分布曲线，但无法区分孔隙和喉道。

小角度散射、超小角度散射和图像分析结合的方法可得到1nm到数毫米的孔径分布，适用范围较广（Anovitz et al., 2018）。但这种方法对实验设备和环境要求较高，目前难以得到大规模应用，多种方法的拼接点还存在突变现象。

高压压汞可反映较小孔喉，恒速压汞可反映半径大于120nm的孔隙，二者结合的方法还可以获得孔隙和喉道分布曲线，是十分理想的研究致密砂岩孔隙结构的方法（吴浩等，2017a；孟子圆等，2019）。但现有的基于频率分布曲线的方法易受压力区间选取影响，且恒速压汞实验中存在测得的孔隙半径明显大于铸体薄片观察到的孔隙半径的现象。

核磁共振与恒速压汞结合的方法，通过恒速压汞获得的孔径分布曲线标定 T_2 分布曲线，进而可以获得样品的孔隙分布和喉道分布（Wu et al., 2018）。这种方法获得的孔隙半径与铸体薄片观察结果基本一致，同时可以获取样品的毛细管束缚水含量。但现有研究中对小于120nm的喉道部分采用拟合方法，无法获得实测值。

第二章
沉积和成岩作用

中国致密油气储层具有岩石类型复杂多样的特征，包括致密砂岩、粉砂岩、混积岩、沉凝灰岩、致密碳酸盐岩等岩性；成岩改造强烈，储层整体物性差，孔喉半径小，孔喉结构复杂，纳米级孔喉系统发育，非均质性强；致密油源储共生，原油以短距离运移为主，大面积连续分布，无明显圈闭界限，受储层分布控制（邹才能等，2016；胡素云等，2018）。由此可知，储层是致密油气研究的关键。中国致密油的研究和勘探开发程度相对较低，存在可采资源量与实际产能极其不匹配的现状，其根本原因是对致密油储层成因及分布的认识不足。因此，致密油气勘探的核心问题是明确是否存在储层，进而探究储层的成岩作用与成储机制，有助于实现致密油气的高效勘探开发（李易隆等，2014；郝杰等，2018；赵雪培等，2023）。

成岩作用为沉积物在沉积之后、变质作用发生之前，随着埋藏深度、地层温度、流体条件等环境变化，由疏松沉积物固结形成岩石，并发生一系列物理、化学变化的过程，主要包括机械压实作用以及溶蚀作用、胶结作用、交代作用等化学成岩作用，并对储层储集性能的变化具有重要影响（Ehrenberg，1997）。随着成岩体系、有机—无机协同成岩、流体—岩石作用等成岩作用前沿方向的提出和深入研究（于兴河等，2015），孔隙流体、岩石矿物、有机质演化产物的相互作用和影响与孔隙的形成和演化过程，即成烃—成储—成藏的协同演化，逐渐成为含油气盆地成岩作用研究的热点和难点。储层储集性能受沉积作用和成岩作用的综合控制。沉积作用是短暂的，但其形成的岩石组分是成岩作用发生的场所和前提，沉积物的来源、矿物组成等特征对成岩作用及演化历程具有重要的影响（钟大康等，2003）。成岩作用过程是复杂而漫长的，对沉积后储集空间的形成、减损以及保存具有决定性的作用，是埋藏过程中储层物性定量分析的基础，是有效预测油气储层的关键（Worden et al.，2000；Dutton et al.，2010；李易隆等，2013）。因此，成岩作用的研究需要将沉积作用与成岩作用作为一个整体研究，综合考虑沉积物来源、组分特征及其成岩反应中的物理、化学变化，尤其是对于源储共生的致密油储层，富含有机质和火山物质的层系中，储层与烃源岩紧邻或包裹在烃源岩中，甚至储层本身含有一定的有机质，有机质生酸生烃过程、储层形成和改造以及油气充注聚集是一个不可分割的复杂的流体—岩石成岩演变系统（Bjørlykke，2014；李忠，2016）。成岩作用是影响储层孔隙发育和演化的主要因素（吴小斌等，2011；任大忠等，2016；钟大康，2017），厘清目标区成岩作用类型，有利于认识储层成岩演化阶段、序列及孔隙演化规律，对寻找"甜点"砂体具有实际意义（张哲豪等，2020）。

第一节　成岩作用类型

影响储集砂岩孔隙形成与演化的主要成岩作用是压实作用、胶结作用和溶蚀作用，此外也受沉积微相和岩石粒度、岩石类型对储层物性的控制（库丽曼等，2007）。

一、压实作用

压实作用主要包括机械压实作用和化学压实作用（窦文超，2018）。机械压实作用主要包括颗粒的重新排列、形变和断裂，一般发生在早成岩期。化学压实作用主要是指颗粒的压溶现象，一般发生在一定程度的机械压实之后。

窦文超（2018）的研究显示，鄂尔多斯盆地西南部延长组致密砂岩储层塑性组分含量较高，压实作用强烈，显微镜下可见云母、塑性岩屑等塑性组分因机械压实作用而发生形变（图2-1a），甚至挤入刚性颗粒之间，形成假杂基（图2-1b），从而充填孔隙和喉道，严重损害储层物性。此外，石英颗粒的压溶现象（化学压实作用）十分普遍，尤其是石英颗粒与黏土矿物或云母的接触面处（图2-1b），这可能表明黏土或云母在石英压溶过程中起到了催化作用。机械压实是十分重要的减孔因素，由图2-2可知，塑性组分的含量与压实减孔量呈很好的正相关关系，同时也与胶结前孔隙度（指机械压实作用发生之后，胶结作用发生前的孔隙度）有很好的相关性。因此，对于塑性组分含量较大的砂岩而言，其压实作用往往更强烈。

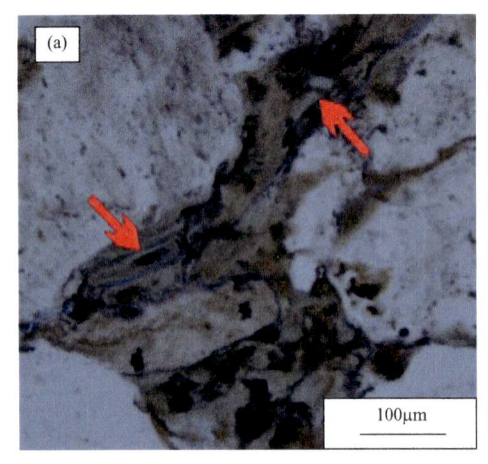

图2-1　鄂尔多斯盆地西南部长6—长7段致密砂岩压实特征显微照片（据窦文超，2018）
（a）云母颗粒被压弯，发生形变（红箭头），可见黑云母的绿泥石化，单偏光；（b）云母颗粒被挤入刚性颗粒，形成所谓的假杂基（红箭头），此外，石英颗粒与云母颗粒的接触面常见石英压溶现象（黄箭头），单偏光

为了明确松辽盆地榆东地区泉头组四段特低—超低渗储层成因，刘强等（2025）对该地区成岩作用进行了综合表征。结果显示：强烈的机械压实是破坏原生孔隙、造成物性损失的重要成岩作用，粒间孔隙体积与胶结物含量关系也表明，压实作用造成泉四段

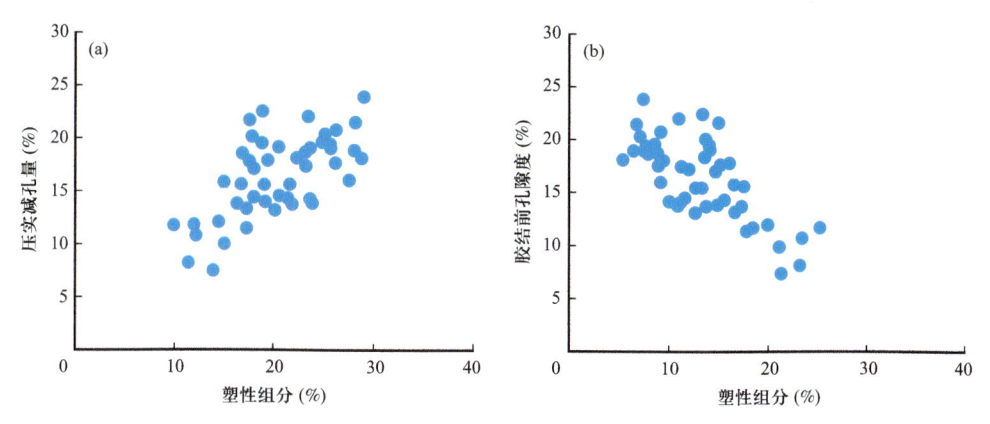

图 2-2 鄂尔多斯盆地西南部长 6—长 7 段致密砂岩压实损失孔（a）及胶结前孔隙度（b）和塑性组分的关系（据窦文超，2018）

0.8%～35.6% 的原生孔隙损失，平均为 25.6%（图 2-3a），是破坏储层物性的重要原因。虽然榆东地区泉四段埋藏深度仅有 1500～2300m，但碎屑颗粒粒度细、储层中粉砂岩、细砂岩含量高，导致储层的抗压实能力弱、相应的压实强度也较高。泥质粉砂岩和粉砂岩粒度细、抗压实能力弱，由压实作用造成的孔隙度损失分别占全部物性损失的 52%～98% 和 30%～78%，物性较差。细砂岩和中粗砂岩抗压实能力较强，压实造成的孔隙度损失较小，分别占全部物性损失的 15%～72% 和 8%～29%，物性相对较好，而这也是物性随粒度减小而迅速减小的主要原因。在 1200～1600m 时，随埋藏深度增加，压实强度迅速增大，粒间体积迅速降低，颗粒由点接触到线接触，再变为缝合接触，由压实作用造成的孔隙度损失也由不足 10% 迅速增长至 30%～35%（图 2-3b），表明此时压实作用是破坏储层物性的主要成岩作用。当埋深超过 1600m 时，由压实作用造成的孔隙度损失稳定在 30%～35%，且随埋藏深度增加不再有明显的增加，此时压实作用对物性的破坏较小，而以胶结作用为主（图 2-3c）。颗粒间以线接触为主，见少量缝合接触，显微镜下常见石英、长石等刚性颗粒表面挤压破裂（图 2-4a）；黑云母塑性变形、假杂基化等压实现象（图 2-4）。

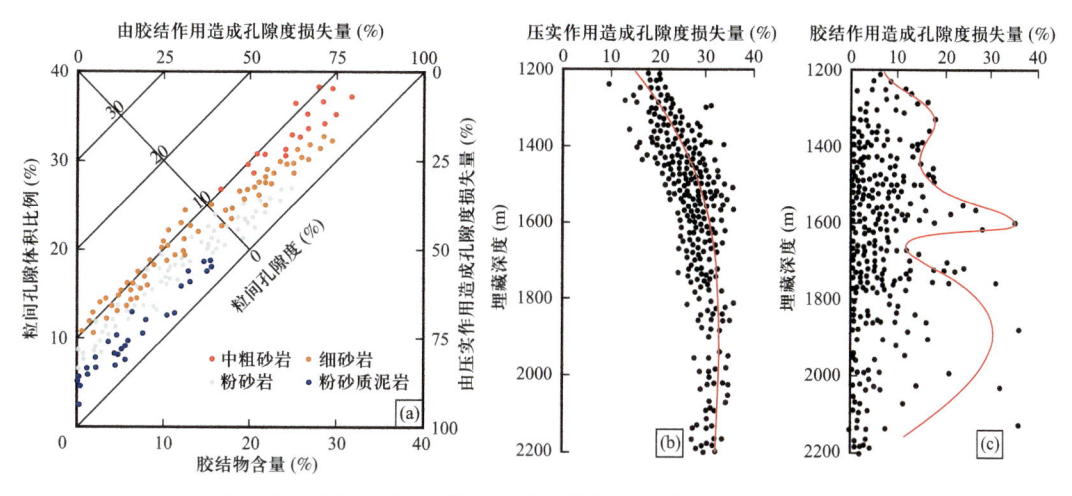

图 2-3 松辽盆地榆东地区泉四段粒间孔隙体积与胶结物关系（据刘强等，2025）
（a）粒间孔隙体积与胶结物含量关系；（b）压实作用造成孔隙损失与深度关系；（c）胶结作用造成孔隙损失与深度关系

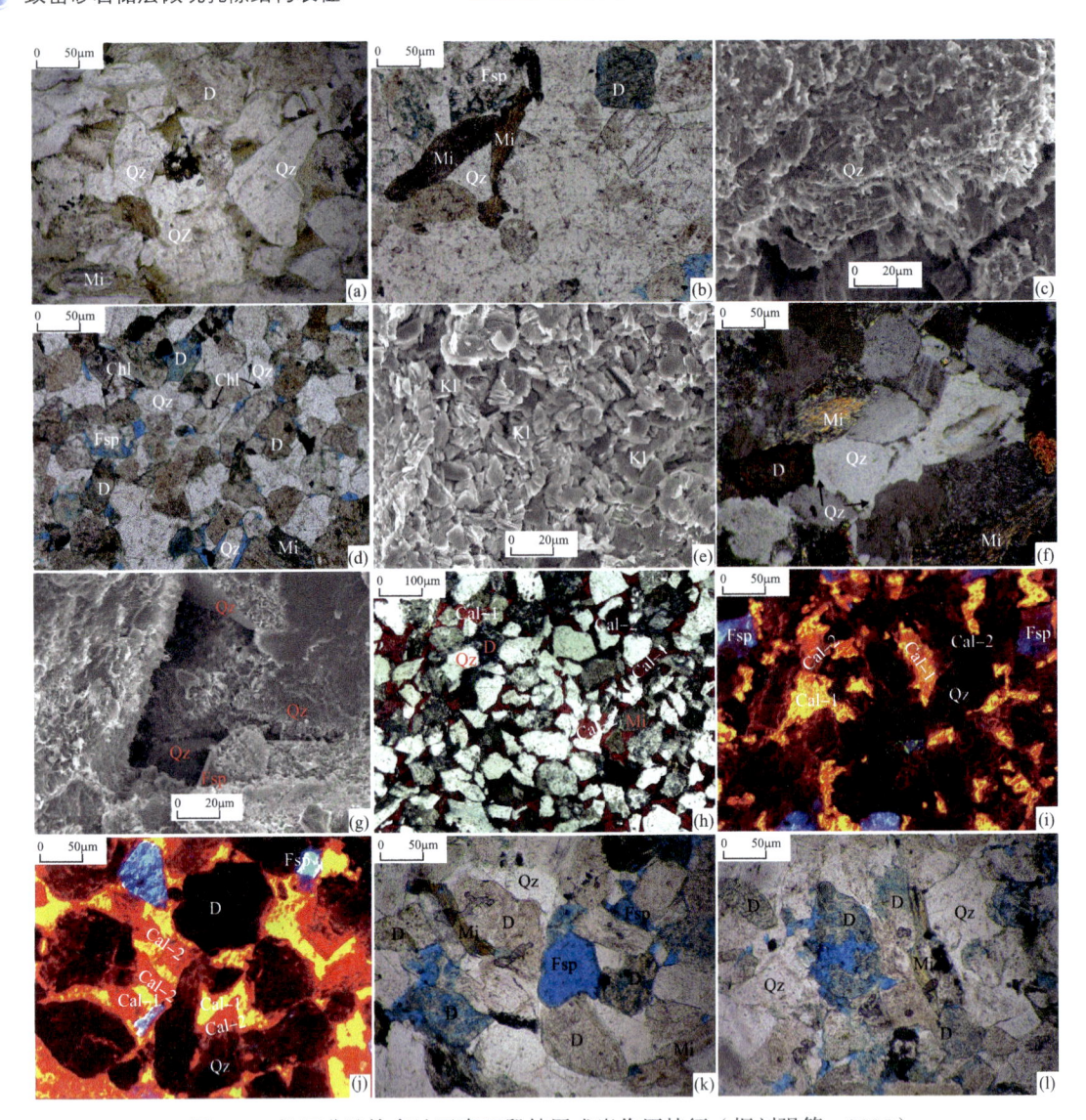

图 2-4　松辽盆地榆东地区泉四段储层成岩作用特征（据刘强等，2025）

（a）S102 井，1544m，石英（Qz）表面挤压破裂，（-）；（b）S161 井，1523m，云母（Mi）塑性变形，（-）；（c）S24 井，1425m，毛发状伊利石（I）充填粒间孔隙，（SEM）；（d）S37 井，1263m，石英颗粒（Qz）表面绿泥石包膜（Chl），（-）；（e）S33 井，1358m，长石（Fsp）粒内溶孔中见书页状高岭石（Kl），（SEM）；（f）S101 井，1368m，石英次生加大（Qz），（+）；（f）S16 井，1452m，六方锥状自生石英（Qz），（SEM）；（h）S108 井，1364m，方解石（Cal）基底式胶结，（+）；（i）S108 井，1368m，早期方解石（Cal—1）发橘红色光，晚期方解石（Cal—2）发暗红色光，长石（Fsp）发蓝光，（CL）；（j）S111 井，1625m，早期方解石（Cal—1）发橘红色光，晚期方解石（Cal—2）发暗红色光，（CL）；（k）S32 井，1531m，长石（Fsp）溶蚀呈残骸状，（-）；（l）S18 井，1402m，岩屑（D）表面蜂窝状粒内溶孔，（-）

二、胶结作用

（一）石英次生加大

致密砂岩储层成岩—成藏系统演化决定储层致密化过程和优质储层成因与分布。硅质胶结物具有 3 种不同产状：石英次生加大边、充填石英颗粒破裂缝型自生石英以及充填粒间孔隙型自生石英（王艳忠等，2024）。

窦文超（2018）的研究显示，鄂尔多斯盆地西南部延长组致密砂岩储层石英胶结物通常以石英次生加大的形式围绕在碎屑石英颗粒的边缘生长，有时在粒间孔及粒内孔中也能观察到细小的自形石英晶体（图2-5）。石英次生加大优先在绿泥石环边及薄膜不发育或不连续的地方生长（图2-5a）。利用铸体薄片至少可以识别出两期石英次生加大。绿泥石膜覆盖在第1期石英次生加大的表面，表明绿泥石膜的形成时间晚于第1期石英次生加大。第2期石英次生加大的生长受到绿泥石膜的限制却又被玫瑰花状绿泥石交代，这表明第2期石英次生加大的形成晚于绿泥石膜且早于玫瑰花状绿泥石（图2-5a）。

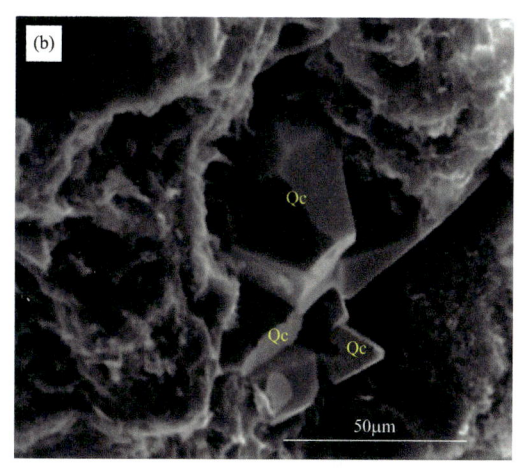

图2-5　鄂尔多斯盆地西南部长6—长7油层组致密砂岩自生石英显微照片（据窦文超，2018）

此外，石英颗粒被交代的现象十分普遍：（1）石英颗粒被碳酸盐胶结物部分交代（图2-6a）。在薄片观察中，这些交代物（交代石英的碳酸盐胶结物）如果被溶蚀，很可能被误认为是石英颗粒的直接溶蚀。（2）石英颗粒被黑云母交代（图2-6b）。这属于一种石英颗粒的压溶现象，云母在石英压溶的过程中可能起到了催化的作用。（3）石英颗粒被黏土矿物（通常是绿泥石和高岭石）交代（图2-6b）。

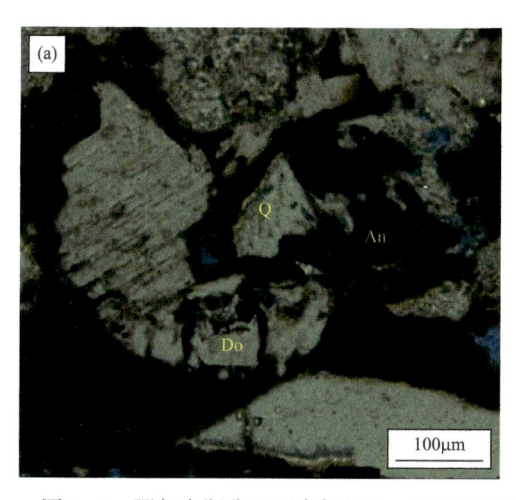

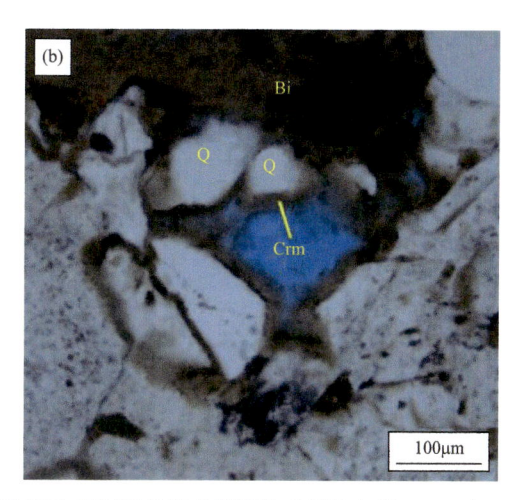

图2-6　鄂尔多斯盆地西南部长6—长7油层组致密砂岩石英交代显微照片（据窦文超，2018）

在近地表开放的成岩环境下，大气淡水的淋滤可以造成长石矿物的溶解，进而为早成岩期的石英胶结提供其沉淀所需的硅质。同时，在浅埋条件下，火山物质的溶解也可能提供石英胶结所需的硅质。虽然石英的压溶到目前为止还没有有效、可靠的定量方法，但对于深埋阶段所形成的石英胶结物，石英的压溶仍被认为是其形成过程中主要的硅质来源。由于受较低的浓度梯度和非渗透夹层的限制，在深埋条件下 Si^{4+} 很难进行长距离的扩散，因此颗粒缝合线附近因石英压溶而释放的 Si^{4+} 通常以石英胶结物的方式在邻近的孔隙空间中发生沉淀。

对本研究区而言，石英压溶在绿泥石膜不发育的砂岩中普遍存在，这为深埋阶段所形成的石英胶结物提供了可观的硅质来源。此外，钾长石的溶解能够提供额外的 SiO_2，这也可能是石英胶结的另一种硅质来源。石英胶结物形成所需的硅质有一部分来源于邻近的泥岩。另一方面，虽然迄今为止绿泥石膜或绿泥石环边阻碍石英次生加大的机制尚有争议，但绿泥石膜或绿泥石环边的发育能通过抑制石英次生加大而使孔隙得以保存的观点已经得到了大量实例的证实。绿泥石膜或绿泥石环边发育的砂岩样品，一般都发育较少的石英胶结物，并保留下了相对较高的孔隙度。

黎李等（2024）对川东地区须四段致密砂岩储层特征与主控因素的研究显示：沉积和成岩作用是影响研究区储层致密化的主控因素，但成岩作用起主导作用。须四段硅质胶结作用较为发育，主要表现为两种类型，其一为石英的次生加大，通常表现为Ⅱ级加大，部分区域可见Ⅲ级加大，次生加大的发育，造成了碎屑颗粒整体体积的增加，挤占了粒间孔隙，造成了原生孔隙降低；其二为自生石英，主要以较好的晶体形态占据了粒间孔隙，从而也导致了储层物性变差。

（二）黏土矿物

黏土矿物是地球表层系统中含量最丰富的矿物，是构成泥质岩和各类碎屑岩填隙物的主要组分，一般是指黏土或黏土岩中晶粒小于 $2\mu m$ 的含水铝硅酸盐类矿物（徐同台等，2003）。在化学成分上，黏土矿物中除了 Al^{3+}、Si^{4+} 阳离子外，还含有 K、Na、Mg、Fe 等碱金属、碱土金属和过渡金属元素，水的存在形式则分为孔隙水、吸附水、层间水和结构水。从晶体结构来讲，黏土矿物包括非晶质和结晶质两类，后者由硅氧四面体和铝氧八面体在垂直层面方向上按一定比例延展成（链）层状，主要包括高岭石族矿物（1∶1型）、水云母族矿物（2∶1型）、绿泥石族矿物（2∶1∶1型），常见的有蒙皂石、高岭石、绿泥石、伊利石以及它们的混层黏土，此外还包括地开石、蛭石、水云母、海绿石、硅藻土、海泡石等（曹江骏等，2020）。

黏土矿物按成因分为陆源型和自生型两类（伏万军，2000）。陆源型黏土矿物是在地壳表生环境下由物源区母岩风化而来，后经搬运磨蚀和埋藏挤压以杂基形式分散在颗粒之间，其晶形普遍较差，且矿物组分较为混杂。物源区母岩类型决定了黏土矿物的原始物质组成，具体包括：（1）古老岩石再造形成的黏土团粒；（2）生物成因的同期沉积物或与生物活动有关的黏土；（3）絮状沉淀；（4）分散基质；（5）互层间的页岩薄层；（6）渗滤残渣。古气候环境控制着黏土矿物的蚀变程度，为黏土矿物的沉积、转换提供条件。温润潮湿气候下，降雨丰沛、地表径流量大且显弱酸性，岩石和土壤中的碎屑矿物如长石、云母等所经受的淋滤和化学风化作用较强烈，碱金属和碱土金属流失后容易形成高岭石；干燥或寒冷气候下，地表水转化为弱碱性，盆内水体盐度增大，富钾硅酸盐矿物的溶解有利于伊利石的发育。蒙皂石形成时间较早，干湿气候均可，主要物质基础为中、酸性火山岩在偏碱性介质中蚀变提供的 Na^+、Ca^{2+}。同样是在干冷气候下的弱碱性—碱性水中，黑云母、角闪石及火山岩岩屑等水解出的 Fe^{2+}、Mg^{2+} 与长石类矿物反应则析出绿泥石。因此，有学者指出，黏土矿物组合可视为判别古气候及其演变过程的有效参数。干旱、半干旱、湿润气候背景下分别形成伊利石＋绿泥石、伊利石＋蒙皂石＋高岭石、高岭石＋伊利石的黏土矿物组合，且随着风化程度的增强，黏土矿物存在蒙皂石→伊/蒙混层（无序→有序）→伊利石→高岭石的转变趋势。

　　自生型黏土矿物是在碎屑颗粒沉积后，由某些先驱物质（如砂岩骨架颗粒、火山碎屑物质、陆源碎屑黏土矿物、生物胞外聚合物等）与沉积介质、孔隙介质反应蚀变，或由孔隙水中直接沉淀形成，是成岩过程中复杂水—岩作用的产物（冯文立，2009）。简单来说，可将杂基之外的其他黏土矿物视为自生型黏土矿物。与陆源型黏土矿物相比，其表面洁净且晶粒粗大、晶形普遍较好，通常由颗粒边缘向孔隙中心生长，依次呈颗粒包膜、孔隙衬里、孔隙充填及假晶交代等产状。因此，自生黏土矿物不仅记录了岩石—流体相互作用的信息和结果，也会直接影响砂岩的孔喉结构与储集性能。

　　作为烃类运移、聚集的空间场所和勘探开发的主要对象，砂岩始终是致密油气研究的核心和关键，而蕴藏着古环境、古物源、成岩流体等丰富信息的黏土矿物贯穿了沉积、成岩及后期开发的各个阶段（蔡来星等，2023）。广泛分布于含油气盆地之中的黏土矿物不仅是泥页岩的主要矿物组分，也是砂岩储层中最重要的胶结物，其类型、含量、赋存产状等对砂岩的孔喉结构和储渗性能造成不可避免的负面效应；同时，黏土矿物的发育也影响着油气藏的后期生产动态（陈朝兵等，2021）。

　　通常，绿泥石、伊利石、高岭石占据孔隙空间的作用逐步增强，并呈搭桥式、薄膜式、分散质点式依次加剧对渗透率的损害，但黏土矿物之间的转化、生长机理异常复杂，导致储层的孔渗响应极为多变，而并非前人简而概之的"减孔降渗"（孟万斌等，2011）。例如，作为长石溶蚀的标志产物，高岭石的存在常与优质储层和工业油气层相对应，而过量的高岭石（绝对含量大于7%）会明显降低储层的孔隙度，这尚未考虑大气淋滤、有机质生烃排酸、地层超压、砂泥岩组合关系等诸多地质要素影响下的含 Al^{3+} 流体迁移和富集的影响（Emery et al.，1990；Hao et al.，2015；李阳等，2017；张永旺等，2021；操应长等，2022）。成岩早期形成的绿泥石可有效保护原生孔隙已是业内共识，但前人所界定的护孔含量上限却不尽相同，5%、7%、10%均有提及，这主要是受困于各研究区的"一孔之见"和测试数据的笼统对比，可能在岩相框架内的控储规律才较为清晰。伊利石呈弯曲片状、发丝状将孔隙、喉道分割成无数细微的束缚孔隙，孔喉迂曲度和渗流阻力显著增加（袁晓蔷等，2019）。此外，随着精细测试技术的快速发展，有学者指出黏土矿物内部发育大量的纳米级晶间孔隙，其在高岭石、绿泥石、伊利石中的视微孔率分别占41%～64%，47%～51%和66%～77%，成为提高致密砂岩储集能力与渗流能力的重要贡献者，特别是有助于分子直径不足1nm的 CH_4 运聚（Hurst et al.，1995）。黏土矿物晶间孔构成了致密砂岩储层的次级孔喉网络，但不同矿物的产状、结构及矿物间转化所引发的孔隙系统重排又加剧了黏土矿物与储层物性的复杂性和多变性。在油气藏开发过程中，黏土矿物因自身特性也容易发生应力敏感、水敏、速敏、酸敏等现象，是进一步造成储层伤害、影响油气产能的重要因素（陈忠等，1998）。

1. 高岭石

高岭石亦称高岭土、观音土，主要是由长石、辉石等铝硅酸盐类矿物经风化作用或热液蚀变分解的产物。矿石一般呈白色土块状，因含杂质可显其他颜色，硬度为2.0～3.5，密度为2.54～2.63g/cm³，具吸水性和可塑性；晶体化学式为$Al_4[Si_4O_{10}](OH)_8$或$2SiO_2 \cdot Al_2O_3 \cdot 2H_2O$，理论上是由46.54%的$SiO_2$、39.5%的$Al_2O_3$和13.96%的$H_2O$组成。能谱和电子探针分析揭示，除Al、Si、O主要成分外，还含有少量Fe、Mg、Ca、Na等元素。在结构上，高岭石由Si—O四面体连结Al—O（OH）八面体沿c轴堆垛，形成1:1型的二八面体层（图2-7a）；结构层间由强氢键连接，分子结构稳定，因此，外来离子和水分子无法渗入晶层间隙，这决定了高岭石不具膨胀性。陆源型高岭石在电镜下呈不规则片状，位于颗粒表面或充填于粒间孔隙，矿物颗粒磨圆现象明显，但保留部分原始结晶形态，反映了一定距离的搬运和磨蚀、挤压等初步沉积改造（图2-8a）。自生型高岭石又可分为两类（孙亮等，2016；Zhang et al., 2018）：一种是长石类矿物受酸性大气淡水、CO_2和有

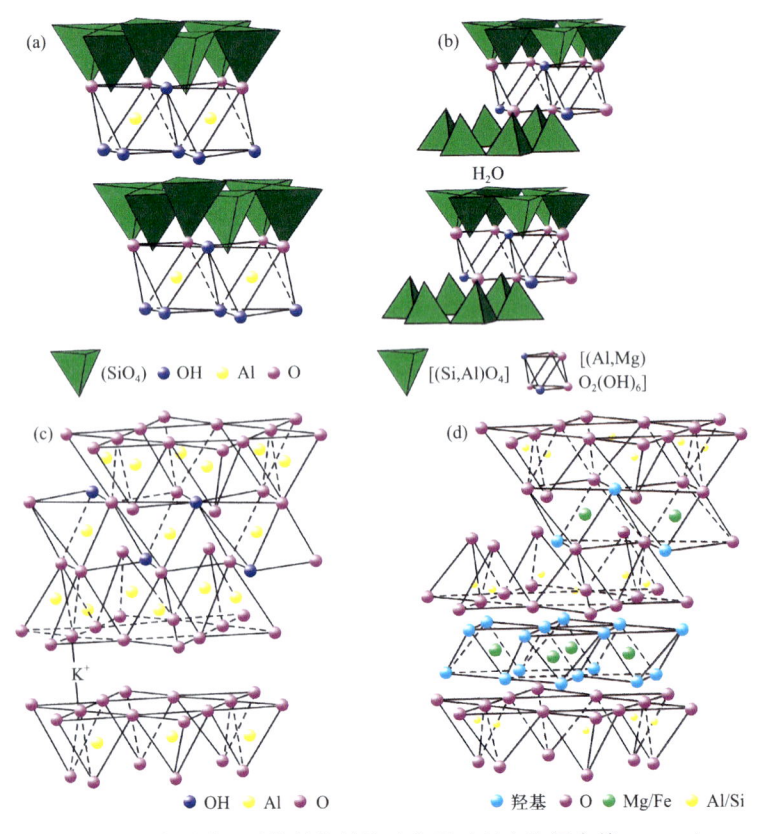

图2-7　主要黏土矿物晶体结构示意图（引自徐同台等，2003）
（a）高岭石；（b）蒙皂石；（c）伊利石；（d）绿泥石

机酸等的溶蚀、转化而成，镜下常占据长石溶蚀孔隙、交代长石颗粒或充填于附近粒间孔隙之中（图2-8b、c），岩心中脉状充填高岭石可能与大气淡水的下渗和流动有关；另一种是当酸性孔隙溶液中的 Si^{4+}、Al^{3+} 不断富集并达到饱和时，直接沉淀、结晶形成高岭石。扫描电镜（SEM）观察发现，自生型高岭石单晶呈假六方片状，集合体多呈书页状或蠕虫状（图2-8d）；铸体薄片中为鳞片状叠置集合体，以"斑状"形式充填粒间孔隙（图2-8e）。这可能与酸性流体中 Al^{3+} 的络合效应有关，即孔隙中一旦有高岭石析出便先形成一个"凝集核"，之后 Al^{3+} 继续向这个核部靠拢、聚集（戴金星等，2021）。阴极发光测试显示，自生型高岭石发靛蓝色光，以区别于陆源型高岭石的无光泽雾状蓝光（李传明等，2019）。

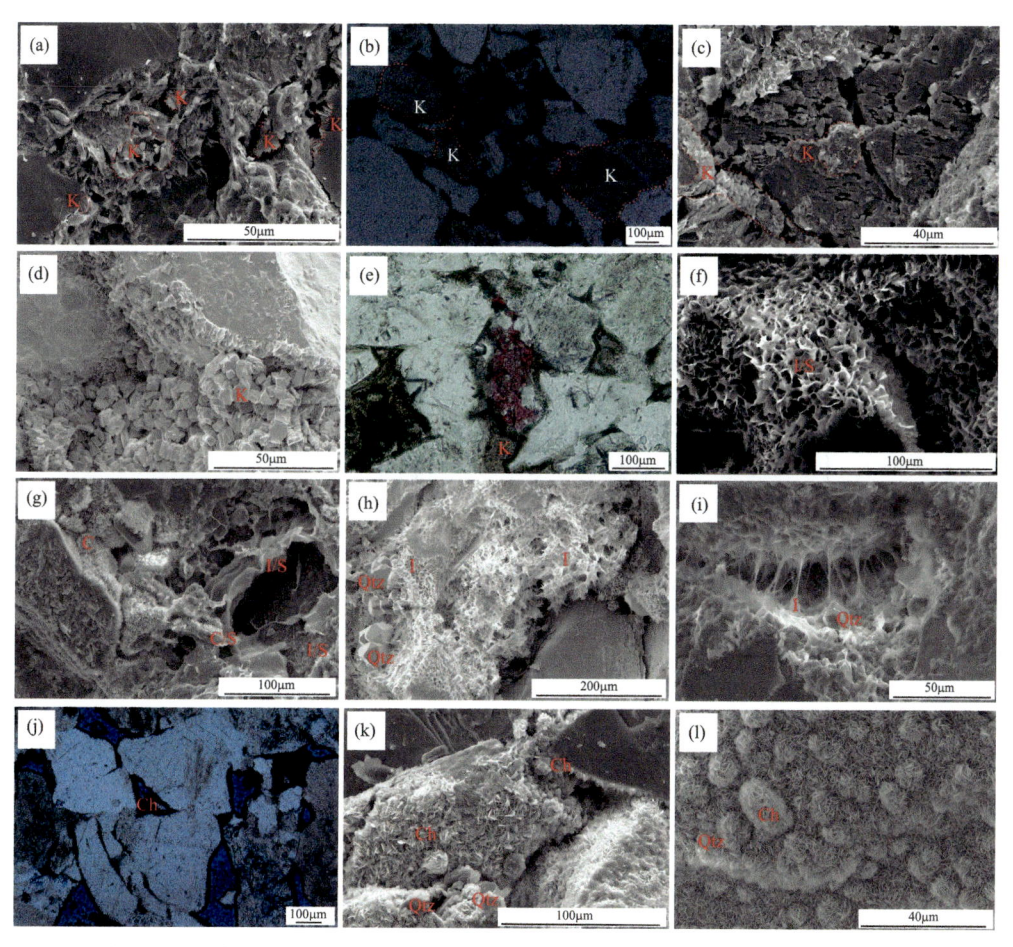

图2-8 四川盆地浅层致密砂岩储层中黏土矿物类型及产状（据蔡来星等，2023）

（a）TD109井，1335.17m，凉高山组，陆源片状高岭石，SEM；（b）ZX1H井，1764.81m，凉高山组，长石溶蚀及周缘长石颗粒高岭石化，（−）；（c）TD021-X8井，1792.41m，凉高山组，长石溶蚀与附近蠕虫状高岭石，SEM；（d）MQ8井，1877.80m，沙溪庙组，书页状高岭石充填粒间孔隙，SEM；（e）TD021-X8井，1792.41m，凉高山组，斑状自生型高岭石充填粒间孔隙，（−）；（f）D21井，1243.40m，沙溪庙组，蜂窝状伊/蒙混层，SEM；（g）ZX1H井，1764.81m，凉高山组，弯曲片状伊/蒙混层、绿/蒙混层，SEM；（h）D21井，1239.15m，沙溪庙组，毛发状、蜂窝状伊利石，SEM；（i）QL202井，2264.70m，沙溪庙组，片丝状伊利石，SEM；（j）ZX1H井，1764.36m，凉高山组，被油浸染的孔隙衬里绿泥石，（−）；（k）ZX1H井，1767.74m，凉高山组，玫瑰花状绿泥石，SEM；（l）JH9井，2222.30m，沙溪庙组，绒球状绿泥石，SEM

K—高岭石；I—伊利石；M—蒙皂石；Ch—绿泥石；I/S—伊/蒙混层；C/S—绿/蒙混层；Qtz—自生石英颗粒

2. 伊利石

伊利石，常由钾长石、白云母等风化分解，或其他矿物在外来富K^+流体中蚀变形成的一类硅酸盐黏土矿物（Zhao et al., 2015；刘标等，2017），其理想化学式为$K_{0.75}$（$Al_{1.75}R$）[$Si_{3.5}Al_{0.5}O_{10}$]（OH）$_2$，晶体结构与白云母同为2:1型层状二八面体（图2-7c）（Yuan et al., 1989），但层间K^+数量比白云母少且有水分子存在，也称为水白云母。纯净的伊利石通常呈白色土状，但因含杂质而显黄、褐、绿等色，硬度1.0～2.0，密度2.60～2.90g/cm^3。电子显微镜下，伊利石呈极细小的鳞片状集合体，粒径多不超过2μm；高倍扫描电镜下，陆源杂基矿物混杂且缺失良好晶形，自生伊利石矿物组成相对单一，晶体较大、晶形较好，多呈片丝状、毛发状、蜂窝状充填于储层孔隙内，晶片长轴一般为5～20μm（图2-8h、i）。伊利石中离子取代发生在Si—O四面体的晶格中，晶层表面负电荷由大量的K^+来平衡。因K^+水化能力较弱且晶间层形成的K—O键静电力强，故水分子不易进入晶层，无可塑性。同时，K^+的大小刚好嵌入相邻晶层间的氧原子网格空穴中，导致伊利石缺乏膨胀性且阳离子交换能力较低，物理和化学性质稳定。片丝状、毛发状伊利石易在高速流体冲击下被打碎、迁移并堵塞孔喉，对油气层产生速敏损害；另外，蜂窝状伊利石形成的微孔道可以束缚大量水分子，引起水锁损害（Vilcáez et al., 2017）。

3. 蒙皂石

蒙皂石，一般为白色块状或土状，硬度为2.0～2.5，密度为2～2.70g/cm^3，是在富Na^+和Ca^{2+}、贫K^+的（弱）碱性介质中形成的二八面体型层状铝硅酸盐矿物（图2-7b），又名微晶高岭石、胶岭石。电子显微镜下，蒙皂石晶粒细小，为0.2～1.0μm，多呈片状、絮状或毛毡状，其化学成分复杂，分子式可表示为（Na，Ca）$_{0.33}$（Al，Mg）$_2$[Si_4O_{10}]（OH）$_2 \cdot nH_2O$，晶体结构是由两层Si—O四面体夹一层Al—O（OH）八面体构成的2:1型（图2-7b），层间只有较弱的范德华力连接（Petrov et al., 2009）。蒙皂石的形态、成分和结构决定了其具有阳离子交换性、吸水膨胀性、强吸附性、可塑性和粘结性及较大的比表面积等诸多特点，是造成储层水敏及速敏伤害的主要黏土矿物。由于晶层间引力较弱，蒙皂石Si—O四面体中的Si^{4+}常被Al^{3+}置换，Al^{3+}又被Mg^{2+}、Fe^{2+}、Ca^{2+}、Na^+、K^+等阳离子来取代或平衡，直接促使蒙皂石在碱性条件下向伊利石或绿泥石转化，常形成伊/蒙混层、绿/蒙混层黏土矿物（图2-8f、g）（Vergés et al., 2011；Zhang et al., 2020）。阳离子的替换使层间距不断扩大（Petrov et al., 2009），而多余的负电荷又吸引了大量的极性水分子进入，加之比表面积较大，CH_4、CO_2等以吸附质形式存在于晶间孔和矿物颗粒表面。干燥条件下，蒙皂石的层间距为0.96～2.14nm，吸水膨胀后可扩大至10～12nm，其至钠蒙皂石可膨胀20～30倍；膨胀后的蒙皂石颗粒疏松，在地层流体的冲击下容易分散运移，造成孔隙堵塞。再者，蒙皂石具有良好的可塑性和粘结性，其塑限和液限（即黏土呈可塑状态时的含水量下限和上限）分别可达25%和83%，均明显高于其他黏土矿物。

4. 绿泥石

绿泥石，常为绿泥石族矿物的总称，是化学成分相当复杂的铁、镁、铝的层状铝硅酸盐矿物，常存在于富含Fe^{2+}、Mg^{2+}的偏碱性环境中（Medina et al., 2017；Xiao et al.,

2017）。由于Fe^{2+}的存在和含量差异，矿物颜色呈深浅不同的绿色，硬度为2～3，密度为2.6～3.3g/cm³。绿泥石化学通式可表示为（R^{2+}，R^{3+}）$_{5~6}$［（Si，Al_4O_{10}）］（OH）$_8$，式中R^{2+}代表二价阳离子，如Mg^{2+}、Fe^{2+}、Mn^{2+}、Ni^{2+}等，R^{3+}代表三价阳离子，如Al^{3+}、Fe^{3+}、Cr^{3+}、Mn^{3+}等。其结构比较独特，属于2∶1型黏土矿物，但层间充满片状的八面体氢氧化物，故也把绿泥石称为2∶1∶1型或2∶1+1型黏土矿物（图2-7d）；晶层间以氢键为作用力，并同时存在水镁石层对晶层的静电引力，水分子不易进入，故绿泥石通常不具膨胀性，但Fe^{2+}、Mg^{2+}易于在酸性介质中溶出（Zhang et al.，2017）。

绿泥石胶结物是最常见的黏土胶结物，其产状有多种类型，但大多数是以颗粒环边方式产出的，称之为绿泥石环边胶结物（刘金库等，2009）。由于绿泥石环边胶结物与深埋砂岩油气藏的孔隙保存密切相关因而有关绿泥石环边胶结物对孔隙保存机制方面的研究一直受到国内外学者的普遍关注。在20世纪60年代人们就已经注意到绿泥石环边胶结物对储层孔隙的保护作用。在众多的研究中，Pittman（1992）认为等厚连续的黏土包壳可以抑制碎屑石英的成核作用从而抑制石英次生加大；Ehrenberg（1993）认为挪威大陆架侏罗系砂岩储层在深埋藏条件下仍能保存异常高的孔隙度主要是由于绿泥石环边胶结物导致的；Salman等（2002）把颗粒环边胶结物、高压流体及烃类早期侵入视为深埋砂岩油气藏异常高孔高渗的3个主要原因；柳益群等（1996）在对陕甘宁盆地上三叠统砂岩储层研究中发现绿泥石环边胶结物的存在可阻碍碎屑颗粒与孔隙水的接触从而减少其他胶结物的沉淀使粒间孔得以保存；孙全力等（2012）对川西须家河组致密砂岩储层绿泥石成因及其与优质储层关系的研究表明，绿泥石主要是对原生孔隙起到了良好的保护作用，并且不是存在绿泥石环边胶结的砂岩储层均能成为相对优质的储层，其必须满足环边厚度足够大并连续的条件，而且储层必须发育在高能的沉积环境之中。然而，也有部分学者认为绿泥石环边胶结物对孔隙的保存有负面影响，例如刘林玉等（2007）认为包绕碎屑颗粒的绿泥石胶结物降低了原生孔隙度，堵塞孔隙喉道，导致了储层渗透率大幅度降低。

5. 混合晶层黏土矿物

混合晶层黏土矿物是由不同种类的矿物晶层有序或无序堆叠形成的一类黏土矿物，是黏土矿物转化过程的中间产物，常见的有伊/蒙混层和绿/蒙混层。碱性环境中，随着地层温度和压力的增加，早期蒙皂石丢失层间水，导致晶格重新排列和K^+、Fe^{2+}、Mg^{2+}等碱性阳离子的吸附，并逐渐向无序伊（绿）/蒙混层、有序伊（绿）/蒙混层过渡，最终形成伊利石或绿泥石（刘标等，2017）。伊/蒙混层主要以孔隙桥接或充填方式产出，集合体常呈团粒状、棉絮状或蜂窝状（图2-8f）；绿/蒙混层多见卷曲片状、针叶状裹附于碎屑颗粒表面（图2-8g）。二者均堵塞部分孔隙喉道，且比单一矿物更易遇水膨胀，引发储层水敏及速敏伤害（Vilcáez et al.，2017；白雪峰等，2024）。

（三）碳酸盐胶结物

从碎屑沉积物沉积埋藏到固结成岩的整个过程中都伴随有碳酸盐的胶结作用。碳酸盐胶结物在不同成岩阶段均有析出，只是在晶形和成分上有较大差异，这主要受控于不同成岩阶段成岩流体成分、酸碱度和氧化还原电位等成岩环境参数（郁金来等，2023；肖伟桐等，2023；贾业等，2024）。碳酸盐胶结物是碎屑岩储层中最常见的成岩自生矿物，部分学者认为，早期的碳酸盐胶结有利于深部碎屑岩储层原生孔隙的保存（钟大康等，2007）。

姚泾利等（2011）的研究表明，通过分析碳酸盐胶结物的赋存状态、成分、结构和形成先后关系等，可划分出早、中、晚3期碳酸盐胶结物。笔者以鄂尔多斯盆地中部延长组为例，简述致密砂岩储层碳酸盐胶结物成因与分布规律。

1. 早期碳酸盐胶结物

早期的泥晶碳酸盐主要以孔隙充填物的形式沉淀下来，晶形通常为泥晶和微晶（图2-9a），是直接从沉积物孔隙水中沉淀形成的。这时的温度、压力接近常温常压，当孔隙水中溶解的碳酸盐物质达到过饱和时，就可以直接沉淀出来。因此，它们与沉积水介质中$CaCO_3$在碱性条件下达到过饱和沉淀作用有关。研究区内早期碳酸盐胶结物多以泥晶团块或灰泥基质形式充填在颗粒之间，且含量较高，在10%～30%之间变化，多形成钙质砂岩。另外还可见亮晶方解石呈连晶式胶结，使碎屑颗粒"漂浮"在胶结物中，粒间体积大，碎屑颗粒未遭受压实改造，说明其形成时间较早。早期碳酸盐胶结物一般不交代碎屑颗粒，而且可提高砂岩抗压实能力，为后期溶蚀作用的发生提供溶蚀物质，并产生次生孔隙，因此，从该角度而言，早期碳酸盐胶结作用是一种建设性的成岩作用。其主要形成于早成岩阶段，一般发生在主要压实期以前。早期碳酸盐胶结物的物质来源比较复杂，可能是由河流带到湖泊里的碳酸钙溶解物或是壳类微生物死亡后的贝壳发生溶解形成的碳酸钙。

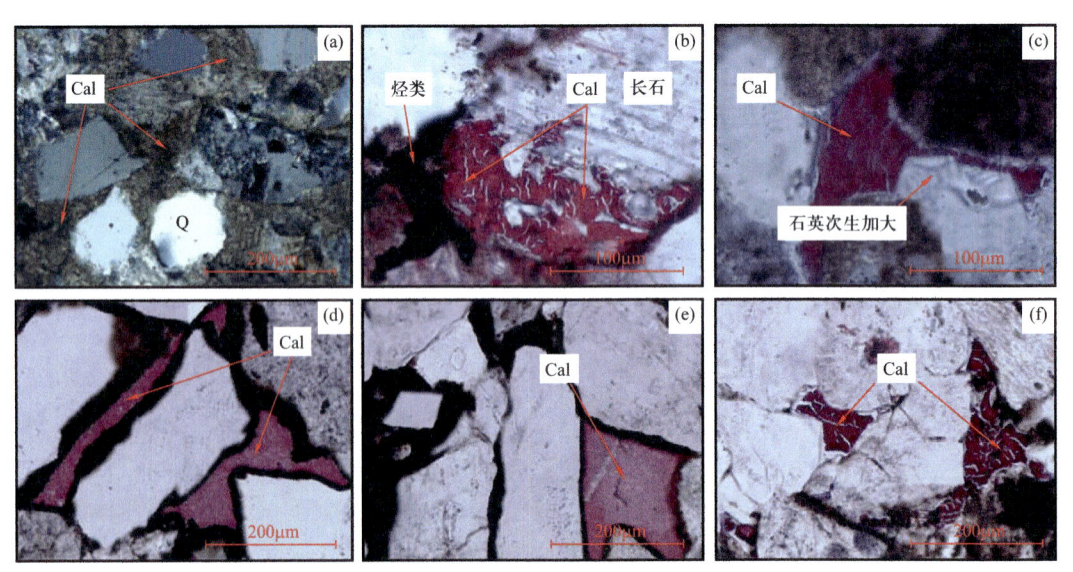

图 2-9 鄂尔多斯盆地中部延长组不同期次碳酸盐胶结物赋存特征（据姚泾利等，2011）
（a）午23井，长6_3，1609.90m，×200，泥晶状早期碳酸盐胶结物；（b）午66井，长6_3，2047.9m，×400，中期碳酸盐胶结物先充填在长石溶蚀孔中，然后才发生烃类注入；（c）白270井，长6_3，2150.63m，×400，中期含铁碳酸盐（紫红色）晚于石英次生加大；（d）白246井，长8_2，2340.72m，×200，粒间晚期铁方解石（紫红色）晚于烃类注入；（e）白280井，长8_1，2218.1m，×200，晚期碳酸盐胶结物（紫红色）充填在粒间孔中；（f）元290井，长8_1，2236.74m，×200，晚期碳酸盐胶结物（紫红色）充填在粒间残留孔隙中

2. 中期碳酸盐胶结物

随着埋深加大，温度升高、pH 值增大、CO_2 分压降低，溶解的碳酸盐可以发生重结晶作用，形成自形的中期细晶方解石胶结物。这类胶结物多呈斑状、分散晶粒状分布，可见交代或包裹早期泥微晶碳酸盐胶结物现象，因此可以判断其形成时间晚于早期碳酸盐矿物（图 2-9b、c）。研究区内中期碳酸盐胶结物多为分散状孔隙式胶结物，充填在颗粒之间，成分多为（含铁）方解石，多呈洁净的大晶粒状，含量不高，在 2%～8% 之间变化，多形成含钙砂岩。中期碳酸盐矿物充填在剩余粒间孔中，碎屑颗粒之间多呈线接触，表明砂岩已遭受过压实改造，因此这类胶结物形成时期较晚，形成时间在主要压实期之后和油气侵入之前，成岩阶段主要在中成岩阶段 A_2 期。因此，中期碳酸盐充填的粒间孔中通常观察不到油气充注痕迹（图 2-9b、c），这与晚期碳酸盐胶结物有明显区别，虽然它们在矿物成分上非常相似，主要为含亚铁方解石，染色后均呈紫红色。

3. 晚期碳酸盐胶结物

在成岩晚期，特别是在中成岩阶段 B 期，由于地层埋藏深度大，温度和压力增高，在相对高温、高压、缺氧的还原条件下，孔隙水中含大量由黏土矿物或黑云母转化而产生的 Fe^{2+} 和 Mg^{2+}，当 CO_2 分压降低时，这些离子很容易结合到方解石或白云石的晶格中去，形成含铁的晚期碳酸盐矿物，而且多充填在油气充注后剩余的砂岩粒间孔中（图 2-9d、e、f），说明其形成晚于石油充注事件。在华庆地区主要是铁方解石（染色后呈紫红色）和少量的铁白云石（染色后呈亮蓝色），多呈洁净、大晶粒状，含量不高，在 1%～3% 之间变化。晚期铁白云石多充填在有油气充注痕迹的剩余粒间孔中，并强烈交代石英和长石等骨架颗粒，形成时间为油气侵入之后的中成岩阶段 A_2 期—B 期，借此可与中期含铁碳酸盐胶结物加以区别。

三、溶蚀作用

储层中易流动流体通过孔隙进入砂岩并与其内部易溶颗粒发生反应，从而改善孔隙内部环境，溶蚀作用分无机酸溶蚀和有机酸溶蚀两种。通常，溶蚀作用可以增大储层孔隙度，改善物性，对储层有一定的建设作用。溶蚀孔形成于不稳定组分（主要为长石、岩屑和火山灰）遇酸性流体发生的溶蚀作用（肖佃师等，2017），除形成长石和岩屑粒内溶蚀孔外，不稳定组分的边部被大量溶蚀，则可形成与粒间孔分布相似的粒间溶蚀孔，其孔径比粒内溶蚀孔大，但分布分散；粒内溶蚀孔的数量较多、分布呈蜂窝状，但孔径多小于 1μm。

周志恒等（2019）的研究显示，溶蚀作用产生的孔隙提供了四川盆地东北元坝西部须二下亚段致密砂岩储层的主要储集空间（图 2-10、图 2-11）。通过偏光显微镜观察发现，须二下亚段储层溶蚀作用较为发育，以溶蚀孔隙为主要孔隙类型的铸体薄片样品占全部样品的 40.42%。溶蚀孔隙主要发育在岩屑、长石等颗粒中，胶结物溶蚀现象极少见，在部分溶蚀孔隙中有绿泥石胶结物发育；结合颗粒线接触、较小的粒间体积等结构关系特征，可以判断溶蚀作用发生在压实作用之后。存在溶蚀现象的样品中，以粒内溶孔为主的样品占 36.72%，以粒间溶孔（多为硅质、钙质胶结物溶蚀产生）为主的样品占3.70%；遭受溶蚀的颗粒主要包括火山岩、泥板岩、千枚岩岩屑，绝大多数样品中的粒内溶孔为以上3种颗粒溶蚀形成，少部分为长石颗粒溶蚀形成，溶蚀孔隙直径范围为40～50μm（图2-10）。以原生粒间孔为主的样品较少，仅占全部样品的6.23%。可见，研究区须二下亚段储层的溶蚀作用为储层提供了主要的储集空间——溶蚀孔隙，其发育情况直接关系到储层孔隙度的高低。在观察过程中，通过港湾状或锯齿状的边缘形态将溶蚀孔隙与保存在颗粒之间、边缘多发育绿泥石胶结物的原生粒间孔隙相区分。在确定某一样品的主要孔隙类型时、通过NESE Geo图像分析系统测算各类孔隙的面孔率，当某一类孔隙贡献的面孔率占样品面孔率80%以上时，则以该类孔隙为该样品的主要孔隙类型。溶蚀作用强度方面，通过观察发现，虽然样品中有相当部分以溶蚀孔隙为主要孔隙类型，但溶蚀孔隙在垂向上的分布范围有限，溶蚀孔隙主要发育在厚层砂体顶部靠近泥岩层的位置，砂体中靠近泥岩夹层的位置也有发育，这些位置由于靠近泥岩层，有机酸浓度高，溶蚀孔隙较为发育，而在更远一些的位置，如厚层砂体的中部则少有溶蚀孔隙。结合前人认识，通过溶蚀率（薄片样品溶蚀孔隙面孔率与总面孔率之比）判断溶蚀作用强度，当溶蚀率小于10%、10%～25%、25%～60%和大于60%时，分别对应弱溶蚀、中溶蚀、较强溶蚀和极强溶蚀4个不同等级的溶蚀强度。通过薄片观察及图像分析发现，在遭受溶蚀的样品中70%以上为中等溶蚀，未见到颗粒大部被溶蚀或整个颗粒被溶蚀殆尽的情况（图2-10b、2-11a）。以上现象表明，须二下亚段储层溶蚀作用的强度有限。从定量角度明确溶蚀作用对储层物性的改善程度，利用NESE Geo图像分析系统对156块样品铸体薄片照片中的溶蚀孔隙进行检测，其结果显示溶蚀使储层孔隙度提高3%～4%。

(a) 长石局部遭受溶蚀，元陆6井，4477.24m，单偏光

(b) 长石遭受溶蚀，溶蚀程度低，元陆6井，4482.94m，单偏光

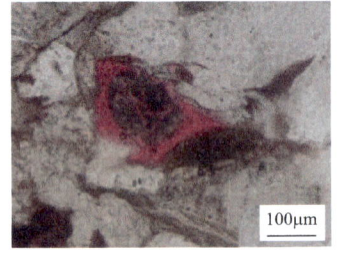

(c) 岩屑遭受溶蚀，元陆2井，4916.13m，单偏光

(d) 玄武岩岩屑溶蚀，形成孔隙，元坝10井，4925.89m，单偏光

(e) 千枚岩岩屑溶蚀，元陆2井，4916.13m，单偏光

(f) 假杂基化岩屑遭受溶蚀，元陆271井，4390.23m，单偏光

图2-10 四川盆地须二段下亚段致密砂岩溶蚀孔隙镜下特征（据周志恒等，2019）

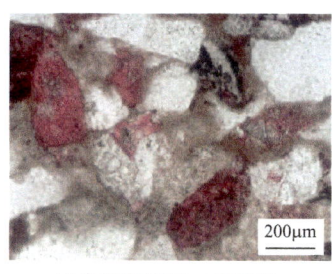

（a）岩屑遭受溶蚀，不同颗粒溶蚀程度不一，元坝10井，4925.89m，单偏光

（b）岩屑颗粒部分遭受溶蚀，溶蚀程度有限，元陆6井，4464.15m，单偏光

（c）硅质胶结发育，粒间多被硅质胶结充填，元坝10井，4926.44m，单偏光

（d）部分石英颗粒发育次生加大边，元陆6井，4475.52m，单偏光

（e）钙质胶结物充填在颗粒间，元坝10井，4926.44m，正交光

（f）钙质胶结物导致胶结、交代作用，元陆6井，4484.75m，正交光

图2-11　四川盆地须二段下亚段致密砂岩溶蚀孔隙镜下特征（据周志恒等，2019）

第二节　成岩作用定量表征

一、初始孔隙度恢复

通常，根据孔隙度与分选系数的关系，采用未固结砂岩初始孔隙度模型（刘明洁等，2021），可以定量恢复砂岩储层初始孔隙度，由式（2-1）和式（2-2）表示

$$\varphi_1 = 20.91 + 22.90/S_0 \quad (2-1)$$

$$S_0 = \sqrt{\dfrac{D_{75}}{D_{25}}} \quad (2-2)$$

式中　φ_1——初始孔隙度，%；

S_0——分选系数；

D_{75}，D_{25}——分别为粒度概率累计曲线达到75%、25%时的颗粒直径，mm。

二、压实减孔

压实作用使储层孔隙度减小，压实作用后的孔隙度 φ_2 为（陈奕阳等，2023）

$$\varphi_2 = C + P_1 \times P_0/P_t \quad (2-3)$$

式中　C——胶结物的质量分数；

P_1——粒间孔面孔率；

P_0——实测孔隙度；
P_t——总面孔率。

压实作用减孔率 P_{comp} 为

$$P_{comp}=(\varphi_1-\varphi_2)/\varphi_1 \tag{2-4}$$

三、胶结减孔

胶结作用中各类胶结物充填孔隙，使储层孔隙度进一步降低。压实、胶结作用后的剩余孔隙度 φ_3 为（周港等，2023；王雅楠等，2011）

$$\varphi_3=P_1\times P_0/P_t \tag{2-5}$$

胶结作用减孔率 P_{cem} 为

$$P_{cem}=C/(C+\varphi_3) \tag{2-6}$$

四、溶蚀增孔

溶蚀作用是形成长石溶孔、晶间孔等次生孔隙的重要原因，对改善储层物性有很大的帮助。溶蚀作用增加的孔隙度 φ_4 为（许晗等，2022）

$$\varphi_4=P_2\times P_0/P_t \tag{2-7}$$

式中 P_2——溶蚀孔面孔率。

溶蚀增孔率 P_{rszk} 为

$$P_{rszk}=\varphi_4/\varphi_1 \tag{2-8}$$

第三节 典 型 实 例

孙嘉鑫等（2024）对鄂尔多斯盆地七里村油田长7段致密砂岩储层成岩作用及孔隙演化规律进行了研究。结果表明：（1）研究区长7段成岩作用处于中成岩阶段A期。成岩演化序列为：机械压实作用—早期绿泥石膜形成—无机酸溶蚀易溶物质—早期钙质胶结和硅质胶结—浊沸石充填孔隙—有机酸侵入—长石颗粒溶蚀—浊沸石溶蚀—烃类充注—晚期钙质胶结和硅质胶结。储层孔隙演化过程中，压实作用和胶结作用对储层物性具有一定的破坏作用，而溶蚀作用能够在一定程度上改善储层物性。（2）研究区长7段砂岩储层分选系数主要集中在1.34~2.01，平均为1.47，分选性相对较好。计算得到储层初始孔隙度分布在32.3%~38.0%，平均为36.54%。孔隙度与分选性具有一定的正相关关系，即孔隙度会随着分选性变差而降低。（3）经过压实作用后，孔隙度由初始的36.54%下降为17.68%，压实作用造成孔隙度减少18.86%，减孔率为51.6%。（4）胶结作用造成孔隙度减少16%，减孔率为43.75%。统计研究区不同时期胶结物的含量，分析对比各时期胶结作用的减孔效果可知，研究区早期胶结物主要由方解石、硅质及黏土矿物组成，占胶结物总量的35%，胶结作用相对明显，孔隙度减少5.6%，减孔效果较为强烈；中期以浊沸石胶结为主，占胶结物总量的6%，浊沸石胶结作用造成孔隙度减少0.96%；晚期在各类成岩作用（特别是溶蚀作用）影响下，方解石及石英的含量增加，胶结作用有所增强，其中，方解石及石英占胶结物总量的56%，胶结作用减孔率增加至9.44%。(5)研究区溶蚀作用平均增加孔隙度约为4.37%，平均增孔率约为11.97%。不同时期，溶蚀作用对孔隙度影响的强度有所不同。早期增孔率相对较高，约为3.92%，中期增孔率有所下降，为0.45%。溶蚀作用对储层具有显著的增孔效果，能够在一定程度上改善储层的物性。

王雅楠等（2011）开展了有关苏里格气田苏14井区盒8段储层成岩作用与孔隙演化规律的研究。结果表明：(1)研究区盒8段储层岩性主要为粗砂岩和中—粗粒石英砂岩和岩屑砂岩，磨圆度为次棱角状，分选中等，胶结类型主要为孔隙—薄膜和再生孔隙型，具有成分成熟度高、结构成熟度较低的特点。(2)研究区主要经历的成岩作用有压实压溶作用、胶结作用和溶蚀作用，其中压实压溶作用和胶结作用使储层孔隙度减小，渗透性变差，而溶蚀作用对于研究区物性改善至关重要。多项指标分析表明，本区成岩作用已进入晚成岩阶段B期。(3)盒8段初始孔隙度约为35.7%，早期压实作用中损失了9.71%的孔隙度，压实后粒间剩余孔隙度为25.99%，压实过程中孔隙损失率为27.19%。早期、晚期胶结造成23.52%的孔隙度损失，胶结过程中孔隙损失率为65.88%。压实、胶结后仅剩余2.47%的原生粒间孔隙，后期溶蚀作用贡献了6.34%的孔隙度。目前平均孔隙度为8.81%，其中粒间孔占28.03%，次生孔隙占71.97%。不同成岩作用对孔隙的共同影响造成了现在研究区低孔、低渗的特点。

周港等（2023）以吐哈盆地台北凹陷胜北洼陷中侏罗统三间房组致密砂岩储层为研究对象，开展了成岩作用及孔隙演化规律研究。结果表明：(1)胜北洼陷三间房组储层以长石岩屑砂岩为主，孔隙以溶蚀孔为主。储层平均现今孔隙度为6.44%，平均渗透率为0.18mD，属低孔低渗储层。(2)研究区三间房组成岩作用较强，整体处于中成岩阶段B期。成岩演化序列为压实—自生黏土矿物胶结、绿泥石环边胶结—石英Ⅰ期加大、长石溶解—钠长石化—绿泥石环边胶结—碳酸盐胶结—长石溶解—高岭石伊利石化。(3)研究区三间房组致密砂岩储层孔隙演化过程中，压实作用和胶结作用是孔隙度急剧降低的主要因素，溶蚀作用改善了储层物性。早成岩阶段A期，压实作用和胶结作用导致原始孔隙度下降至20.11%；早成岩阶段B期，压实作用和胶结作用持续进行，孔隙度降至16.15%，但由于有机酸溶蚀长石和岩屑，孔隙度恢复至19.53%；中成岩阶段A期，孔隙度降至8.25%；中成岩阶段B期，压实作用和胶结作用持续降低储层物性，现今孔隙度约为6.44%。(4)研究区三间房组油气经历2期充注，第1期油气充注时间为150—90Ma，第2期油气充注时间为30—2Ma，三间房组致密气成藏发生在储层致密之后，为先致密后成藏型气藏。

第三章
孔隙类型

致密砂岩孔隙系统包括孔喉和孔隙类型，是控制油气流动的主要参数（Aliakbardoust et al.，2013）。相较于渗透率较高的常规砂岩，致密砂岩储层在岩石学上的突出特征表现为：一是原生孔隙的损失，二是以次生孔隙（主要为溶蚀孔）为主，三是受压实作用影响，孔隙形态主要为狭缝型（Soeder et al.，1990）。致密砂岩常发育多尺度、形态不规则的孔隙网络，深刻影响着储层岩石物性。受沉积环境和成岩作用的共同改造，致密砂岩中存在各种孔隙和喉道类型，孔径分布范围很广（从纳米级至微米级）。在致密砂岩中"微孔"是指孔径小于10μm的孔隙，"微孔喉"是指孔喉半径小于1μm的孔喉（Nelson，2009），而在页岩储层研究中"微孔"被认为是孔径小于2nm的孔隙（Loucks et al.，2012）。

第一节　原生粒间孔

粒间孔为原生孔隙的残留，是颗粒支撑碎屑岩储层最重要的一类孔隙，其相对含量及连通关系共同决定储层品质，尤其对于孔喉结构多样的致密（肖佃师等，2017）。

原生粒间孔的形成与沉积作用密切相关。在沉积物开始堆积时，颗粒之间相互支撑，形成了最初的孔隙空间。这些孔隙呈现出不规则的形态，如三角形或多边形，且分布上表现出较强的非均质性。这种天然的孔隙网络为后续的油气聚集提供了重要的储集场所。然而，原生粒间孔并非一成不变。随着沉积过程的深入，压实作用和胶结作用逐渐显现，对孔隙空间产生了显著影响。压实作用使得颗粒更加紧密地排列，导致孔隙体积减小；而胶结作用则通过填充物如硅质、钙质等矿物的沉淀，进一步占据了孔隙空间。这些变化共同作用于原生粒间孔，使其形态和大小发生调整。尽管如此，经过这些成岩作用的改造后，仍有一部分原生粒间孔得以保留。这些残余的原生粒间孔在储层中显得尤为珍贵，因为它们往往具有较好的连通性，是油气运移的重要通道。在镜下观察时，可以发现这些孔隙形态相对规则，边缘清晰，内部没有或仅有很少填隙物，显示出其原生性质。此外，原生粒间孔的存在还对储层的整体性能产生深远影响。它们的存在提高了储层的物性，为油气的储存和运移提供了有利条件。同时，这些孔隙也是储层中流体流动的主要路径，对油气田的开采效率具有直接影响。

第二节 次生溶蚀孔

致密砂岩次生溶蚀孔的形成是一个复杂的地质过程，主要涉及到溶解作用。在长期的地质历史中，砂岩中的不稳定矿物成分（如碳酸盐、长石、硫酸盐等）在地下水或酸性流体的作用下发生溶解，从而形成次生溶蚀孔。此外，砂岩内部的黏土矿物在变质过程中也会形成微孔隙，这些微孔隙在地下水的反复侵蚀下会逐渐扩大，进一步促进次生溶蚀孔的形成。次生溶蚀孔形态各异，有的呈圆形、椭圆形或不规则形状，有的则呈港湾状、斑点状或线状分布。这些形态的差异主要取决于溶解作用的方式和程度，以及砂岩中矿物成分和结构的差异。次生溶蚀孔在致密砂岩中的分布也是不均匀的。有的区域密集分布，孔隙度较高；而有的区域则相对稀疏，孔隙度较低。这种分布不均的现象与砂岩的沉积环境、成岩作用以及后期改造过程密切相关。次生溶蚀孔对油气储集具有重要影响。一方面，它们为油气提供了储存空间；另一方面，虽然次生溶蚀孔的孔径相对较小且连通性较差，但它们在一定程度上能够改善致密砂岩的渗透性，有利于油气的运移和开采。因此，在油气勘探和开发过程中，对致密砂岩次生溶蚀孔的研究具有重要意义。

第三节 黏土矿物晶间孔

晶间孔是由高岭石、伊利石等黏土矿物交代作用下形成的，颗粒间充填高岭石的晶间孔孔径较小，但连通性相对较好。黏土矿物常与原生粒间孔共生，充填其中造成储层有效孔隙空间减小。然而，黏土矿物在占据原生孔隙的同时将其部分转化为自身的晶间孔，丝发状伊利石、搭桥状伊利石、玫瑰花状绿泥石、针叶状绿泥石、蠕虫状高岭石及六方板状高岭石的平均视微孔率分别为64%、49%、23%、13%、35%和22%（Hurst et al., 1995）。纳米—微米级晶间孔、层间缝隙既可作为气态烃的储集空间，又与原生粒间孔隙一并为地层流体提供渗流通道，促进后期溶蚀作用持续进行（吉利明等，2012）。

第四节 典型案例

肖佃师等（2017）以松辽盆地东南断陷区徐家围子断陷登娄库组和沙河子组致密砂岩样品为研究对象，利用恒速压汞孔隙体进汞识别了粒间孔主导空间分布范围。研究结果显示：粒间孔通常与石英次生加大或黏土包裹等伴生（图3-1a、b）。粒间孔的数量少、分布分散，但孔径大，分布范围通常约为几十微米，被颗粒接触面之间的片状、弯片状喉道或微裂缝沟通。粒间孔具有"大孔被细喉沟通"的连通关系，明显不同于"类树形孔隙网络"的粒内孔。粒间孔对渗透率的贡献量越大，其内流体可动性越好。粒间孔对孔渗的贡献量明显受机械压实和以黏土矿物为主的胶结作用共同影响。溶蚀孔起因于不稳定组分（主要为长石、岩屑和火山灰）遇酸性流体发生的溶蚀，除形成长石和岩屑粒内溶蚀孔外，不稳定组分的边部被大量溶蚀，则可形成与粒间孔分布相似的粒间溶蚀孔，其孔径比粒内溶蚀孔大，但分布分散（图 3-1c、d）；粒内溶蚀孔的数量较多，分布呈蜂窝状，但孔径多小于 1μm。晶间孔主要由于自生矿物晶体（如石英和黏土矿物）的生长或沉淀而形成，在致密样品中，常见非定向排列的板状绿泥石、丝状或薄片状伊利石完全或部分充填粒间孔和溶蚀孔，形成大量集中分布的黏土晶间孔，孔径多小于 1μm，其常与溶蚀孔表现出明显的共存关系。

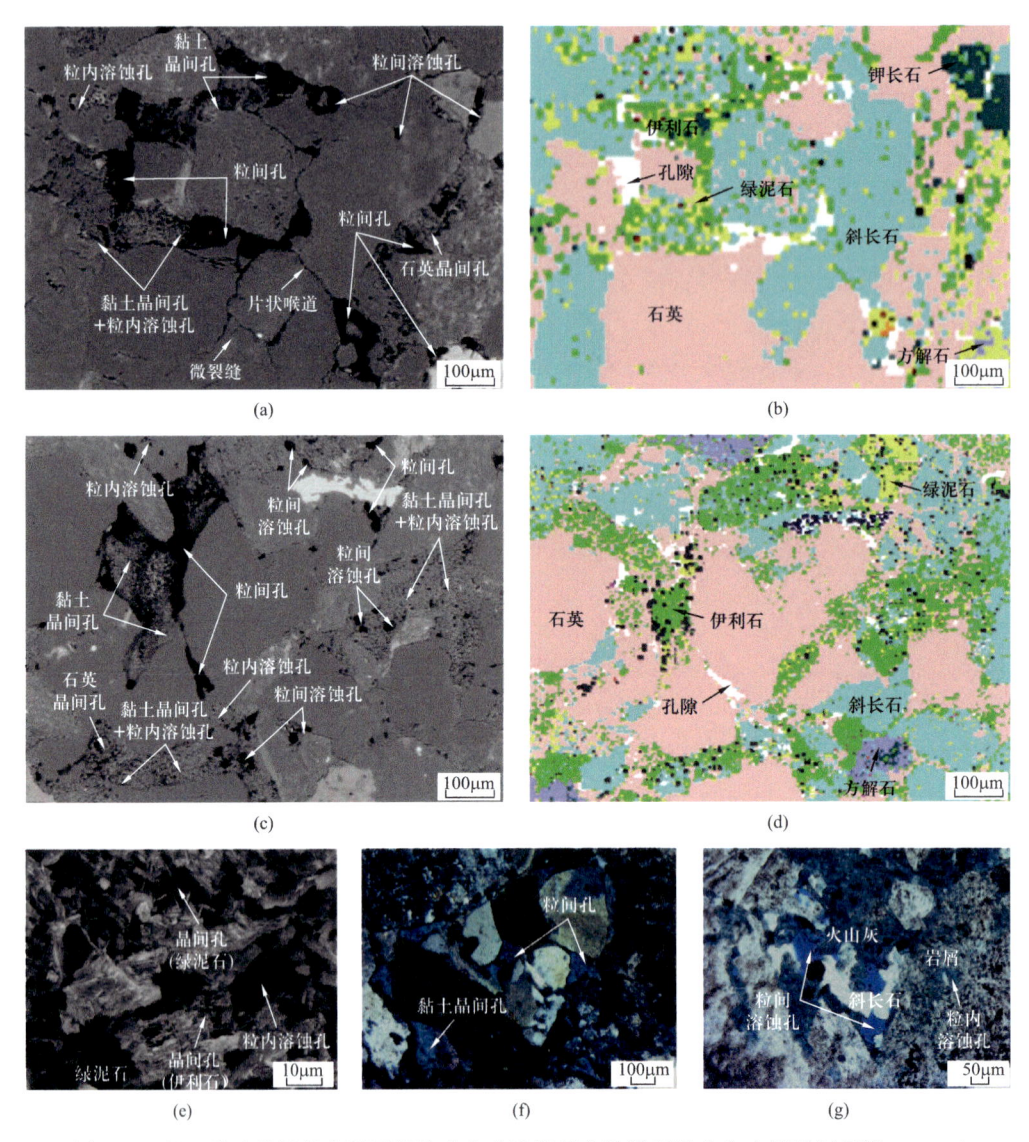

图 3-1　松辽盆地北部徐家围子断陷致密砂岩样品孔隙类型及分布（据肖佃师等，2017）
（a）粒间孔发育样品的孔隙类型及分布，D5 样品，SEM；（b）矿物分布，D5 样品，视域同图（a），QemScan 图像；（c）黏土晶间孔和溶蚀孔发育样品的孔隙类型及分布，S33 样品，SEM；（d）矿物分布，S33 样品，视域同图（c），QemScan 图像；（e）板状绿泥石和丝状伊利石晶间孔与长石粒内溶蚀孔共存，S33 样品，SEM；（f）残留粒间孔和黏土晶间孔，S46 样品，铸体薄片；（g）火山灰和长石被溶蚀形成粒间溶蚀孔，岩屑粒内溶蚀孔，S6 样品，铸体薄片

石晓敏等（2023）对松辽盆地南部营城组致密凝灰质砂岩储层孔隙结构特征进行了综合研究。致密凝灰质砂岩作为一种特殊的致密砂岩类型，其孔隙结构、孔隙度—渗透率配

置关系与普通致密砂岩相比有较大差异。研究区营城组致密凝灰质砂岩储层主要发育凝灰质溶蚀孔、晶间孔等小尺度孔隙。和常规致密储层进行对比，发现致密凝灰质储层发育更多小孔，孔渗相关性比常规致密储层更差。研究区致密凝灰质砂岩主要发育原生粒间孔、粒间溶蚀孔、粒内溶蚀孔、凝灰质溶蚀孔以及晶间孔。原生粒间孔发育较少，且大部分被火山灰和自生黏土矿物充填；溶蚀孔隙常见粒间溶蚀孔、粒内溶蚀孔和凝灰质溶蚀孔，其中粒间溶蚀孔主要由不稳定组分如长石、火山岩岩屑等溶蚀形成，分布较集中，发育较多，孔径多小于原生粒间孔（图3-2a），粒内溶蚀孔多由长石、岩屑、方解石等矿物选择性溶解而成，孔隙连通性较好，但孔径较小，该区发育最多（图3-2b、f），凝灰质溶蚀孔以火山灰基质溶孔为主，常见火山灰内易溶组分如细小的晶屑、岩屑发生溶蚀形成大量微孔（图3-2c）；晶间孔发育较多，主要由自生矿物晶体（如石英、方解石和黏土矿物）生长和沉淀形成，在凝灰质蚀变严重、黏土矿物含量高的岩样中，常见绒球状、针叶片状绿泥石和丝絮状伊利石充填粒间孔和溶蚀孔，形成集中分布的黏土晶间孔，导致孔喉半径减小，流通性变差，不可动流体增加（图3-2d、e）。

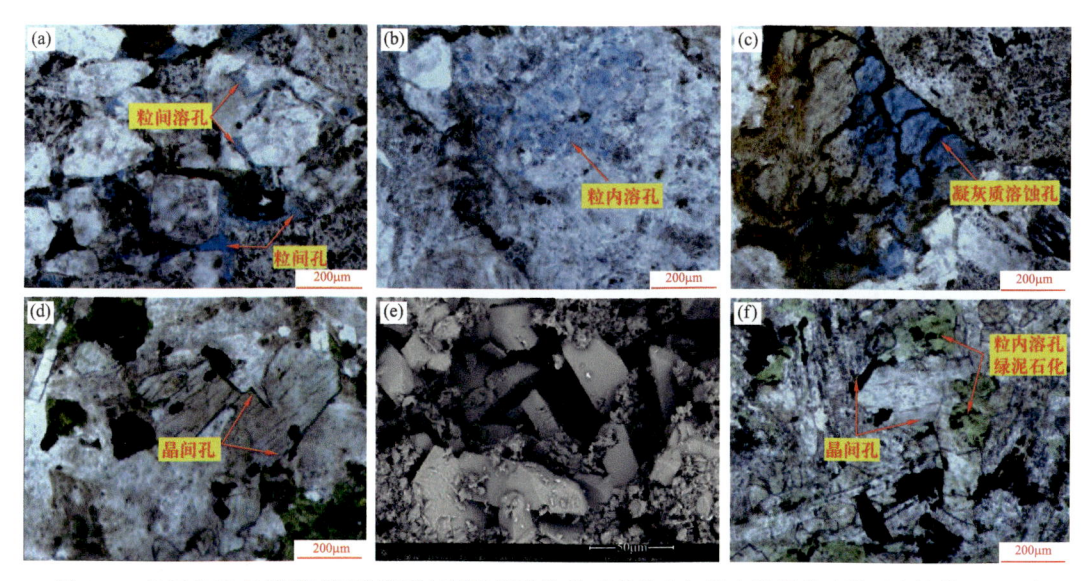

图3-2 松辽盆地南部营城组致密凝灰质砂岩孔隙类型薄片和扫描电镜照片（据石晓敏等，2023）
（a）DS80井，3096m，单偏光，×10，粒间孔、粒间溶孔，孔隙度为11.2%，渗透率为0.03mD；（b）DS80井，2740m，单偏光，×10，长石粒内溶孔，孔隙度为6.0%，渗透率为0.01mD；（c）DS32-13井，2700m，单偏光×10，凝灰质粒内溶孔，孔隙度为4.2%，渗透率为0.01mD；（d）DS32-10井，2879m，单偏光，×10，黏土矿物晶间孔，孔隙度为6.8%，渗透率为0.003mD；（e）DS32-10井，2879m，扫描电镜，黏土矿物晶间孔，孔隙度为6.8%，渗透率为0.003mD；（f）DS32-10井，2881.29m，单偏光，×10，粒内溶蚀孔绿泥石化，孔隙度为9.9%，渗透率为0.038mD

刘桃等（2022）开展了鄂尔多斯盆地新安边地区长7致密储层连通孔隙评价，铸体薄片及扫描电镜观察结果显示，研究区长7致密储层主要发育3种类型孔隙：残余粒间孔、溶蚀孔以及黏土矿物晶间孔。其中，残余粒间孔多呈三角形或者多边形，尺寸相对较大（图3-3a），据铸体薄片测量结果显示，孔径为10~70μm。溶蚀孔是镜下主要的可见孔类型，随着溶蚀强度加深，可见颗粒内部被溶蚀而形成的粒内溶孔（图3-3b），颗粒边缘呈锯齿状的粒缘溶孔（图3-3c），条纹或条带状、网格状、蜂窝状溶孔（图3-3a、c），以及颗粒基本被完全溶蚀而形成的铸模孔（图3-3d）。其中，粒缘溶孔、铸模孔及条纹状、条带状、网格状等溶蚀孔隙分布零散，但孔径大，据铸体薄片统计显示，该类溶蚀孔隙的孔径为10～50μm，少数铸模孔可达100μm以上，且多与喉道直接连通，与残余粒间孔相似，故统一将其归类为"粒间溶孔"；而粒内溶孔则孔径很小，数量多，呈孤立分布，扫描电镜统计显示孔径多介于0.1～1.0μm之间。研究区储层黏土矿物晶间孔普遍发育，主要包括高岭石晶间孔、绿泥石晶间孔等（图3-3d—f），据扫描电镜测量显示，孔径分布于0.02～1.00μm，以纳米级孔隙为主。

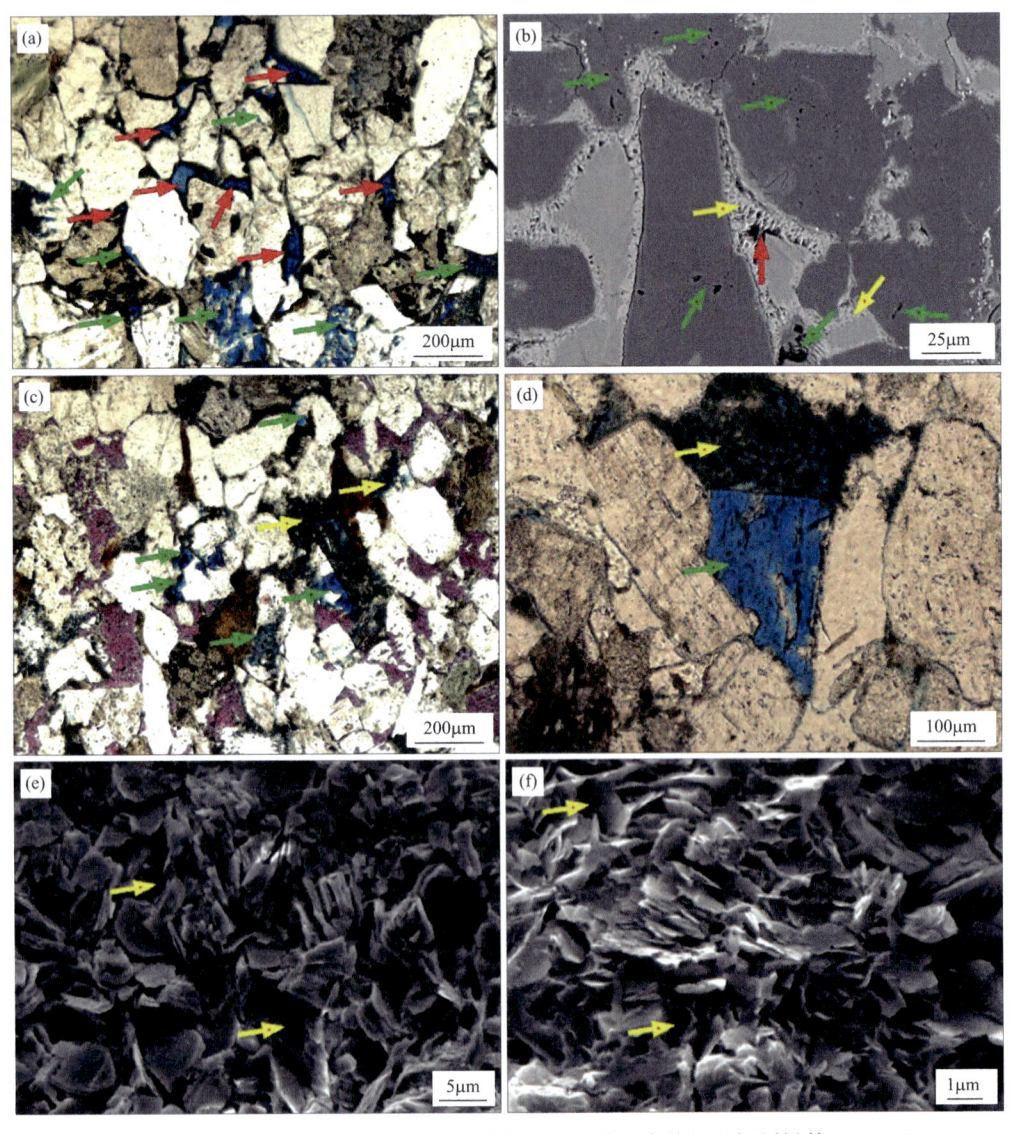

图3-3 鄂尔多斯盆地长7致密砂岩储集空间及其组合特征（据刘桃等，2022）
（a）残余粒间孔+溶蚀孔，弱胶结，J89-2井，2241.15m；（b）粒间孔被黏土矿物填充，以溶蚀孔隙及晶间孔为主，J110-1井，2169.6m；（c）溶蚀孔+晶间孔，钙质胶结程度中等，J114-7井，2278.6m；（d）铸模孔+高岭石晶间孔，J89-9，2251.5m；（e）高岭石晶间孔，H221-27井，2199.4m；（f）绿泥石晶间孔，J110-4井，2173.89m

第四章
孔隙连通性

随着常规石油储量的锐减和勘探开发技术的发展，致密砂岩储层已成为全球油气勘探的焦点。致密砂岩孔隙结构和连通性是影响致密油藏储集和流动特征的重要因素。受多种成岩因素影响，致密砂岩孔隙结构复杂，非均质性强，不同类型孔隙连通性差异明显。因此，识别储集空间类型和非均质性并量化其对储集能力和连通性的影响是研究致密砂岩储层有利区的基础（王伟等，2024）。

过去研究中常用扫描电镜、CT扫描、核磁共振、高压压汞、恒速压汞、气体吸附法以及小角和超小角中子散射法等技术来定量分析致密砂岩的孔隙结构，在探索微纳米孔隙结构方面发挥了重要作用。总的来说，致密储层孔隙结构表征技术可分为两类：（1）定性表征技术系列，包括二维的光学显微镜和场发射扫描电镜，以及三维的CT扫描、聚焦离子束电镜（FIB-SEM）及同步辐射扫描。（2）定量评价技术系列，包括气体吸附、高压压汞及氦气孔隙度（图4-1）。不同技术的原理具有差别，所反映的储层参数也具有差异性：定性表征技术以直接观察为手段，分辨率是技术区别的关键，主要对孔隙的大小、

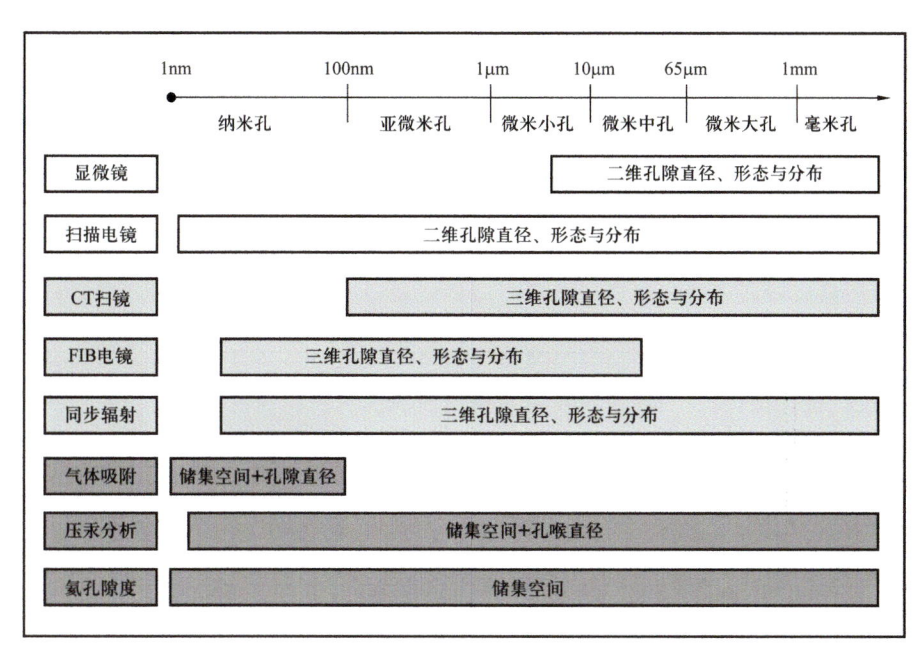

图4-1 致密储层孔隙结构表征技术及有效范围（据朱如凯等，2016）

形态及分布进行研究；定量评价技术以间接测试为手段，研究尺度是技术区别的关键，主要对储集空间的大小进行分析，但表征对象的物理意义具有一定的差异（朱如凯等，2016）。

不同方法在表征非常规油气储层方面有各自的优点和不足，本章重点介绍低温氮气吸附、压汞（高压压汞＋恒速压汞）、核磁共振、CT扫描、聚焦离子束扫描电镜和小角度中子散射这7种孔隙结构表征方法，以期为油气开发研究人员提供思路（Clarkson et al.，2012a，2012b；冯胜斌等，2013；王伟等，2021）。

第一节 低温氮气吸附实验

致密储层多发育纳米—微米尺度的孔喉结构，常规孔渗分析、图像分析、常规压汞等方法难以满足研究需要，随着测试分析技术的进步，出现了气体吸附法、恒速压汞法、核磁共振法、场发射扫描电镜、纳米CT等多种测试方法（白斌等，2014；Lai et al.，2018a，2018b）。不同方法对于孔喉半径的主体测量范围存在差异，如气体吸附法主要为0.35～200nm，压汞法主要为3nm～1000μm，核磁共振法主要为纳米级—微米级（肖佃师等，2016；Gao et al.，2018；Zang et al.，2022）。气体吸附法是固体材料孔喉结构分析的首选方法，常用的主要是氮气吸附，在页岩储层的孔隙结构分析及分类评价中应用较多，在致密砂岩储层表征中应用较少（Tian et al.，2013；贺闪闪等，2019；李传明等，2019；Guan et al.，2020）。

以张大智（2017）、李传明等（2019）的研究为例，首先介绍低温氮气吸附实验的原理和方法，并对其在松辽盆地徐家围子断陷沙河子组致密砂岩储层微观孔隙结构特征研究的应用作简要介绍。

一、实验原理和方法

（一）原理

低温氮气吸附实验是在液氮温度下（约 −196℃），以氮气分子为吸附质，将其吸附在吸附剂（即待测样品）表面。通过测量吸附量，可以评价吸附剂的比表面积、孔隙体积和孔径大小分布等参数。

（二）方法

1. 样品预处理

氮气吸附/脱附实验前的预处理过程包括洗油、研磨及不同温度条件下抽真空处理（李传明等，2019）。首先将小块状（粒径小于2cm）致密砂岩样品在恒温恒压（90℃、0.3MPa）条件下洗油72h，洗油结束后放入烘箱110℃烘干12h。然后利用样品筛和研钵将研究样品粉碎至60～80目。整个过程由人工完成，保证每个粒径范围可以得到30g以上样品。最后，将不同粒径范围样品均分（每份10g左右）并分别置于110℃下脱气。实验过程中发现，样品在110℃的温度下经过6h脱气后，真空度就已不再变化，为保证脱气效果，脱气时间设置为10h。

2. 低温氮气吸附实验

采用美国麦克仪器公司生产的 micromeritics ASAP 2460 比表面积及孔径分析仪进行（李传明等，2019）。该仪器相对压力测量范围为 0.004~0.995，孔径测量范围为 0.35~500nm，比表面积最低可测至 $0.0005m^2/g$，孔体积最小检测至 $0.0001cm^3/g$。氮气吸附法以纯度大于 99.99% 的氮气作为吸附质，采用静态吸附体积法，在 -196.15℃ 的亚临界温度下，测定不同平衡压力下致密砂岩样品的氮气吸附量，进而绘制出氮气吸附—脱附等温线。根据国家标准《气体吸附 BET 法测定固态物质比表面积》（GB/T 19587—2017）的规定，采用 Brunauer、Emmett 和 Teller 推导的 BET 方程式求出单层饱和吸附量，进而计算样品的 BET 比表面积。采用 DFT 模型对氮气吸附等温线的吸附分支进行计算，得到样品的孔径分布。孔体积则是采用 BJH 方法利用吸附等温线的吸附分支计算得到。

二、吸附—脱附曲线

进行氮气吸附实验时，随着压力的升高，氮气逐渐在毛细管凝聚，当达到最大孔半径时，吸附和凝聚结束；之后随着压力的降低，吸附在毛细管上的氮气开始解吸，当压力减小到与某一半径相对应时，毛细孔发生蒸发，若凝聚与蒸发时的相对压力相同，吸附曲线与脱附曲线重叠；若不同，吸附曲线与脱附曲线分开，形成迟滞回线。沙河子组致密储层氮气吸附—脱附曲线如图 4-2 所示，各样品吸附曲线在形态上存在一定差异，但整体呈反"S"型。具体特征为：在低压段（$p/p_0<0.2$），吸附曲线缓慢上升，整体较为平缓，向上略凸，表明氮气在储层孔喉表面呈单分子层吸附；在中压段（$0.2<p/p_0<0.8$），随相对压力增大吸附量逐渐缓慢增加，吸附曲线近似为线性，表明氮气在储层孔喉表面为多分子层吸附；在高压段（$0.8<p/p_0<1$），吸附曲线快速上升，呈下凹形状，在平衡压力接近饱和蒸汽压时（$p/p_0=1$），大部分样品的吸附曲线近似垂直于 p/p_0 轴，样品未出现吸附饱和现象，表明发育一定量孔径大于 50nm 的孔喉。在 $p/p_0>0.45$ 时，样品脱附曲线位于吸附曲线上方，形成迟滞回线，其形态可以反映样品中所存在孔隙的结构特征（张大智，2017）。

一般认为，开放型孔（两端开口的圆筒孔和楔形孔、四边开口的平行板孔）和特殊形态的细颈瓶状孔都能产生迟滞回线，而封闭型孔（一段封闭的圆筒孔和平行板孔、尖劈形孔）不能产生迟滞回线。迟滞回线由发生在较大孔隙中（孔径大于 4nm）的毛细管凝聚和蒸发与发生在较小孔隙中（孔径小于 4nm）的扩张强度效应造成。国际理论与应用化学联合会（IUPAC）将吸附回线分为 4 类（图 4-3）：H1 型迟滞回线比较狭窄，吸脱附曲线在较窄压力范围内相互平行且与压力轴垂直，反映样品孔径分布范围较窄，常发生在两端开放的圆筒形毛细孔中；H2 型迟滞回线较宽，与吸附曲线相比，脱附曲线线型较陡，出现急剧下降的拐点，反映样品孔型较多样、孔径分布较宽，常发生在细颈和广体孔或墨水瓶孔中；H3 型迟滞回线较窄，随相对压力增加，吸附曲线、脱附曲线上升速度都较快，在平衡压力接近饱和蒸汽压时，未出现吸附饱和现象，常发生在两端开口的楔形孔中；H4 型迟滞回线较窄，随相对压力增大，吸附曲线、脱附曲线均缓慢上升，在平衡压力接近饱和蒸汽压时，出现吸附饱和现象，常发生在微孔中。这 4 种类型的迟滞回线反映的是一些

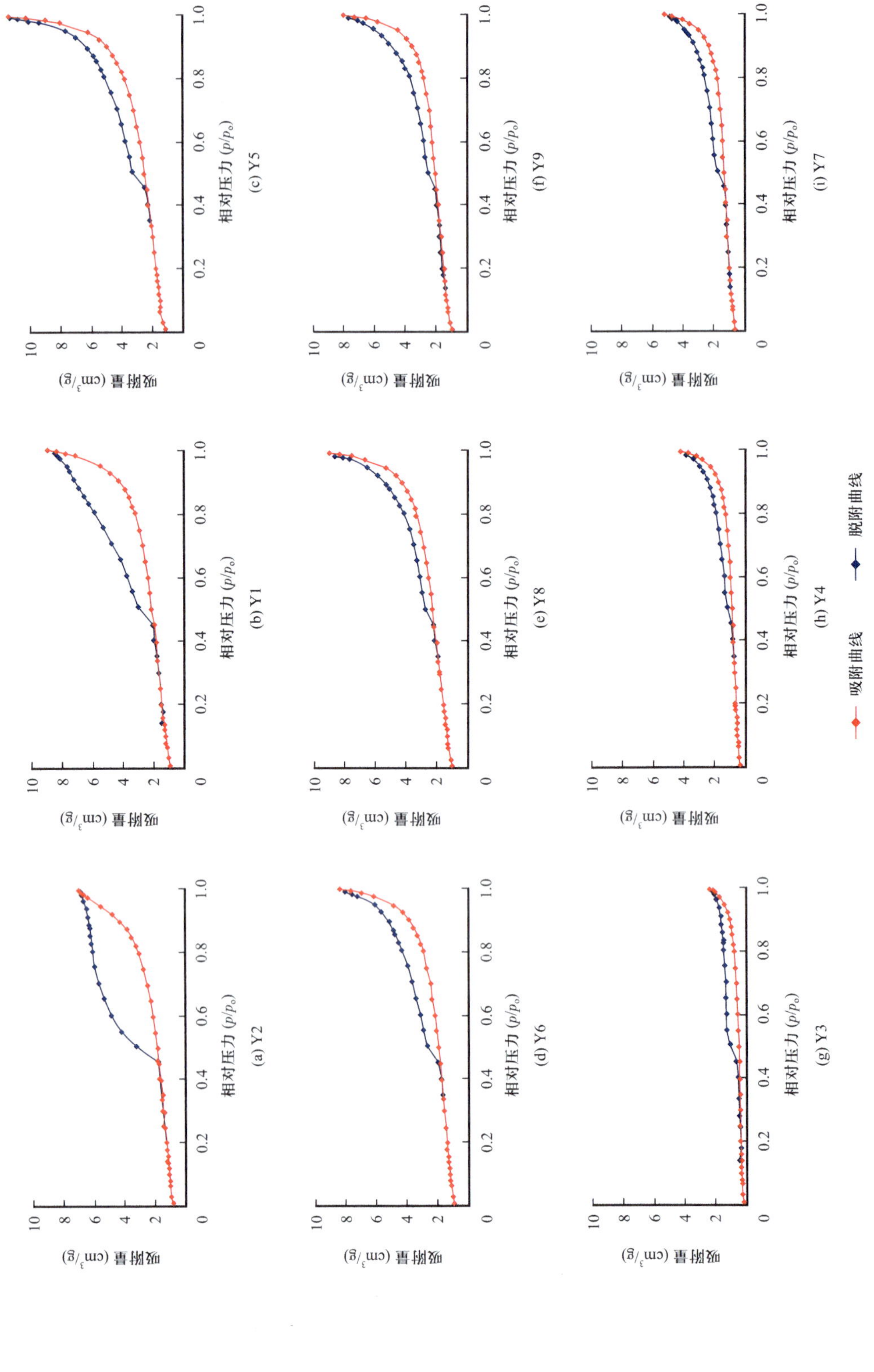

图 4-2 松辽盆地徐家围子断陷沙河子组致密砂岩样品氮气吸附—脱附曲线（据张大智，2017）

典型孔隙结构，实际上样品孔隙形态非常复杂，曲线形态往往是几种类型的综合体现，当所分析样品的迟滞回线与某种类型非常相似时，即可用其近似描述样品的孔隙特征。整体上，所测样品均形成迟滞回线，表明储层孔隙呈开放状态，进一步分析可将9块样品分为3类。

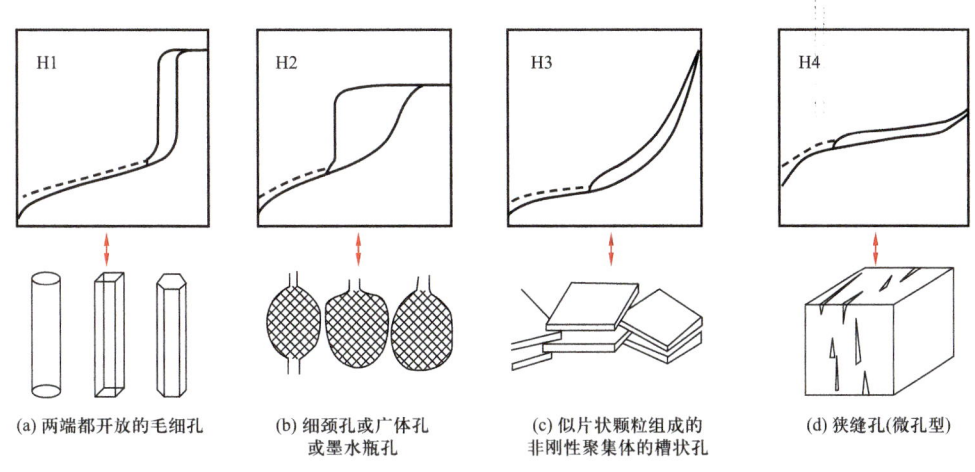

图 4-3　吸附回线分类及孔隙类型（引自罗超等，2014）

三、平均孔径、比表面积和孔隙体积

利用BET模型和BJH模型对松辽盆地沙河子组9块样品进行计算，可以获得BET比表面积、BJH比表面积、BJH孔体积和BJH平均孔径。BJH比表面积更适合表征2～50nm范围的比表面积，而BET比表面积范围更广，除了包含BJH比表面积外，还包括小于2nm、大于50nm孔径的比表面积。同时，不同的孔径对比表面积和孔体积的贡献是不一样的，在页岩储层研究中，孔隙可分为微孔（<2nm）、介孔（2～50nm）和宏孔（>50nm）；在煤层气储层研究中，孔隙可分为微孔（<10nm）、过渡孔（10～100nm）、中孔（100～1000nm）和宏孔（>1000nm）。根据沙河子组孔径分布形态，将其划分为微孔（<10nm）、过渡孔（10～50nm）、中孔（50～100nm）和大孔（>100nm）4种类型，分别计算其比表面积、孔体积，并计算了不同孔径对比表面积、孔体积的贡献率（图4-4）。

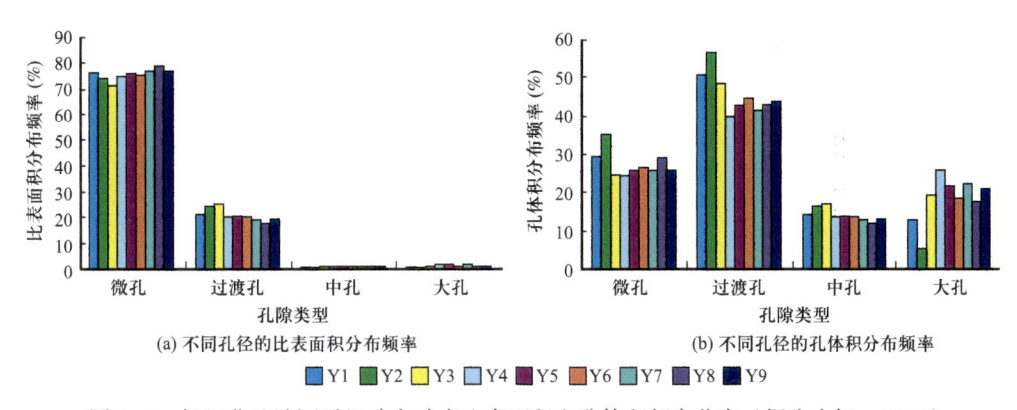

图 4-4　松辽盆地沙河子组致密砂岩比表面积和孔体积频率分布（据张大智，2017）

微孔与过渡孔对比表面积的贡献最大，达到 96.16%~99.29%，而中孔、大孔贡献很小，比例为 0.71%~3.84%（图 4-4a），与页岩储层相比，比表面积差了 3~5 倍以上（罗顺社等，2013），说明沙河子组致密砂岩储层的吸附程度相对较低。

微孔体积占总孔体积比例为 24.37~35.08%，过渡孔体积占总孔体积比例为 39.8%~56.44%，中孔体积占总孔体积比例为 3.51%~10.59%，大孔体积占总孔体积比例为 4.97%~25.66%。微孔和过渡孔提供了主要的孔体积，对孔体积贡献达到 64.17%~91.52%，是致密气聚集的主要空间。中孔和大孔对孔体积贡献较低，比例为 8.48%~35.83%（图 4-4b）。

四、孔径分布

储层孔径存在差异，通过不同孔径的孔体积分布特征来表征孔径的分布（图 4-5），孔径分布曲线形态划分为双峰型和三峰型 2 种类型。双峰型孔径分布曲线存在一个主峰、一个次峰，主峰孔径介于 30~60nm 之间，次峰孔径介于 7~10nm 之间；三峰型孔径分布曲线存在 1 个主峰、2 个次峰，主峰孔径也在 30~60nm 之间，次峰孔径在 7~10nm、100~110nm 之间。2 种曲线形态都发育少量大孔，三峰型大孔略多，对孔体积贡献更大，但三峰型 10nm 以内的微孔发育较少，微孔对孔体积的贡献要小于双峰型。

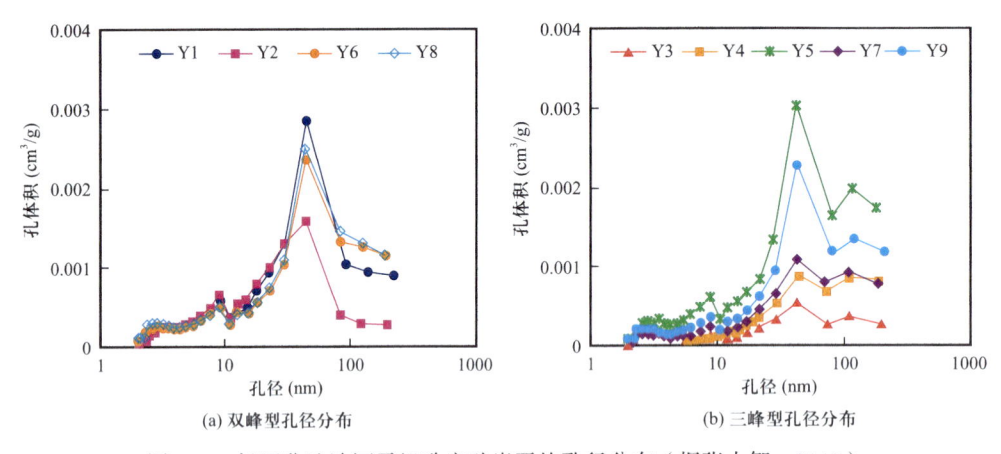

(a) 双峰型孔径分布

(b) 三峰型孔径分布

图 4-5　松辽盆地沙河子组致密砂岩平均孔径分布（据张大智，2017）

第二节　高压压汞实验

高压压汞实验被广泛应用于表征致密砂岩储层孔隙结构的复杂性和非均质性。在高压压汞实验中，致密砂岩储层复杂的孔喉结构可以看作是由一系列相互连通的不规则的孔隙所组成的网络系统。毛细管压力受孔喉大小及其分选的控制，毛细管压力与孔喉半径大小之间的关系如式（4-1）所示。毛细管压力曲线可以有效表征致密砂岩储层孔喉结构特征。

$$p_c = \frac{2\sigma\cos\theta}{r} \quad (4-1)$$

式中　p_c——毛细管压力，MPa；
　　　θ——润湿角，等于140°；
　　　σ——表面张力，等于0.48N/m；
　　　r——孔喉半径，μm。

一、孔喉连通性

图4-6为具有不同宏观储层物性和微观非均质性的4类典型致密砂岩样品的毛细管压力曲线（Lai et al., 2018b）。图中显示最大进汞饱和度接近100%，这表明在高注入压力下汞可以进入几乎所有的连通孔喉网络。致密砂岩毛细管压力曲线形态通常表现为随着进汞压力增大而逐渐上升的过程。在致密砂岩中，高渗透率样品通常表现为好的孔喉连通性（Ⅰ类样品），而低渗透率样品通常由小孔喉组成（Ⅳ类样品），连通性相对较差。

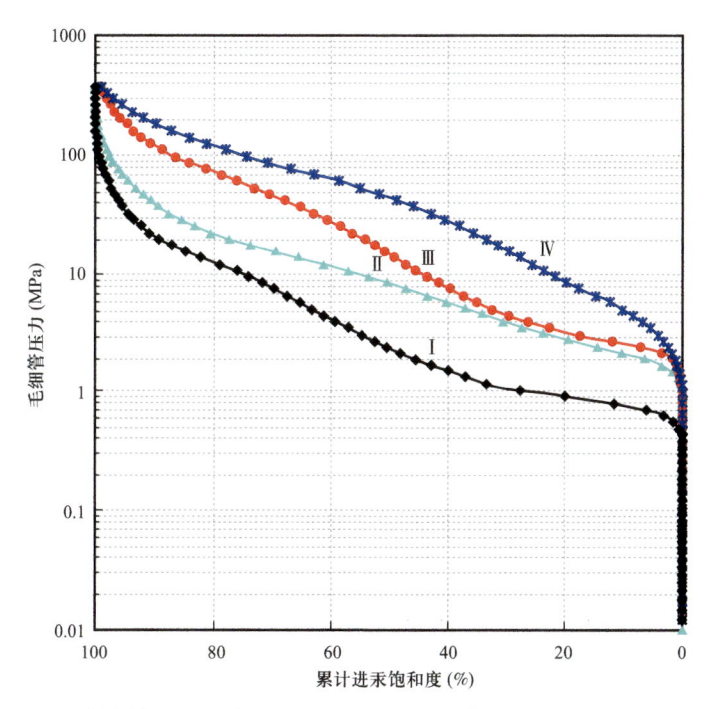

图4-6　四川盆地上三叠统须家河组和塔里木盆地下白垩统巴什基奇克组四类典型致密砂岩样品毛细管压力曲线（据Lai et al., 2018b）

致密砂岩孔喉分布曲线整体呈双峰分布特征（图4-7），分布曲线右峰与致密砂岩连通孔喉中的大孔径残余粒间孔有关，相比较而言分布曲线的左峰表现为复杂波动的形态，受多种类型和孔喉尺寸的黏土矿物相关孔影响。孔喉半径分布曲线主要分布在0.1～1μm的区间范围内，大于1μm很少出现。在残余粒间孔、溶蚀孔和黏土矿物相关晶间孔的共同影响下，使得致密砂岩孔喉半径大小为从纳米级到微米级。此外，渗透率较低的致密砂岩样品孔喉分布曲线形态表现为单峰的特征（Ⅳ类样品），范围介于0.2～0.4μm，峰值为0.3μm。比较而言，高渗透率值样品峰值可以达到1μm。这主要是由于致密砂岩储层内部发育多种类型和大小的孔隙。

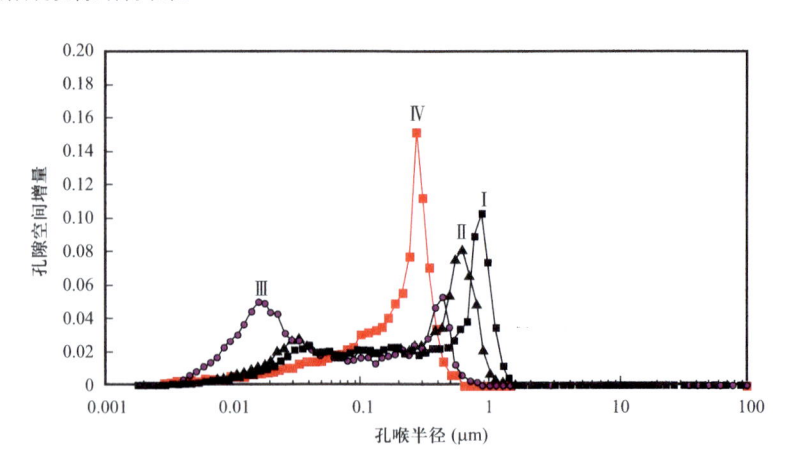

图 4-7　高压压汞实验中典型样品孔喉半径分布曲线（据 Lai et al.，2018b）

二、定量孔喉表征参数

毛细管压力参数，如排替压力（p_d）、最大进汞饱和度（S_{Hgmax}）、中值压力（p_{50}）、中值半径（r_{50}）和最大孔喉半径（r_{max}）、分选系数、均值系数和歪度等，都可以从高压压汞实验中获得。排替压力是指非润湿相流体（汞）代替润湿相流体（水）时所需的压力。中值半径 r_{50} 是当进汞饱和度等于 50% 时所对应的孔喉半径。Swanson（1981）引入了一个孔喉半径参数，该孔径对应于对数坐标下汞注入图上双曲线的顶点（图 4-8）。S_{Hg}/p_c 比值的最大值称为 Swanson 参数，与 Swanson 参数对应的孔隙半径称为 r_{apex}。Swanson 参数假设此时控制渗透率的所有连通孔喉空间都已被汞侵入。

通过毛细管压力曲线的形态还可以观察到孔喉结构的特性，如分选系数。孔喉分选系数大小与孔喉的分散程度相对应。毛细管压力曲线的斜率越陡，致密砂岩孔喉结构越均匀，分选性越好。孔喉分选系数可以根据 25% 和 75% 汞饱和度下的毛细管压力计算。分选系数接近 1.0 表明储层分选良好，而较大的值表明均质性较差。储层分选良好表明孔喉分布相对集中。对于四川盆地上三叠统须家河组致密砂岩，排替压力与孔喉分选系数之间呈强负指数关系，$R^2=0.9469$（图 4-9）。孔喉分选的增加导致排替压力迅速降低，这表明分选系数较大的样品具有良好的孔喉连通性。如上所述，致密砂岩中的孔隙系统由黏土矿物主导的微孔、过渡粒内溶蚀孔和大孔径残余粒间孔组成。良好的分选表明孔隙系统的均质性，孔隙系统以小孔喉为主；相反，分选差（分选系数大）意味着除了小孔喉道外，还存在大孔喉。相互连接的大孔喉系统导致排替压力降低，但渗透率相对较高（图 4-9），而大孔喉和小孔喉的共存导致孔喉分选较差（分选系数较大）。

三、微观孔喉结构参数与宏观物性之间的关系

油气在储层中的运移主要受孔喉分布控制。致密砂岩储层渗透率主要受孔喉大小控制，而不是受总孔隙度的控制。在许多情况下，孔喉半径对渗透率的影响大于孔隙度。孔隙半径决定孔隙度，喉道半径决定渗透率。如图 4-10 所示，克氏渗透率与最大孔喉半径（r_{max}）的平方值密切相关，相关系数（R^2）为 0.97。孔喉半径每一个数量级的变化对应于大约两个数量级的渗透率变化。

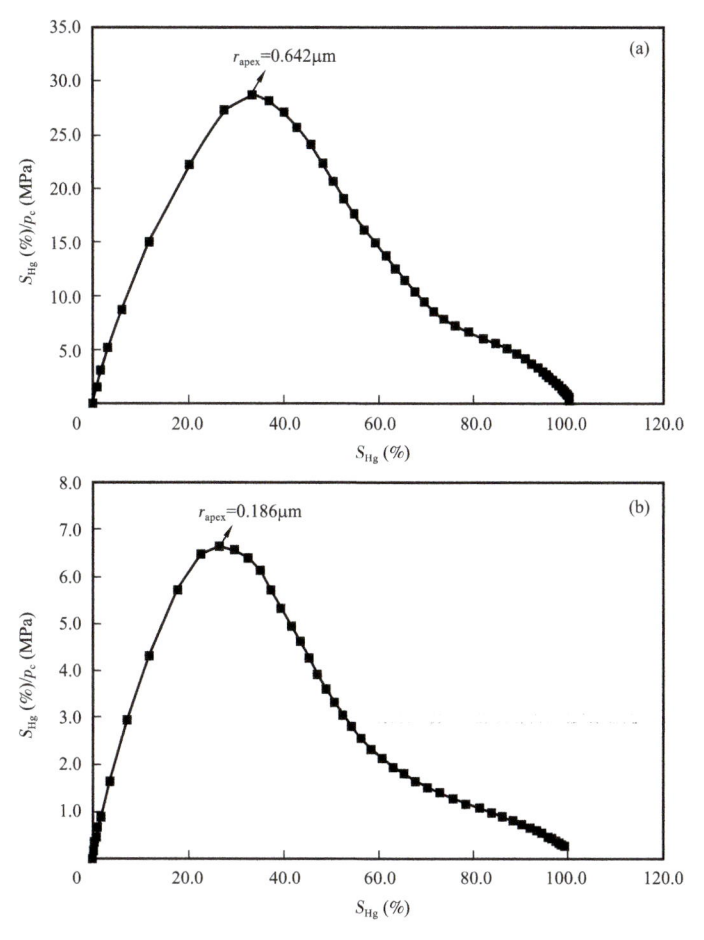

图 4-8 汞饱和度 / 注入压力与汞饱和度的关系图（据 Lai et al., 2018b）

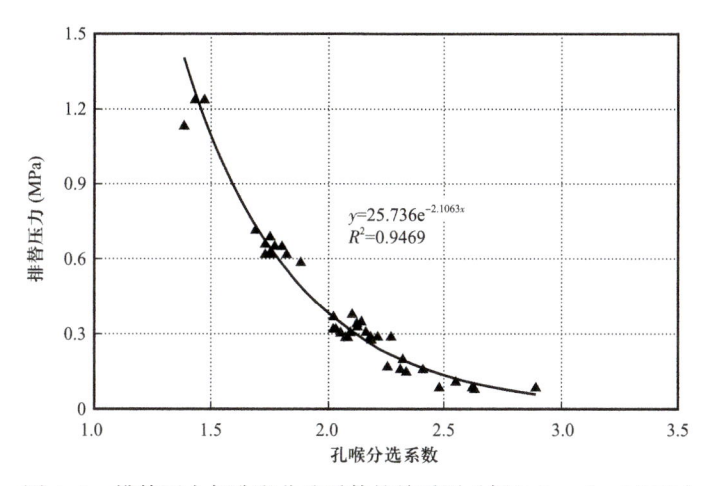

图 4-9 排替压力与孔喉分选系数的关系图（据 Lai et al., 2018b）

高压压汞实验得到的孔隙网络由通过喉道连接的孔隙组成。从图 4-11 和图 4-12 可以得出结论，相较于小孔喉，大孔喉（$>r_{apex}$）对渗透率有明显贡献。例如，在图 4-11 中，半径大于 r_{apex} 的孔喉仅占总孔隙体积的一小部分（S_{Hg}=30%），但它们对渗透率的贡

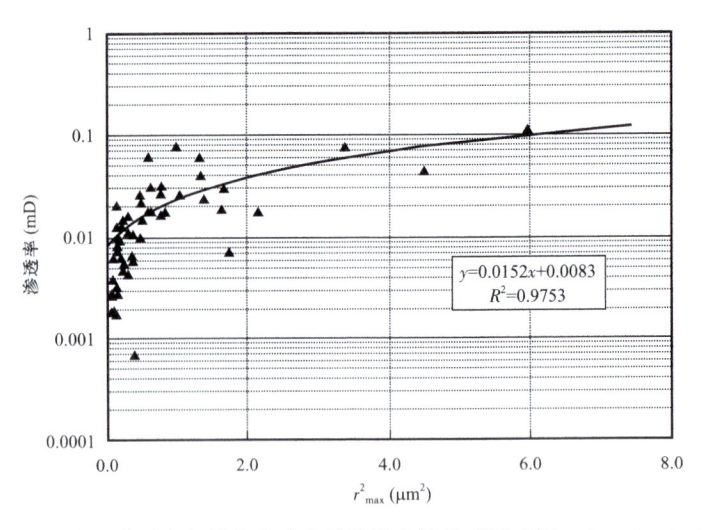

图 4-10 克氏渗透率与最大孔喉半径的平方值关系图（据 Lai et al., 2018b）

献高达 78.0%。同样，在图 4-12 中，大孔喉（$>r_{apex}$）对渗透率的影响高达 80.7%，但它们仅占总孔体积的 25.0%，这表明渗透率主要受相对较大的孔喉控制。不同的孔隙类型对渗透率的贡献不同，由较大的孔喉连接的残余粒间孔隙对渗透率有显著贡献。相比之下，黏土矿物主导的微孔由小孔喉连接，对渗透率的贡献较小。

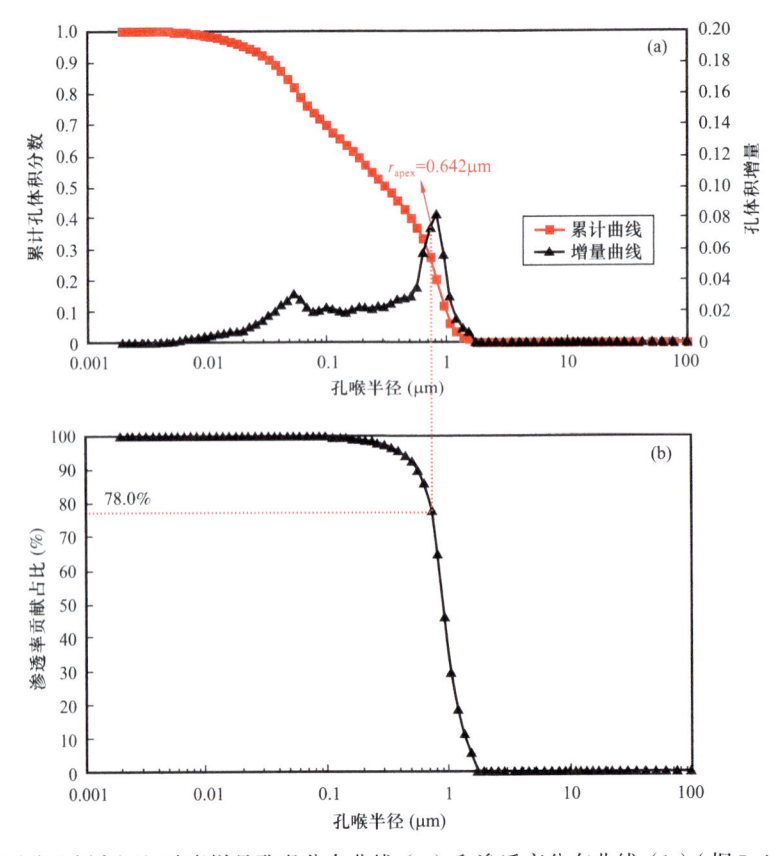

图 4-11 四川盆地须家河组砂岩样品孔喉分布曲线（a）和渗透率分布曲线（b）（据 Lai et al., 2018b）

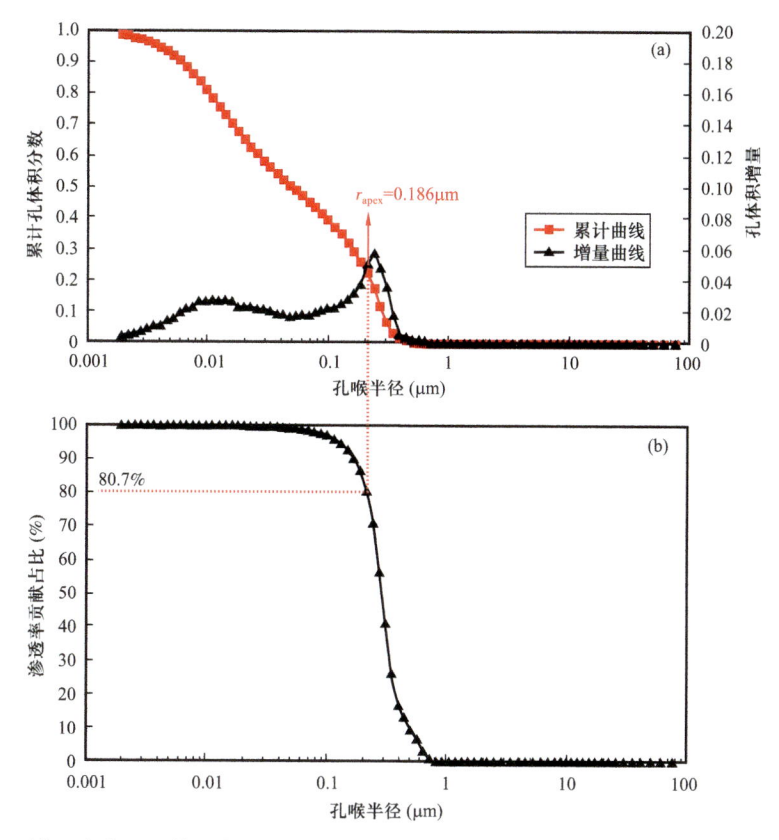

图 4-12 塔里木盆地巴什基奇克组致密砂岩样品孔喉分布曲线（a）和渗透率分布曲线（b）
（据 Lai et al.，2018b）

第三节　恒速压汞实验

恒速压汞法以准静态向岩石中注汞，根据压力涨落分别测量孔隙和喉道体积及数量，进而确定孔隙和喉道的大小分布及孔喉比参数，与氮气吸附、核磁共振及高压压汞等实验相比，其在表征孔隙分布和孔喉连通性上优势明显（Zhao et al.，2015）。

恒速压汞法在中国各大致密油气区储层评价中均已得到广泛应用，测量结果普遍具有下列特点：（1）致密砂岩样品孔隙分布的差异较小，孔隙半径主要分布在 100～200μm，主峰为 120～160μm；（2）喉道半径多小于 2μm，半径为 2～100μm 的孔隙/喉道几乎不发育；（3）孔隙和喉道半径比的峰值多大于 100，表明致密砂岩极差的孔喉连通关系。但不同地区致密砂岩岩性、沉积环境及成岩演化不同，孔隙分布具有明显差异。特点（1）主要与恒速压汞法计算孔隙大小的方法有关，它假定孔隙为球形，这对经历了强烈压实和胶结（硅质胶结、黏土胶结）作用、孔隙形状多为不规则长柱体的致密砂岩是不适用的，将造成计算值偏大，导致特点（2）和（3）的出现。

以肖佃师等（2016）的研究为例，对其在松辽盆地徐家围子断陷白垩系沙河子组及登娄库组致密砂岩储层的应用作简要介绍。

一、样品特征

5个样品均取自松辽盆地徐家围子断陷白垩系沙河子组及登娄库组致密砂岩储层。其中3个样品取自沙河子组，具有物性差、成熟度低和黏土胶结物含量高的特点，孔隙度为6.1%～9.2%，空气渗透率小于0.1mD，岩性包括粗砂岩、细砾岩及中间过渡岩性；砾石分选中等，岩石中杂基和胶结物的含量偏高，其中黏土矿物含量为3%～24%，主要为伊/蒙混层，其次为绿泥石。另外2个样品取自登三段，登三段样品与沙河子组样品相比，具有物性好、成熟度高和黏土矿物胶结物含量低的特点，孔隙度大于8%，空气渗透率为0.26～2.35mD；岩性为岩屑长石粗砂岩；胶结物含量偏低，由少量泥质、自生石英和长石、浊沸石和黄铁矿组成，其中黏土矿物含量小于或等于8%，主要为伊/蒙混层和绿泥石。

二、实验结果分析

（一）进汞特征

恒速压汞记录了喉道进汞、孔隙进汞和总进汞3条曲线。根据进汞特征将样品划分为2类。样品Y18、Y5和S46属于一类，进汞早期受孔隙控制，随压力增大，总进汞逐渐受喉道控制（图4-13a）。该类样品的驱替压力均小于1MPa，随压力增大喉道进汞量始终增加，而孔隙增量仅对应较窄的压力范围（以驱替压力为起点），说明恒速压汞反映的孔隙体积主要受数量很少的大喉道控制。S33和S18样品属于另一类，驱替压力值大于1MPa，随压力增大，总进汞曲线始终与喉道进汞一致（图4-13b），指示该类样品中含较少的孔隙。

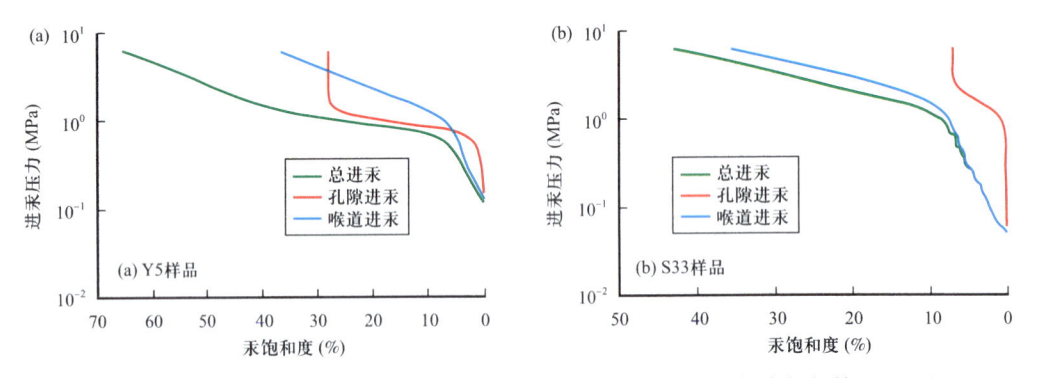

图4-13　松辽盆地沙河子组典型样品恒速压汞进汞曲线特征（据肖佃师等，2016）

（二）孔隙、喉道和孔喉比分布特征

图4-14为恒速压汞得到的孔隙、喉道及孔喉比分布，图中喉道仅反映沟通孔隙的喉道部分。喉道半径主要为0.25～3.00μm，半径小于0.25μm的喉道含量较少，说明恒速压汞难以反映被半径小于0.25μm喉道沟通的孔隙，但这并不代表样品中不发育该类孔隙。喉道半径越小，弯曲度越大，汞以恒定速度通过喉道进入孔隙的难度也越大。不同样品喉道分布具有明显差异，驱替压力越低，喉道半径越大、分布范围也越宽（图4-14a）。S18样品的总孔隙进汞量最低，喉道半径均值大于最大连通喉道半径，说明样品受到麻皮效应的影响。与喉道相比，样品孔隙分布相对均一（图4-14b）。孔隙半径多为100～200μm，

主峰为120~160μm，与邹才能等（2013）、付金华等（2015）、王香增等（2016）、沈华等（2023）、白雪峰等（2024）和王小军等（2024）中报道的孔隙分布基本相似。孔隙和喉道半径的巨大差异导致致密砂岩具有异常大的孔喉比，孔喉比多为30~700，均值为94~332（图4-14c）。大孔喉比是致密砂岩与常规砂岩储层最显著的区别，是导致致密砂岩油气丰度差、产出程度低的主要原因。

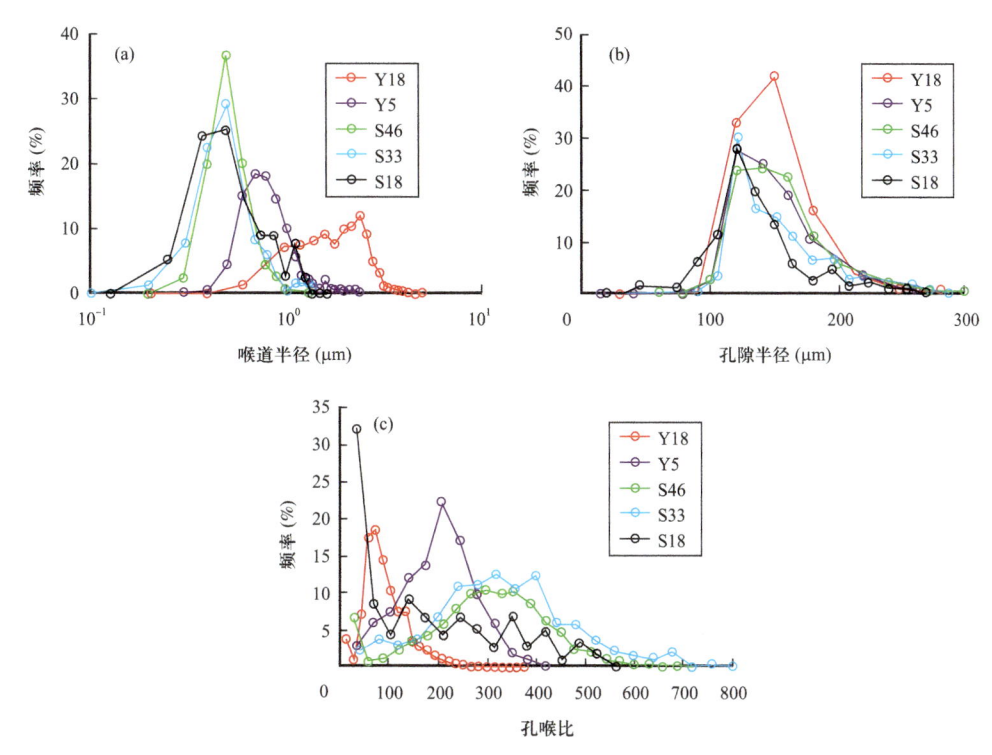

图4-14 松辽盆地沙河子组致密砂岩样品的喉道、孔隙及孔喉比分布（据肖佃师等，2016）

第四节 核磁共振实验

核磁共振是一种先进的用于表征非常规油气储层孔隙结构特征的实验方法，其突出优点是对样品无损。核磁共振基于对孔隙流体中氢核弛豫过程的研究，可以提供诸如孔隙度、渗透率、孔径分布、流体状态和流体类型等参数。核磁共振实验是利用氢原子核自身的磁性及其与外加磁场相互作用的原理，通过测量岩石孔隙流体中氢核核磁共振弛豫信号的幅度和弛豫速率来建立T_2谱。联合低温氮气吸附、高压压汞和恒速压汞等实验，可以将核磁共振T_2谱曲线转化为伪毛细管压力曲线，进而实现储层岩石全尺度范围的孔径分布定量表征。基于室内岩心柱塞的核磁共振实验，可以进一步为核磁共振测井提供参数优化指导。

一、实验原理和方法

在核磁共振实验中，在脉冲磁场和静磁场环境条件下记录质子的自旋轴弛豫时间。实验室中通常测量两种类型的弛豫时间：纵向弛豫时间T_1和横向弛豫时间T_2。其中，T_1是指系统返回平衡测量的特征时间，通常较大，T_2是指处理次级磁场失去相干性的特征时间。由于可以更快地获得T_2，因此在实验室测量中首选得到T_2。实际上，当使用低频磁场和短脉冲间隔时，测量T_2可以提供与T_1相同的孔隙结构参数信息（Xiao et al.，2016）。

T_2由3种弛豫机制共同控制引起：体积弛豫、表面弛豫和扩散弛豫，这个过程可以用式（4-2）表示：

$$\frac{1}{T_2} = \frac{1}{T_{2B}} + \frac{1}{T_{2D}} + \frac{1}{T_{2S}} \tag{4-2}$$

式中　T_2——横向弛豫时间，ms；

T_{2B}、T_{2D}和T_{2S}——体积弛豫时间、扩散弛豫时间和表面弛豫时间，ms。

体积弛豫是指孔隙流体中^{1}H原子之间的偶极相互作用，表面弛豫是与固体表面原子的相互作用，扩散弛豫是指局部磁场梯度中的扩散。体积弛豫时间T_{2B}通常等于2~3s，例如通常使用的3.5%浓度NaCl溶液在20℃条件下的T_{2B}等于2.8s，数量级为秒。比较而言，表面弛豫时间T_{2S}的数量级为毫秒，导致$\frac{1}{T_{2S}}$远大于$\frac{1}{T_{2B}}$，因此$\frac{1}{T_{2B}}$在核磁共振实验参数测量过程中可忽略不计。此外，当磁场非常均匀且回波间距TE足够短时，实验室核磁共振测量中的$\frac{1}{T_{2D}}$值常小于0.001s^{-1}，因此在式（4-2）中$\frac{1}{T_{2D}}$亦可忽略不计。因此，在$\frac{1}{T_{2B}}$和$\frac{1}{T_{2D}}$可忽略的前提下，式（4-2）可进一步简化为式（4-3）。

$$\frac{1}{T_2} = \frac{1}{T_{2S}} = \rho \frac{S}{V} \tag{4-3}$$

式中　ρ——面弛豫率，cm/s；

S——单位质量样品表面积，cm^2/g；

V——单位质量样品孔体积，cm^3/g。

其中：

$$\frac{S}{V} = \frac{\alpha}{r} \tag{4-4}$$

$$\frac{1}{T_2} = \rho \frac{\alpha}{r} \tag{4-5}$$

式中　α——接触角，（°）；

r——孔喉半径，μm。

二、T_2谱曲线形态

图4-15显示了100%饱和地层水和离心状态下的致密砂岩样品的核磁共振T_2谱曲线。T_2值通常以0.01ms至10000ms的对数坐标绘制。X轴上的横向弛豫时间T_2值与孔径大小成正比，Y轴上的振幅值大小与样品的孔隙度直接相关。图4-15中饱和状态下的核

磁共振 T_2 谱显示了双峰分布特征，T_2 值主要的分布范围为 0.1ms 至 1000ms，表明存在两种类型的孔隙，左侧的主峰主要与微孔相关，较弱的右峰则指示了中孔和大孔的存在。对于某个特定的 T_2 值，信号振幅与质子数量成正比，质子数量间接对应于孔隙体积。饱和和离心状态的累计孔隙度都随着 T_2 值的增加而增大，并在某个特定 T_2 值时达到最大值。在束缚水条件下绘制累计孔隙度曲线的水平投影线，该投影线与饱和水状态下累计孔隙度曲线的交点被称为 T_2 截止值（图 4-15b）。T_2 截止值将与小孔相关的毛细管水和黏土结合水与大孔中的可动水分开。T_2 截止值是核磁共振测量中的一个重要参数，精准确定 T_2 截止值对于确定束缚和可动流体非常重要。Morriss 等（1993）将砂岩中的 T_2 截止值确定为 33ms，该值广泛应用于砂岩储层的测井评价。然而，由于致密砂岩储层孔喉分布的复杂性，导致 T_2 截止值变化很大。

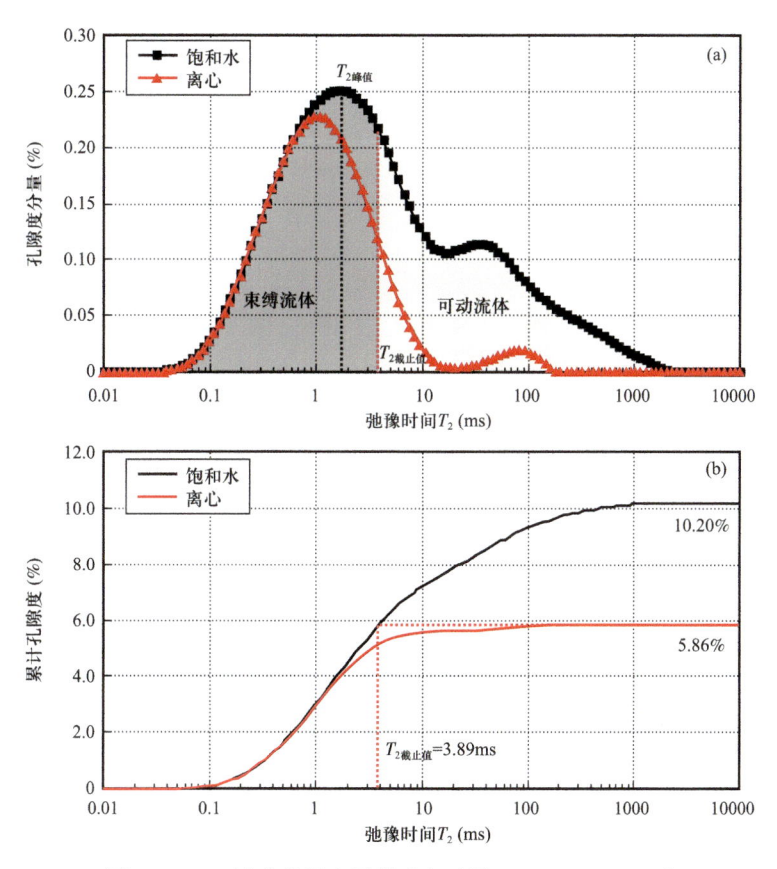

图 4-15 T_2 谱曲线形态及其意义（据 Lai et al.，2018b）
（a）典型样品核磁共振 T_2 谱曲线，T_2 截止值将曲线分为右侧的可动流体和左侧的束缚流体；（b）累计孔隙度分布曲线（饱和、束缚水状态下）与横向弛豫时间 T_2 的关系

通常，束缚流体孔隙度等于离心累计曲线的最大值，例如，图 4-15 中的束缚流体孔隙度为 5.86%。相比之下，可动流体孔隙度等于总累计孔隙度（10.20%）与束缚流体孔隙度（5.86%）的差值（图 4-15）。致密砂岩中通常会遇到高含量的束缚水，例如，毛细管水和黏土结合水约占总孔隙度的 60%。如前所述，这主要归因于致密砂岩中存在大量微孔。可动流体孔隙度是可动流体百分比的综合反映，对致密砂岩具有重要意义。

致密砂岩储层微观孔隙结构表征

核磁 T_2 谱通常分布在与致密砂岩较小孔隙相对应的很窄的范围内。前人的研究结果显示致密砂岩核磁 T_2 谱主要孔径分布在 1.0～100ms 之间（图 4-16）。由于致密砂岩储层中缺乏孔径较大的粒间孔，因此核磁 T_2 谱中大于 100ms 的部分很少见。对于致密砂岩的大部分 T_2 谱，主峰主要出现在短的 T_2 值内（图 4-16a）。T_2 谱整体上表现为单峰或双峰的分布特征（图 4-16），这意味着致密砂岩孔隙系统是由小孔到大孔的有机组合。具有双

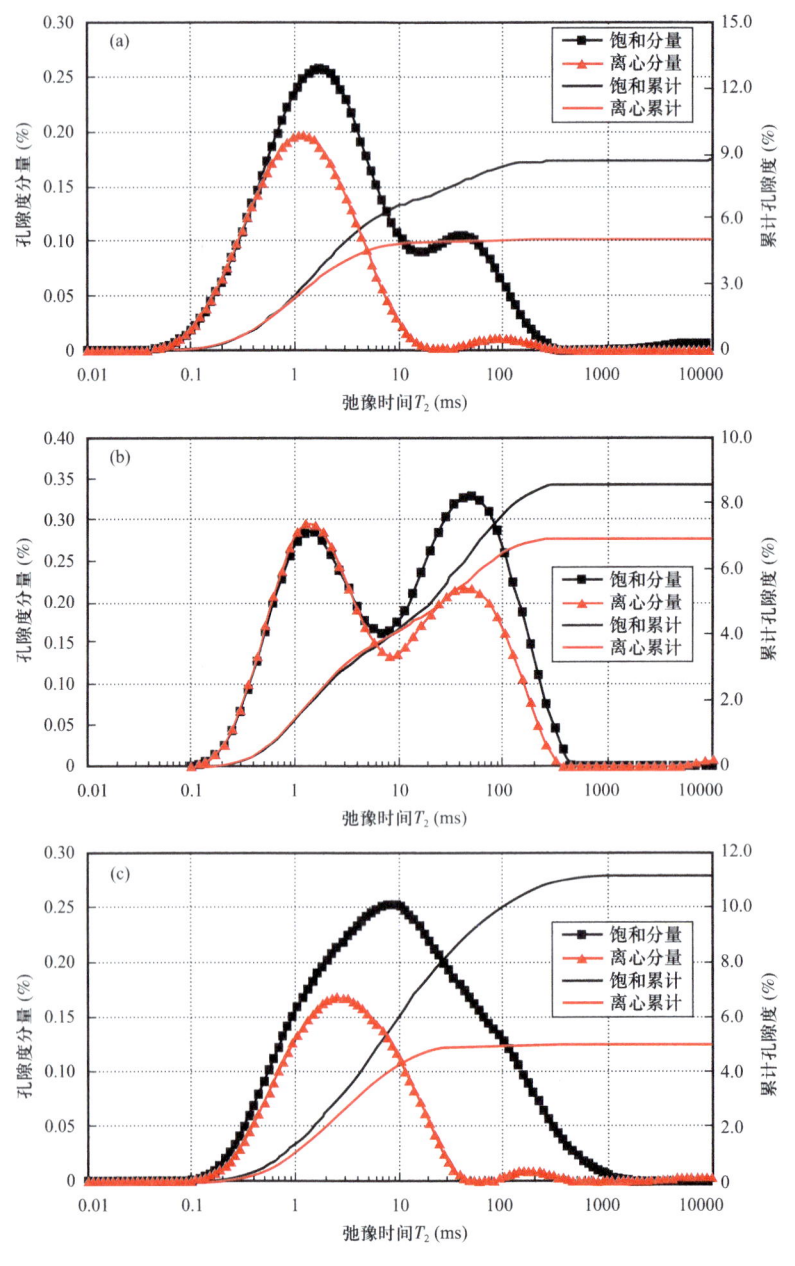

图 4-16 致密砂岩典型核磁共振 T_2 谱曲线（据 Lai et al., 2018b）
（a）塔里木盆地巴什基奇克组致密砂岩，KS4 井，3390.54m；（b）鄂尔多斯盆地延长组致密砂岩，Z95 井，1510.58m；（c）四川盆地须家河组致密砂岩，PL2 井，2877.12m

峰分布特征的致密砂岩样品具有连续的孔径分布（图4-16a、b），而形态表现为单峰的T_2谱指示了该样品则具有很窄的孔径分布（图4-16c）。

三、核磁共振孔隙结构参数

除了T_2截止值、可动流体饱和度和束缚流体饱和度外，还可以从核磁共振实验中获得核磁共振孔隙度、T_2峰值（T_{2peak}）和T_2几何平均值（T_{2gm}）。基于T_2谱振幅值可以计算得到核磁孔隙度。T_{2peak}是指T_2谱上显示最高频率（峰值）处对应的T_2值，因此是分布频率最高的孔径。T_{2gm}值是振幅加权平均值。此外，还可以通过称重法计算束缚水饱和度。

第五节　X射线CT扫描

目前储层微观孔喉表征的方法较多，包括间接测量的气体吸附法、压汞法和直接观测的扫描电镜、聚焦离子束（FIB）等方法。其中，气体吸附法可测定岩石比表面积、孔径大小，但无法测定封闭微孔，且对比表面积较小的致密岩石测定误差较大；压汞法可快速准确测量岩石孔隙度、孔径等参数，但仅适用于相互连通微孔且测试微孔尺寸范围有限，主要为3.6nm～1mm；扫描电镜可观测不同尺度二维微孔形貌、孔喉大小，如利用场发射扫描电镜可获取孔径大于5nm的微孔二维平面图像，但对于孔喉的三维分布和孔喉连通情况等信息无从获取。要全面了解微观孔喉三维空间分布特征，需要依赖数字岩心技术（白斌等，2013）。

构建能够反映真实岩心微观结构的数字岩心模型是数字岩心技术应用研究的基础。数字岩心建模方法可分为两大类，物理实验方法和数值重建方法。物理实验方法是借助实验仪器直接获取储层岩石图像的实验方法，如借助共聚焦激光扫描显微镜（CSLM）、X射线计算机层析成像仪（X-CT）和聚集离子束—扫描电镜（FIB-SEM）等高精度仪器直接获取岩心不同截面的二维图像，之后采用一定的数学方法对二维图像进行三维重建得到三维数字岩心。其中X射线CT扫描法是目前最常用的数字岩心建模方法（赵建鹏等，2020）。

一、实验原理和方法

（一）CT成像

CT扫描作为一种无损检测物体内部结构的技术，是当前建立三维数字岩心最直接和最准确的方法。纳米CT与微米CT实际三维空间最大分辨能力分别为50nm和0.7μm，同时其利用透镜聚焦光学放大原理使其具有了高分辨率和高衬度，为其准确刻画致密储层孔喉系统提供了可能。其原理是根据岩石中不同密度的成分对X射线吸收系数不同以达到区分孔隙和骨架的目的。实验室X光经过光学透镜聚焦照射到样品上，由物镜波带片进行放大成像，再由CCD（Charge-coupled Device，电荷耦合元件）图像传感器采集图像。在波带片后焦平面上加上位相环，还可得到衬度更高的泽尼克相位成像。将这些二维切片图依次叠加组合便得到岩样的三维灰度图像。图4-17为其中一张切片的灰度图，灰色、白色的岩石骨架（高密度）和黑色的孔隙（低密度）在图像中清晰可辨（白斌等，2013；刘向君等，2014）。

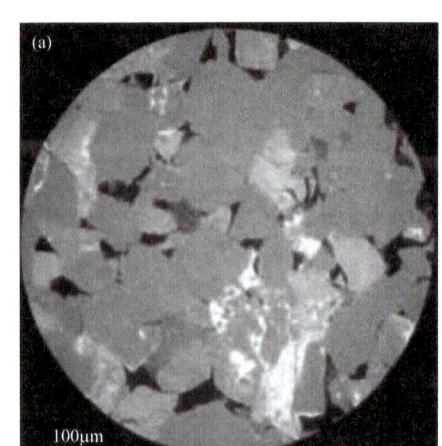

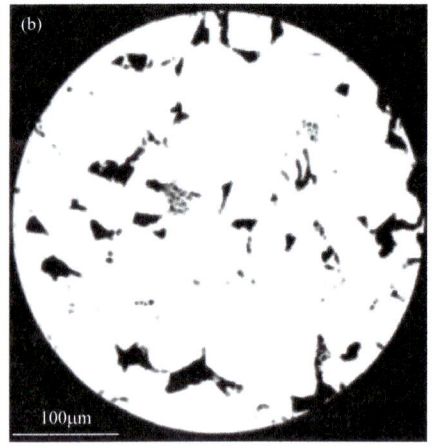

图 4-17 致密砂岩 CT 扫描图像（据刘向君等，2014 修改）
（a）滤波后切片；（b）二值化结果图

（二）图像处理

CT 扫描获得的岩心灰度图像中存在各种类型的系统噪声，降低图像质量的同时也不利于后续的定量分析，因此图像处理第一步是通过滤波算法增强信噪比。针对三维图像，比较常用的滤波算法有低通线性滤波、高斯平滑滤波及中值滤波，岩心灰度图像经中值滤波器进行滤波处理之后，孔隙和岩石骨架之间的过渡变得自然，边界也变得平滑，同时也尽可能地保留了图像重要特征信息。因此处理样品主要选用中值滤波器。为了更好地区分及量化孔隙和骨架，还需采用图像分割方法对灰度图像进行合理的二值划分。图像二值化的关键在于分割阈值的选取，在已知微 CT 扫描的岩心实测孔隙度条件下，可采用基于岩心孔隙度寻求最佳分割阈值来对图像进行分割。以实测孔隙度为约束寻求分割阈值 k^* 的公式如下：

$$f(k^*) = \min\left\{ f(k) = \left| \varphi - \frac{\sum_{i=I_{\min}}^{k} P(i)}{\sum_{i=I_{\min}}^{I_{\max}} P(i)} \right| \right\} \quad (4-6)$$

式中　φ——岩心孔隙度；

　　　k——灰度阈值；

　　　$I_{\max}$、$I_{\min}$——图像的最大、最小灰度值；

　　　$P(i)$——灰度值为 i 的体素数。

灰度低于阈值的体素表征孔隙，其余代表骨架。以最终搜寻到的 k^* 作为分割阈值，得到分割后的二值图像，其中黑色为孔隙，白色为骨架。在此基础上，还可根据实际需要，采用数学形态学算法对其作进一步精细处理，即通过开运算移除孤立体素，通过闭运算填充细小孔洞，连接邻近体素。

（三）模型建立

理论上数字岩心尺寸越大，就越能准确表征岩石的微观孔隙结构和宏观特性，然而数字岩心尺寸越大，对计算机存储和运算能力要求就越高，因此折中方案是选取代表元体积（REV），姜黎明等（2012）通过多次试验表明当数字岩心大小为 200×200×200 体素时，其物理性质（比如孔隙度、弹性模量等）几乎不再受尺寸的影响。因此，出于计算存储和计算速度的考虑，选取代表元体积为 200×200×200 体素。采用 Marching Cube 算法从图像处理结果的 REV 三维数据体中提取表面的三角面片集，再用光照模型对三角面片进行渲染，进而形成岩心的三维体表面图像，至此三维数字岩心建模工作完成（图 4-18）。

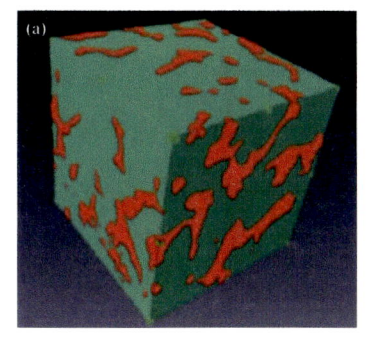

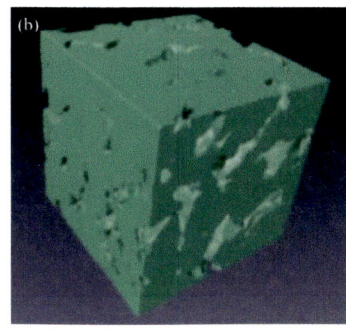

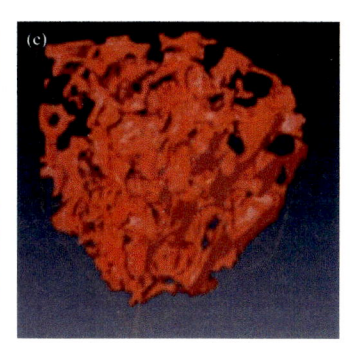

图 4-18　数字岩心模型（据刘向君等，2014）
（a）孔隙和骨架；（b）骨架（孔隙透明）；（c）孔隙（骨架透明）

二、典型实例

刘向君等（2017）以川西地区的须家河组致密储层岩石为研究对象，利用微 CT 技术结合 Avizo 软件先进的数学算法构建了三维数字岩心模型，可以表征砂砾岩储层岩石的孔隙结构特征，并将数字岩心和有限元软件 Comsol 结合，实现了基于数字岩心的水驱气模拟过程的可视化。并在此基础上开展了水驱气模拟，研究微观孔隙结构特征对岩心中气水两相流的影响。研究结果表明：致密砂岩岩心的孔喉分布状态主要呈连片状和孤立状，其中连片状孔隙在空间上连通性好，主要与残余粒间孔或粒间溶蚀孔有关，而孤立状孔隙在空间上多呈孤立分布，主要与粒内溶蚀孔有关；致密砂岩样品等效孔径主要分布范围在 0.5μm 以下，储层物性差的样品孔隙结构要比储层物性好的样品复杂，且前者的孤立孔隙多且小孔隙占比高，连通孔隙较少，其对渗透率贡献较少；在水驱气的过程中，岩心的微观孔隙结构将改变驱替前缘形状以及造成气水两相流中舌进现象。随着岩心孔隙度和渗透率增大，水驱气的驱替效率增大，残余气饱和度降低。

（一）实验样品和方法

实例的实验样品采自川西某地区的须家河组致密储层岩石岩心，共 16 块（刘向君等，2017）。致密砂岩样品孔隙度分布范围为 1.31%～15.07%，平均值为 7.45%。

致密砂岩岩心样品的三维图像采集在美国 Xradia 公司生产的 Micro X-CT-400 试验分析系统上完成，其最高采用分辨率可达 1μm。实验中每个样品均在同样的参数设置下进行切片扫描，岩心实际扫描体元分辨率为 2.0547μm，在获得二维切片图的基础上可得到岩样的三维灰度图像。实验样品从大块致密砂岩岩样中取小样，将样品打磨成直径约为 8mm 的近似圆柱体试件，并将两端磨平。

(二)三维数字岩心构建

基于微CT扫描获取岩心样品的二维切片图像可见图4-19a,其为灰度图,图中的灰色、白色区域为岩石骨架(高密度),黑色区域为孔隙空间(低密度);同时,基于微CT扫描获取岩心样品的三维灰度图像可见图4-19b。此外,在获取二维CT切片灰度图像中存在系统噪声以及岩石骨架和孔隙之间的边缘比较模糊,需要通过滤波算法增强信噪比。采用中值滤波法对灰度图像进行处理(图4-20a),同时还需要对滤波后的灰度图像选取分割阈值进行二值化分割,划分出岩石骨架部分和孔隙部分,使其由灰度图像转变为二值化图像。

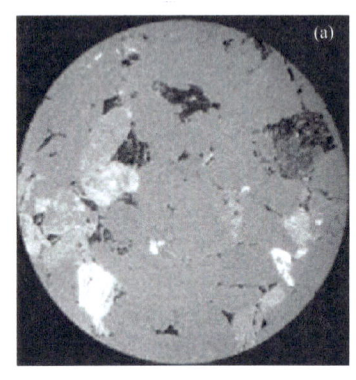

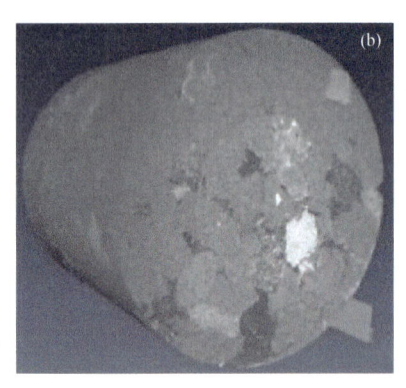

图4-19 CT扫描结果图(据刘向君等,2017)
(a)二维截面图;(b)岩心三维视图

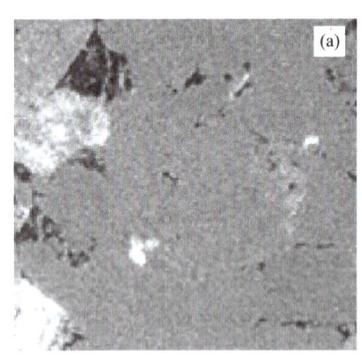

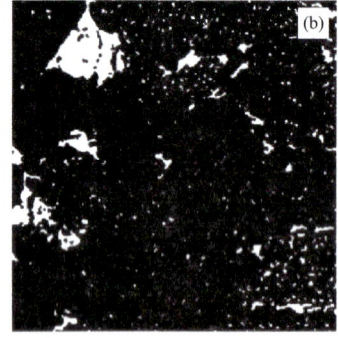

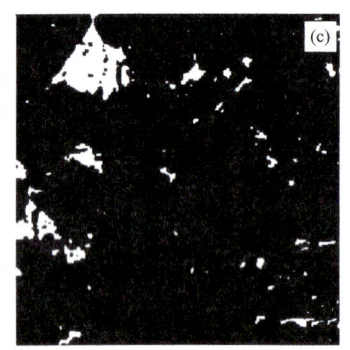

图4-20 图像二值化分割流程示意图(据刘向君等,2017)
(a)滤波后的二维灰度图像;(b)二值化图像;(c)精细化处理后图像

当灰度低于阈值时体素表征孔隙,而灰度高于阈值时则表征骨架。通过二值化分割得到的二值图像中黑色区域代表岩石骨架,白色区域代表孔隙空间(图4-20b)。在此基础上,还可根据实际需要,采用数学形态学算法对其作进一步精细处理,精细处理结果可见图4-20c。在获取二值化后的图像基础上,对其进行代表体积元分析(REV),在岩心孔隙度约束下选取合理尺寸,可利用Avizo7.1软件内置模块先进的数学算法将二维图像重建得到三维数字岩心模型。研究区块的部分岩心样品代表体积元分析结果可见图4-21。根据图4-21的结果,为了方便研究,岩心样品表征单元体尺寸统一取为500×500×500体素,用以开展三维数字岩心的构建。

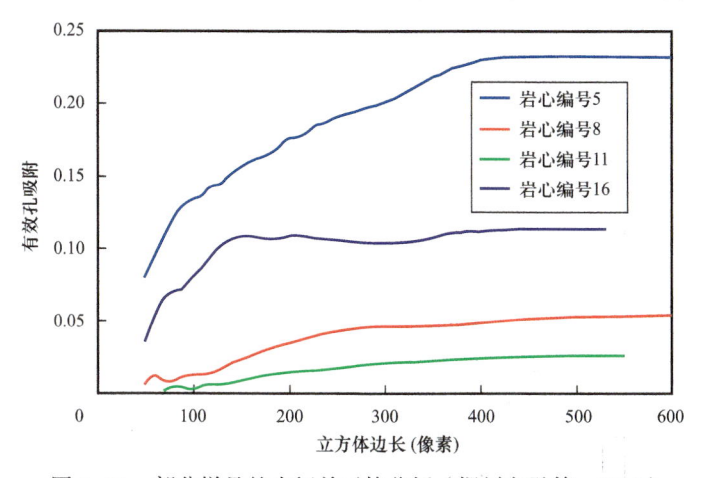

图 4-21　部分样品的表征单元体分析（据刘向君等，2017）

（三）模拟方法

在重构的数字岩心模型还需要进行网格划分，将得到的网络模型导入有限元 Comsol 软件中进行气水两相流数值模拟。利用 Avizo7.1 自带的网格生成功能，将数字岩心中孔隙表面划分为三角形网格，再利用表面网格调整功能，调整相交表面角度过大或者过小的表面，这样即可生成具有网络结构的模型。该模型导入 Comsol 软件后选取层流两相流水平集方法进行两相流模拟。在水平集方法中，使用水平集平滑函数 φ 来描述两相交界面。同时模型中的两相流还存在质量和动量的传递，并且服从连续性方程和考虑表面张力的纳维—斯托克斯方程。

模型初始时孔隙中填满气体，水从模型的一端注入，另一端流出，且水的初始流速为零。模型的边界条件包含流入边界、流出边界以及孔隙壁边界。数字岩心模型中相对立的两面分别作为流入及流出边界，其余流动边界及孔壁视为无滑移壁面。在流入边界，利用压力大小控制，施加一定的压力，保证流体在岩石中为层流流动，并且只有水进入流入边界。在流出边界，压力为大气压。因此，在流入边界处，水平集函数（即含水体积百分比）为 1。在模拟中考虑岩心孔隙壁面为中性润湿。

（四）气水两相流模拟结果

3 块数字岩心的两相流模拟结果的岩心切面图可见图 4-22，a-d 为岩心 No.2 的模拟结果，e-h 为岩心 No.3 的模拟结果，j-m 为岩心 No.5 的模拟结果，图中红色代表气相，蓝色代表水相，箭头方向表示驱替方向。从图 4-22 中可直观地看出水相、气相在孔隙中的分布；在不同渗透率数字岩心中，随着驱替时间增加，水驱气过程中水、气相在孔隙中分布变化有相似部分也有不同部分，总体上看，随着驱替时间增加，数字岩心中水相所占据孔隙逐渐增多，而气相所占据孔隙逐渐减少。根据不同驱替时间的水驱气过程岩心切片图可看出随着驱替时间增加，水驱气的驱替前缘在数字岩心中逐渐向前移动，水相饱和度逐渐增大，而气相饱和度逐渐减小；驱替结束时，3 个数字岩心中水驱气的驱替效率存在差别，其随着孔隙度和渗透率增大而增大，即岩心 No.2 中的剩余气相饱和度较高，岩心 No.3 中的剩余气相饱和度次之，岩心 No.5 中的剩余气相饱和度最小，说明微观孔隙结构对气水两相流将产生影响。同时，从图 4-22 中可注意到水并不是以活塞方式将数字岩

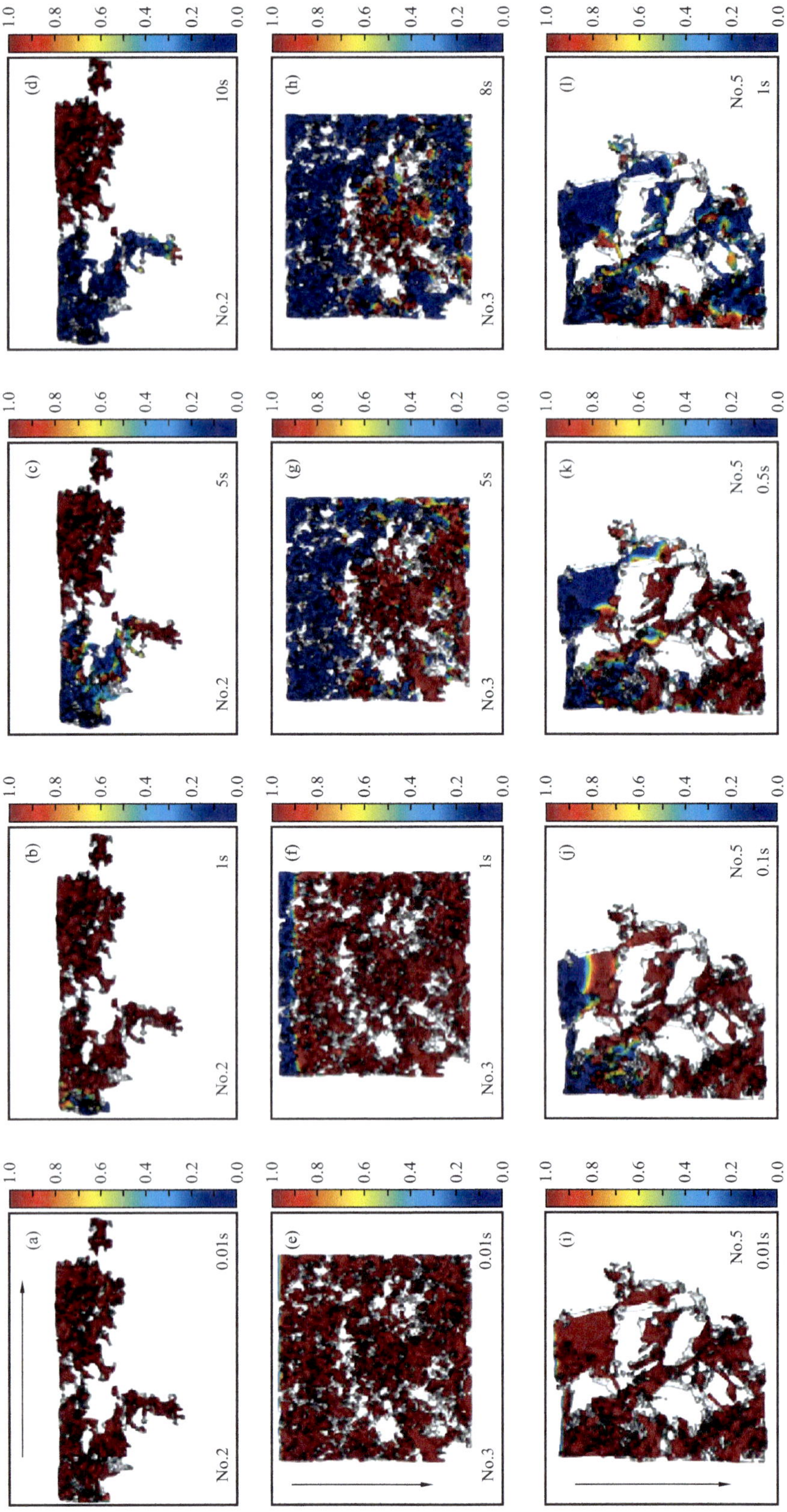

致密砂岩储层微观孔隙结构表征

图 4-22 气—水两相流模拟结果图（据刘向君等，2017）

52

心中气体全部驱除，且水驱气的驱替前缘形状随着驱替时间变化而变化，即在驱替开始时，水驱气的驱替前缘均匀向前推移，呈直线状，随着驱替时间增加，驱替前缘发生了变化，逐渐变成不规则形状，形成凹型气水界面（图4-23），这主要可能与岩心中复杂的孔喉关系（孔隙结构）有关。此外，在水驱气过程中，驱替前缘在数字岩心孔隙中突进比较明显即舌进现象（图4-22），水相先在岩心大孔隙中形成流动通道及气水两相流，两相流渗流阻力大于单相流阻力，将迫使水相从其他通道流动，其中岩心No.5中舌进现象比较明显（图4-24），这主要可能与岩心中微观非均质性有关。因此，在水驱气过程中，岩心的微观孔隙结构将改变驱替前缘的形状并造成气水两相流中的舌进现象。根据水驱气的模拟结果可清晰地看到驱替后残余气在孔隙中分布情况（图4-25）。残余气在孔隙中主要呈点状或块状分布，其主要分布在两种结构：边缘的"死孔隙"和孔喉突变、急剧减小的地方（图4-25）。前者孔隙空间中残余气可能是水相无法波及造成，后者孔隙空间中残余气可能是贾敏效应造成，孔喉突变处的贾敏效应造成气体的渗流阻力明显增大，不利于水驱替。3块数字岩心中气、水饱和度与驱替时间的关系可见图4-26。随着驱替时间增加，水相饱和度呈上升趋势，或气相饱和度呈下降趋势，随着岩心孔隙度和渗透率增大，上升的幅度或下降幅度逐渐增大，即水驱气的驱替效率逐渐增大，造成残余气饱和度明显降低（图4-26）。同时，随着岩心孔隙度和渗透率增大，气相饱和度下降速度增大或水相饱和度上升速度增大，驱替趋于稳定的时间变短（图4-26）。

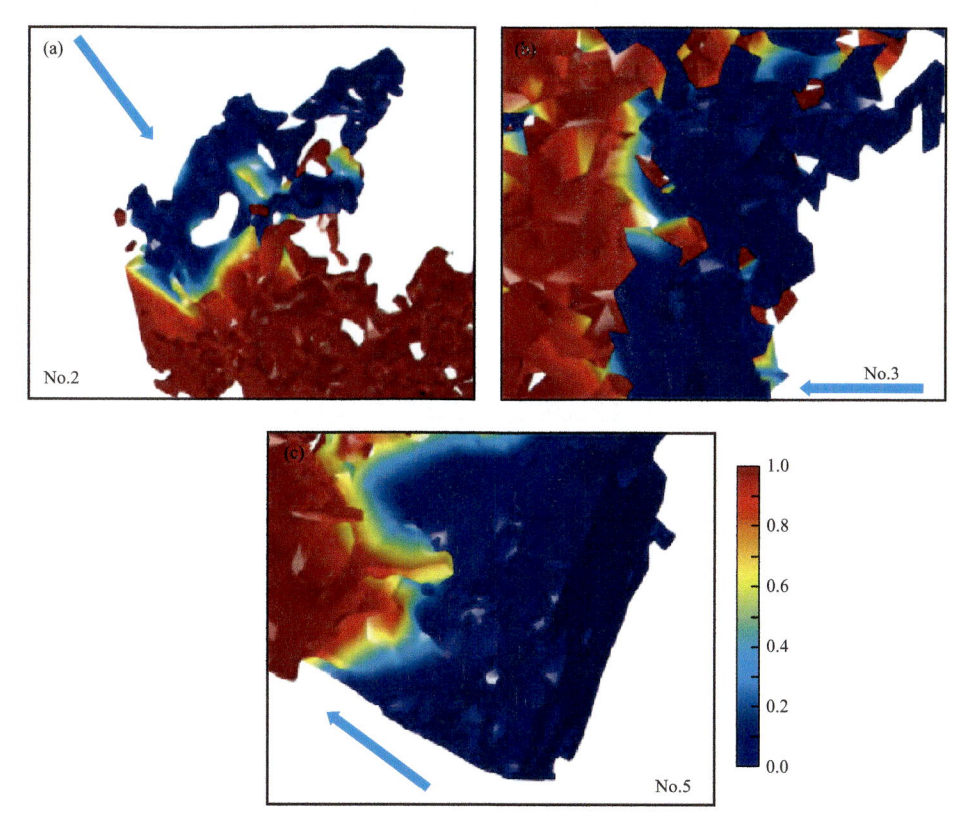

图4-23 数字岩心中水驱气过程中的驱替前缘（据刘向君等，2017）

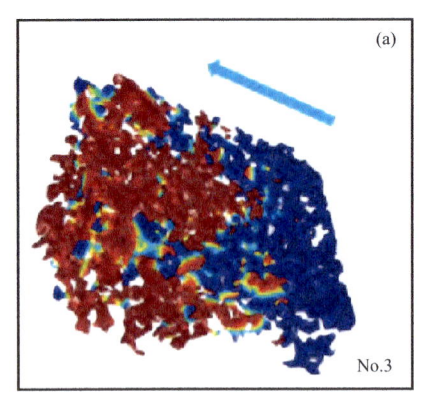

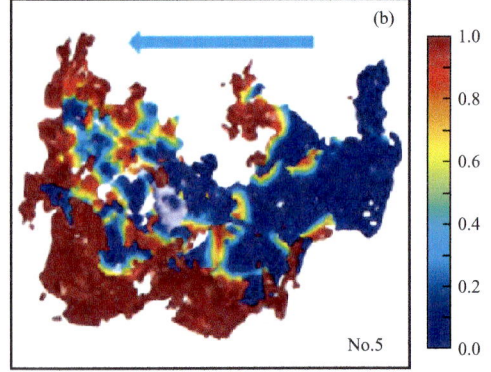

图 4-24　数字岩心中水驱气过程中的舌进现象（据刘向君等，2017）

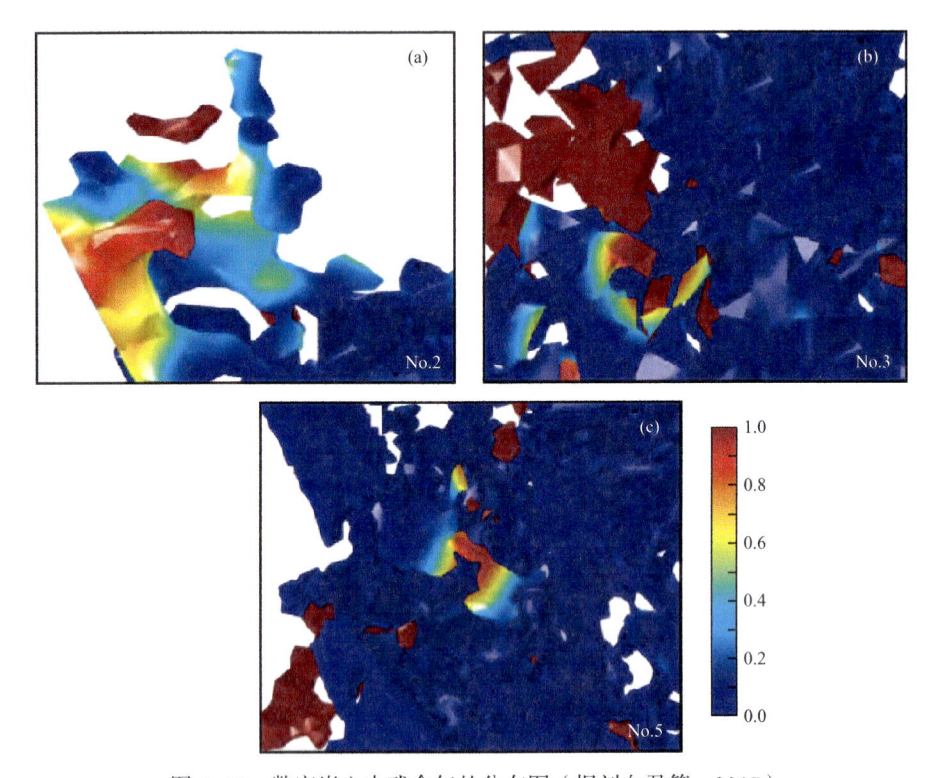

图 4-25　数字岩心中残余气的分布图（据刘向君等，2017）

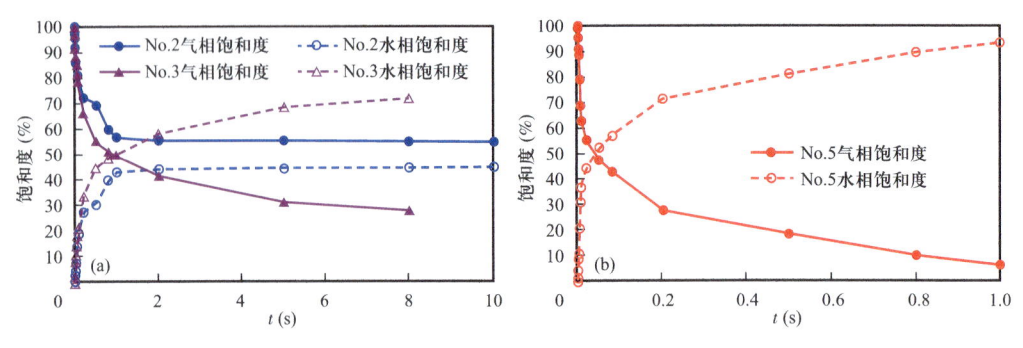

图 4-26　数字岩心中气、水饱和度与驱替时间的关系（据刘向君等，2017）

第六节　聚焦离子束扫描电镜（FIB—SEM）

聚焦离子束扫描电镜（FIB-SEM）凭借其独特的微纳米级精密加工与高精度成像双重功能，在非常规油气储层微观表征研究中发挥着关键作用。该技术通过高分辨率电子束成像系统与高强度聚焦离子束加工技术的协同应用，成功实现了储层纳米孔隙网络的三维重构及流体赋存状态的可视化分析，为页岩油气、致密砂岩气等非常规储层的储集空间表征和渗流机理研究提供了关键技术支持。其突破性的纳米尺度解析能力不仅推动了我国非常规油气资源的高效勘探开发，更在石油地质学领域催生了新兴交叉学科——纳米地质学的建立与发展，开启了油气储层研究从微观到宏观的多尺度综合研究新范式（张继成等，2006；韩伟等，2013；王羽等，2018；王晓琦等，2019）。

自20世纪70年代起，扫描电镜—能谱分析（SEM-EDS）技术逐渐在我国石油地质领域发挥重要作用，它主要被用于研究储集岩在微观尺度上的矿物成分、孔隙类型及成因、孔隙结构、微裂缝、岩石胶结程度及次生变化等，通过结合测井资料对储层优劣做出评价（魏小燕等，2022）。然而，该技术是一种二维图像分析技术，无法对三维孔隙结构进行表征。近年来，微米CT、纳米CT成为油气储层三维表征的重要方法，共同推动了微观数字岩心技术的不断发展（胡渤等，2022；汪新光等，2022；王付勇等，2022）。CT图像分析方法有效弥补了常规光学显微镜分辨率低，以及压汞、气体吸附等方法无法获得图像等缺点，然而，微米CT、纳米CT最大分辨率仅分别约为0.7μm和50nm，对于非常规致密储层的微纳米孔隙精确三维成像仍较为乏力（白斌等，2013；严敏等，2023）。在石油地质领域，FIB-SEM以其聚焦离子束微纳米精密加工功能，以及实时高分辨率电子束成像功能（最高分辨率达0.7nm），为致密油气储层三维精细表征提供了技术基础。自2010年以来，FIB-SEM三维分析技术在我国页岩气有机质纳米孔的表征中发挥了重要作用，推动了我国页岩气的勘探与开发进程。此后FIB-SEM成为多尺度数字岩心表征技术的重要组成部分，被应用到致密油、致密气、页岩油储层以及烃源岩研究中，而后经过不断发展已日渐成熟（Wirth，2009；Wu et al.，2019；Sun et al.，2020）。

一、实验原理和方法

聚焦离子束—扫描电镜系统可以简单理解为单束聚焦离子束系统与普通扫描电镜的耦合。它将离子镜筒和电子镜筒以一定夹角方式集成为一体，既是一台聚焦离子束，又是一台扫描电镜，这样就可以实现在离子束进行加工的同时进行图像的实时观察。目前应用最广泛的是液态金属镓（Ga）离子源，因为Ga元素具有低熔点、低蒸汽压的特点，同时Ga离子易获得高密度束流，可以刻蚀大部分材料（Gu et al.，2020）。液态镓加热后会向下流到钨针尖尖端，由于表面张力和相反方向电场力的作用，液态镓会在针尖形成一个尖端半径仅约2nm的锥形体；随后，作用在尖端上的巨大电场（>10^{8}V/cm）会使镓原子电离并发射出来（Wirth，2009）。Ga离子束通过静电透镜被聚焦在样品上并进行扫描，与样品发生相互作用，收集产生的各种信号，从而实现对样品的精细加工和显微分析。

二、应用实例

近年来，随着我国非常规油气勘探开发所研究的页岩油气、致密油气进入微观纳米级尺度。自2010年以来，FIB-SEM被各个石油高校与科研院引入，开展非常规油气储层孔隙表征方面的研究。中国石油勘探开发研究院率先引进了Thermo Fisher Scientific Helios650型FIB-SEM，于2013年5月投入使用，此后对FIB-SEM岩石样品的制样流程、表征方法和后期三维重构等技术环节均进行了开发（王晓琦等，2019）。

王瑞飞等（2020）以鄂尔多斯盆地X地区长6储层为研究对象，利用多尺度CT成像技术、聚焦离子束扫描电镜技术，结合Avizo软件的强大数据处理和数值模拟功能，对研究区目的层岩石样品进行不同尺度孔喉分维数重构，建立三维超低渗透砂岩储层纳米级孔隙结构模型。研究表明，微米尺度下，超低渗透砂岩储层孔喉形态呈点状、球状、条带状及管状。储集空间类型以溶蚀微孔为主且多孤立分布，局部孔隙为片状，连通性较差。纳米尺度下，超低渗透砂岩储层孔喉系统整体较发育，孔喉形态呈球状、短管状。远离裂隙处多为孤立状，连通性较差，仅具有储集能力。微裂缝、粒间缝发育部位多为短管状，有一定连通性，相当于喉道。微观非均质性较强，岩样整体较致密，局部相互连通，溶蚀孔及裂隙对储集能力、渗流能力具有控制作用。聚焦离子束扫描电镜与多尺度CT成像技术相结合能够定量表征超低渗透砂岩储层微、纳米级孔隙结构。

第七节　小角度散射

小角散射是指样品在靠近X射线入射光束附近很小角度内的散射现象，散射角小于5°，技术最早起源于Krishnamurti在1930年对碳粉、炭黑和各种亚微观微粒在入射光束附近出现连续散射的研究，随后，Mark、Hendricks、Warren、Guinier初步确定了小角X射线散射理论，1955年Guinier等人系统阐述了小角散射理论（朱育平，2008）。中子小角散射与X射线小角散射类似，主要优势在于对轻元素的敏感、对同位素的标识及对磁矩的强散射。

小角散射技术主要研究亚微观结构与形态特征，最适合的研究对象是粒子旋转半径$1\sim5nm$，体积约为$200\sim800nm^3$，相当于粒子质量为$(1\sim50)\times10^{-20}g$，密度为$1\sim2g/cm^3$，相对分子质量为5000~250000。研究对象分为两类：（1）散射体是明确的粒子，包括聚合物溶液、生物大分子等，确定粒子尺寸与形状；（2）散射体中存在亚微观尺寸上的非均匀性，包括悬浮液、乳液、纤维等，确定非均匀长度、体积分数和比表面等统计参数。在孔隙结构研究方面，小角散射技术的应用主要集中在碳烟、氧化铝、炭纤维等标准材料（秦麟卿等，2001；徐跃等，2003；王向丽等，2013），成分单一，孔隙结构相对简单，衍射强度与孔径之间的关系模型已经成熟，因此结果准确度与可重复性较高。在非常规储层孔隙表征方面，也有部分成果发表。Wang等（2013）联合小（超）角度中子散射和图像分析技术对以色列Hatrurim盆地燃烧变质杂岩多尺度孔隙结构演化特征进行了综合表征；Anovitz等（2018）基于小角度和超小角度中子散射实验分析，以伊利诺伊州和密歇根州盆地圣彼得砂岩样品为研究对象，探究了成岩作用对砂岩微观孔隙结构特征的影响；Sun等（2020）联合FIB-SEM和小角度中子散射实验对四川盆地海相页岩（五峰组、龙马溪组和牛蹄塘组）多尺度孔隙连通性和控制因素进行了全面表征。然而，目前小角散射技术在储层孔隙结构研究领域尚处于起始阶段，主要原因有：（1）小角散射技术基于同步辐射平台，同步辐射机时获取难度大；（2）尚未形成泥页岩、致密砂岩等致密储层孔隙结构解释模型，无法对实验结果进行解释；（3）相对于小角散射技术，非常规储层颗粒直径大，即使是泥岩，其粒径主体介于30nm～30μm之间，密度多大于2g/cm³，超出小角散射最有效的研究范围。由于致密储层孔隙结构的复杂性，目前已有的成熟解释模型并不适用，已发表的文献中也未对衍射强度和数据模型进行解释。此外，针对致密储层小角散射分析，尚未形成统一的分析流程，样品制备与空白提取等均存在差异，因此建议在非常规致密储层孔隙结构评价中，慎重选择小角散射技术（朱如凯等，2016）。

第八节　全孔径分布表征

致密砂岩储层常发育连通性较差的纳—微米尺度孔喉，孔隙体几何形状复杂且不规则，采用常规单一方法难以有效描述和表征微观孔隙结构。因此，采用多种技术对孔喉结构进行全面而准确的量化，对于致密油气开发和提高采收率具有重要意义。

一、拼接法

（一）高压压汞+恒速压汞

孟子圆等（2019）联合压汞法（高压压汞+恒速压汞），对鄂尔多斯盆地吴起地区长6段致密储层微观孔隙结构及孔径分布特征进行了全面表征。基于高压压汞与恒速压汞描述相同的进汞过程的基本认识，可以将所得孔径分布进行联合并得到表征范围为 3×10^{-3}～$4 \times 10^2 \mu m$ 的总孔径分布曲线图（图4-27）。图像显示在孔喉半径为80～160μm处存在一个较低峰值，在 3.7×10^{-3}～$2.6 \mu m$ 范围内各样品曲线出现多个峰值。孔径分布频率直方图结果显示孔隙类型多集中于纳米孔、微孔以及巨孔，且纳米孔最为发育（图4-28）。纳米

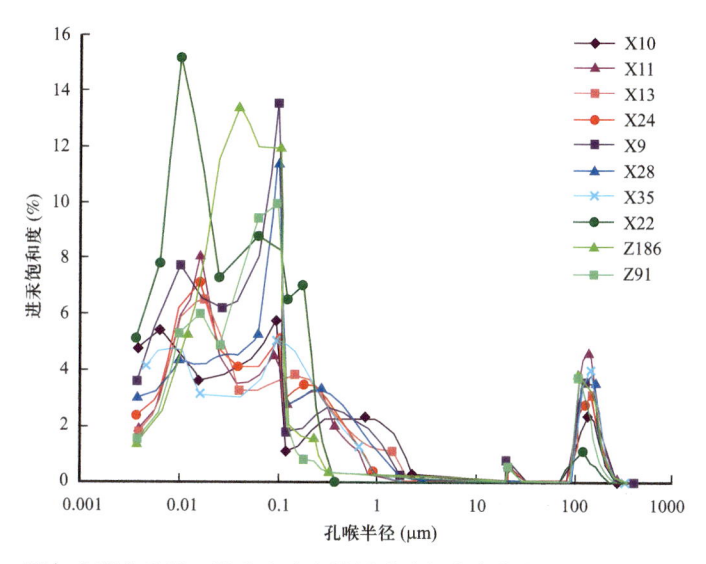

图4-27　鄂尔多斯盆地长6段致密砂岩储层总孔径分布曲线图（据孟子圆等，2019）

致密砂岩储层微观孔隙结构表征

孔对物性的影响主要表现在：纳米孔控制的孔隙空间随孔隙度、渗透率减小有增大趋势，与渗透率相关性差。纳米孔对渗透率的贡献随着渗透率的减小而增大，且相关性较好。

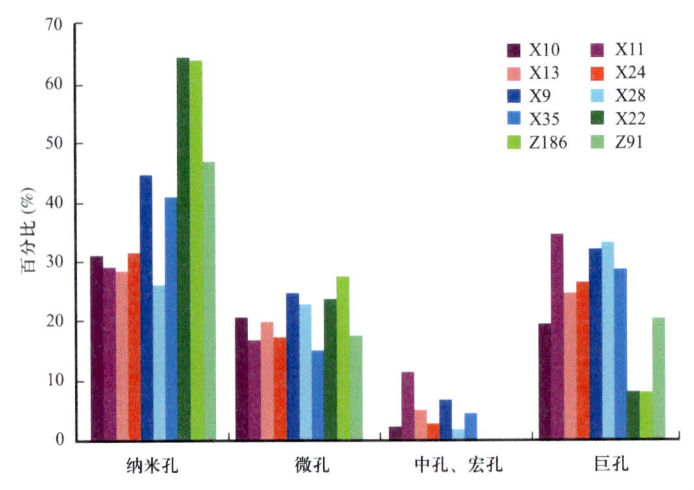

图 4-28 鄂尔多斯盆地长 6 段致密砂岩储层孔径分类频率直方图（据孟子圆等，2019）

王羽君等（2022）对渤海湾盆地南堡凹陷北部高尚堡油田高北斜坡中深层低渗砂岩的孔隙结构进行了研究与评价。考虑到恒速压汞实验在表征微小孔隙上的缺陷，提出了高压压汞—恒速压汞实验联合评价微观孔喉结构的方法，全尺度表征低渗储层孔隙结构；建立了高压压汞—恒速压汞联合评价孔喉半径频率分布叠合图（图 4-29），以 0.12μm，50μm 孔隙半径为界限，将全孔喉半径尺度划分为高压压汞、高压压汞—恒速压汞联合和恒速压汞等 3 个表征区；明确了低渗储层喉道的大小决定连通孔隙的多少，渗流能力主要受喉道控制，喉道越大，渗透能力越强，驱油效率越高。

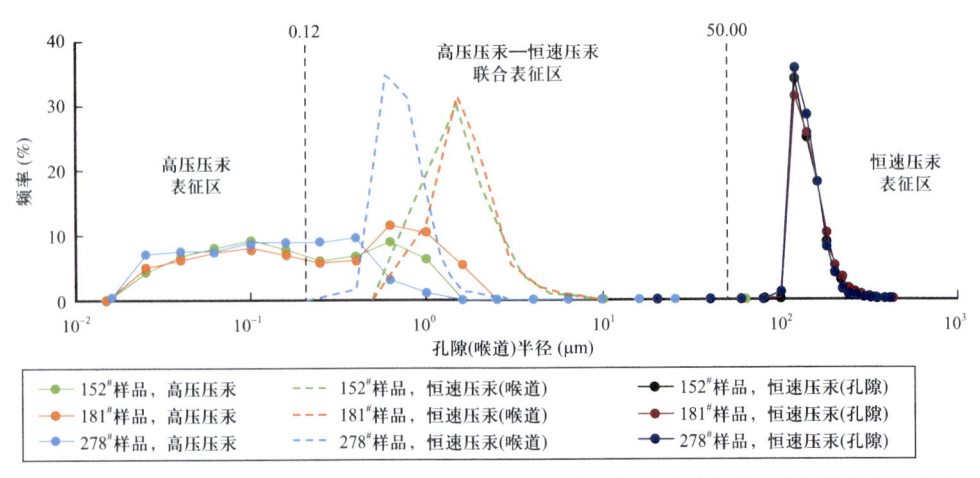

图 4-29 渤海湾盆地南堡凹陷高压压汞—恒速压汞联合评价孔隙（喉道）半径分布频率叠合（据王羽君等，2022）

（二）低温氮吸附 + 高压压汞 + 恒速压汞

刘薇等（2018）以松辽盆地北部龙虎泡油田龙 26 外扩区高台子油层致密砂岩样品为研究对象，综合低温氮气吸附、高压压汞和恒速压汞 3 种实验表征技术手段，按照 dV/

dlg$D$ 表现出相似甚至一致趋势的原则，确定了孔喉直径分布拼接点，进行了致密砂岩全孔喉直径表征（图 4-30）。其中，用低温氮气吸附实验表征直径小于 20nm 的孔喉，用高压压汞实验表征直径介于 20~230nm 的孔喉，用恒速压汞实验表征直径大于 230nm 的孔喉。研究区致密砂岩储层全孔喉直径分布曲线显示，孔喉直径分布在 2~600nm 之间，呈现双峰特征，主峰介于 100~400nm 之间，伴有极少量直径为 200~600μm 的次峰。研究区致密储层渗透率主要受较大孔喉控制，而小孔喉对渗透率的影响不大，但不能忽视其对致密储层储集性能的贡献。

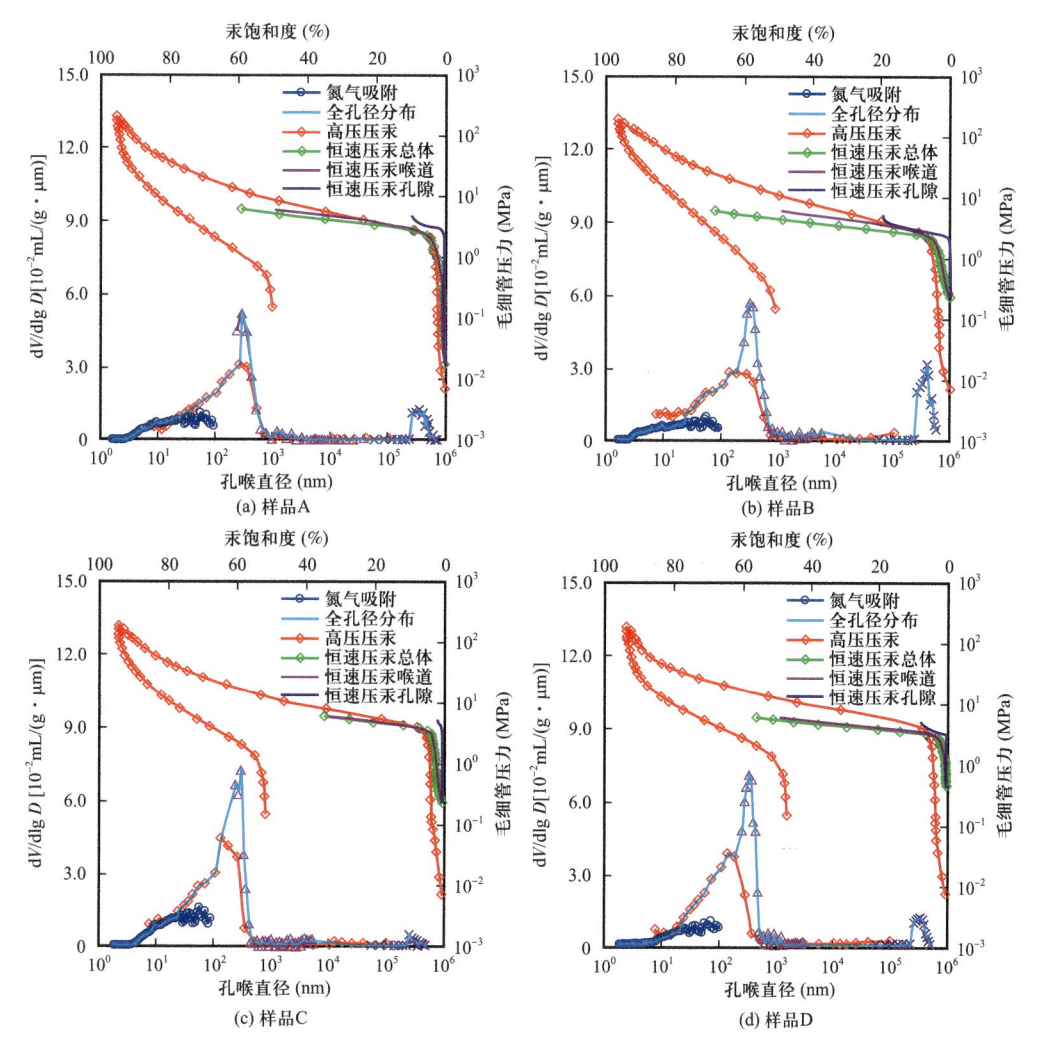

图 4-30 松辽盆地样品低温氮气吸附、高压压汞和恒速压汞实验联合表征全孔喉直径分布
（据刘薇等，2018）

二、核磁标定法

核磁共振技术能够实现无损探测储层流体的赋存特征，是目前研究致密砂岩储层全孔径孔喉分布的常用方法，但核磁获得的结果是横向弛豫时间 T_2 谱分布，需要将其转换为孔喉半径。目前，T_2 与孔喉半径之间的转换方法主要包括转换系数和表面弛豫率的求取。

(一)转换系数法

核磁共振技术作为一种间接的测量方法,要实现储层孔隙结构的定量评价,关键在于准确确定核磁共振弛豫时间 T_2 与孔喉半径之间的转换系数(C 值)(房涛等,2017)。国内外学者在此方面开展了大量研究,相继提出了多种基于压汞数据标定的核磁共振毛细管曲线构建方法,包括平均饱和度误差最小值法、相似性对比法、自由水分析法、分段幂函数刻度法、二维等面积刻度转换法、非线性转化法和最小二乘法等,随着研究方法的不断改进和完善,获得的核磁共振孔喉半径分布曲线的准确度显著提高(何雨丹等,2005;李海波等,2008;苏俊磊等,2011;刘天定等,2012)。

插值和最小二乘法是当前应用最广泛、也是精度最高的一种转换方法。近年来,许多学者都注意到致密砂岩压汞进汞饱和度不足 100%,且压汞法和核磁共振 T_2 谱测量的孔喉半径范围不完全一致的问题,如果将二者直接对比,得到的转换系数 C 值存在较大的偏差,造成了致密砂岩核磁共振测试结果不准确。李海波等(2008)提出选取 T_2 谱累加曲线中百分数小于最大压汞进汞饱和度的 T_2 谱数据与压汞孔喉半径进行对比,应用插值算法和最小二乘法确定 C 值;苏俊磊等(2011)进一步提出利用刻度压汞曲线左、右边界和二维分段等面积法获得转换系数的改进方法。然而,这些方法都是从致密砂岩压汞曲线左侧(小孔隙)到右侧(大孔隙)构建压汞数据和 T_2 谱累加曲线,实际上左侧细小孔隙的贡献是未知的,而 T_2 谱累加曲线包含了压汞不能反映的微小孔喉,因此,致密砂岩核磁共振孔喉半径分布曲线与压汞曲线仍然不能很好地匹配。

为此,房涛等(2017)基于压汞数据刻度核磁共振 T_2 谱的方法,针对致密砂岩压汞进汞饱和度不足 100% 而造成的测不准问题,提出采取压汞曲线和 T_2 谱从右边界的最大孔隙向左侧小孔隙累加,选定右累加曲线中压汞测量的孔喉半径范围作为核磁共振孔喉半径的可对比区间,利用纵向插值法和最小二乘法构建 T_2 谱转换的孔喉半径分布曲线。提出采取压汞孔喉半径数据与核磁共振 T_2 谱从右边界(最大孔隙)向左侧累加,利用纵向插值和最小二乘法确定致密砂岩核磁共振 T_2 谱的孔喉半径转换系数。具体的方法流程为:

(1)选取同一岩心样品先后进行核磁共振 T_2 谱和压汞测试。将 T_2 谱信号强度数据进行归一化,并从右侧(大孔隙)往左(小孔隙)进行累加,得到累加曲线(右累加曲线)(图 4-31),右累加曲线中的横轴为 T_2,纵轴为不同弛豫时间 T_2 对应孔道占总孔道比例的累加值,从右至左 T_2 弛豫时间缩短,孔喉半径减小。同样,对压汞孔喉半径数据从右向左依次累加,从而获得压汞孔喉半径累加曲线(图 4-31c),横轴为孔喉半径,纵轴为不同孔喉半径所占百分比的累加值,左侧进汞累计最大值对应于压汞最小孔喉半径值。显然,压汞右累加曲线反映了最大压汞注入压力条件下检测到的孔喉半径信息,T_2 谱右累加曲线的左侧代表微小孔喉半径贡献,右侧与压汞数据是可对比的。

(2)在得到核磁共振 T_2 谱和压汞孔喉半径右累加曲线之后,选取压汞测量的孔喉半径范围限定为两类曲线的可对比区间,即只将右累加曲线中 T_2 谱累计百分数小于压汞最大累计百分数的部分 T_2 谱与压汞孔喉半径分布对比,这样压汞大孔隙与 T_2 谱大孔隙、压汞小孔隙与 T_2 谱小孔隙很好对应,可以确保 T_2 谱和压汞孔喉半径的一致性。

(3)核磁共振 T_2 谱和压汞累加曲线纵向上具有相同的物理含义,都代表了不同大小孔喉半径对应的累计百分比,因此可以利用纵轴等间距插值方法分别得到两列数据,即等间距累计百分比所对应的 T_2 值和压汞孔喉半径。就同一块岩心而言，在右累计曲线的可对比范围内，这两列数据应是一一对应的。根据最大相似性原理，借鉴前人提出的最小二乘法求取两列数据之间误差的方法，应用 Matlab 软件编写计算程序进行拟合，即可得到 T_2 值与孔喉半径之间的最佳转换系数 C 值（图 4-31d），将核磁共振 T_2 谱转化为孔喉半径分布曲线。在实际研究中，不可能对所有样品进行压汞实验，对于无压汞数据样品的核磁共振 T_2 谱转化，一般取多块实测样品 C 值的算术平均值，或是通过构建统计关系模型的方法。

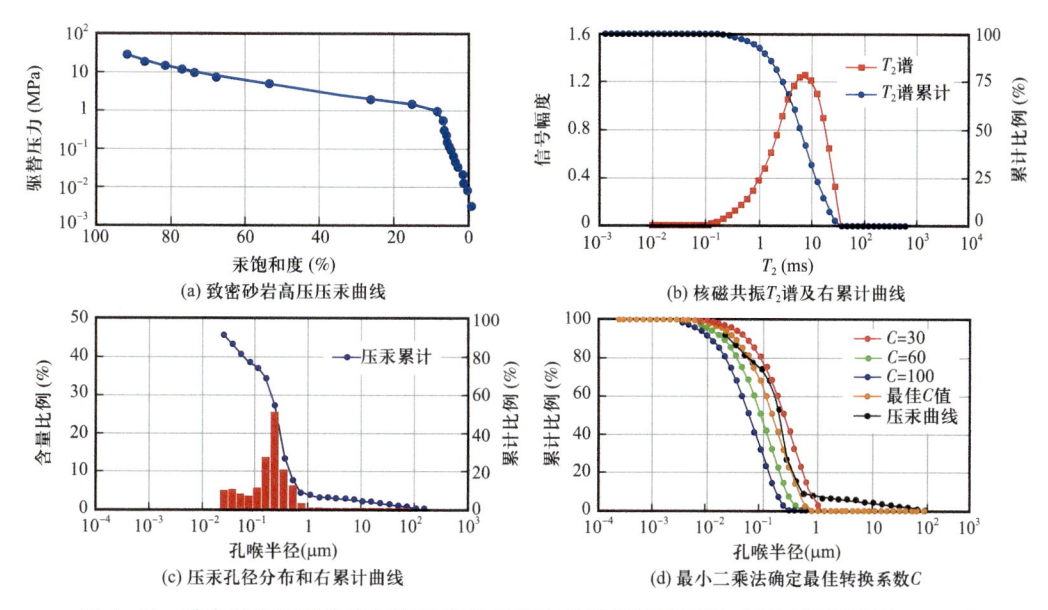

图 4-31　致密砂岩压汞曲线与核磁共振 T_2 谱对比确定转换系数 C 值（据房涛等，2017）

（二）表面弛豫率法

根据核磁共振原理可知，横向弛豫时间 T_2 与弛豫速率 ρ_2 和比表面积（S/V）有关，而比表面积（S/V）又与孔隙半径 r 成正比。因此，只要确定弛豫速率 ρ_2 和孔隙形状因子 F_s 即可实现 T_2 谱与孔隙半径分布的转换（刘客，2024）。

$$\frac{1}{T_2} = \rho_2 \frac{S}{V} = \rho_2 \frac{F_s}{f(r)} \tag{4-7}$$

式中　ρ_2——弛豫速率，μm/ms；
　　　S——孔隙表面积，μm²；
　　　V——孔隙体积，μm³；
　　　F_s——孔隙形状因子，球形孔隙中 F_s 为 3，圆柱形孔隙中 F_s 为 2；
　　　r——孔隙半径，μm。

弛豫速率 ρ_2 可以通过恒速压汞实验喉道半径分布峰值处的 V/S 和对应的 T_2 值计算获得。而孔隙形状因子 F_s 难以通过实验测定。通常核磁共振实验测得的孔喉均被认为是圆柱形管状孔隙，其形状因子 F_s 为 2。因此，计算中形状因子 F_s 取 2。然后将核磁共振实验孔隙半径分布与恒速压汞实验喉道半径分布（纵坐标是单位质量孔隙体积，横坐标为孔喉半径）绘制在同一坐标轴上。由于孔喉半径小于 0.12μm 时，孔隙与喉道很难区分，而

致密砂岩储层微观孔隙结构表征

这部分微小孔隙通常由小孔喉和小晶间孔组成，因此，将孔喉半径小于 0.12μm 的孔喉视为喉道。当孔喉半径大于 0.12μm 时，采用拉格朗日差分法对核磁共振曲线进行重采样，并减去管状孔喉分布曲线对应的纵坐标数值，获得的曲线可以看作是圆柱形管状孔隙。再将圆柱形管状孔隙纵坐标数值乘以 1.5（管状孔隙转化为球形孔隙的比例因子）即可得到球形孔隙。从而得到管状喉道和球形孔隙的全孔喉半径分布。图 4-32a、图 4-33a 分别为绘制在同一坐标轴上的两块岩心（1 号、2 号）的核磁共振实验孔隙半径分布与恒速压汞实验孔喉半径分布，图 4-32b、4-33b 分别为根据上述方法得到的相同岩心样品的全孔喉半径分布（图中 C 为孔隙体积临界点）。

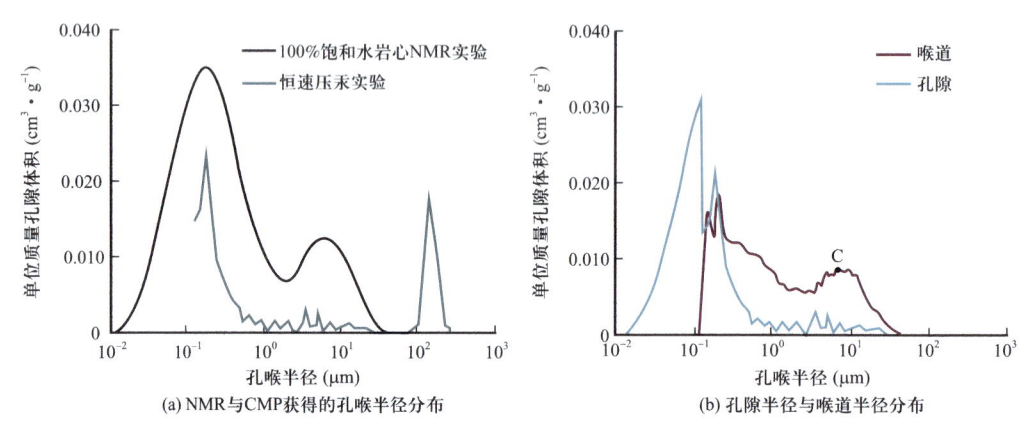

图 4-32 1 号岩心核磁共振与恒速压汞实验联合获得的全孔喉半径分布（据刘客，2024 修改）

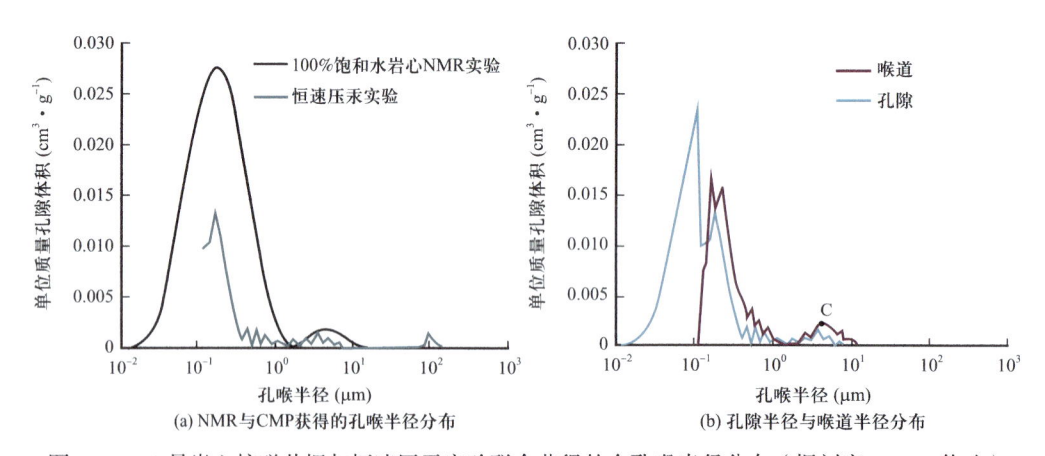

图 4-33 2 号岩心核磁共振与恒速压汞实验联合获得的全孔喉半径分布（据刘客，2024 修改）

肖佃师等（2016）提出联合恒速压汞和核磁共振测定致密砂岩孔喉结构的方法。恒速压汞准全孔隙分布的左峰（反映喉道）与核磁共振基本一致，右峰（反映孔隙）与核磁共振具有相似的体积比例和不同的分布范围（图 4-34）。恒速压汞采用等效球体半径计算孔隙体大小，计算值明显大于实际孔隙的最大内切半径；核磁共振利用孔体积和表面积之比推算孔隙半径，计算值接近最大内切半径。从核磁共振全孔隙分布中去掉恒速压汞喉道分布的贡献，可得到全孔径范围内的孔隙体分布，在此基础上，结合恒速压汞的喉道分布可全面评价孔隙和喉道的连通关系。

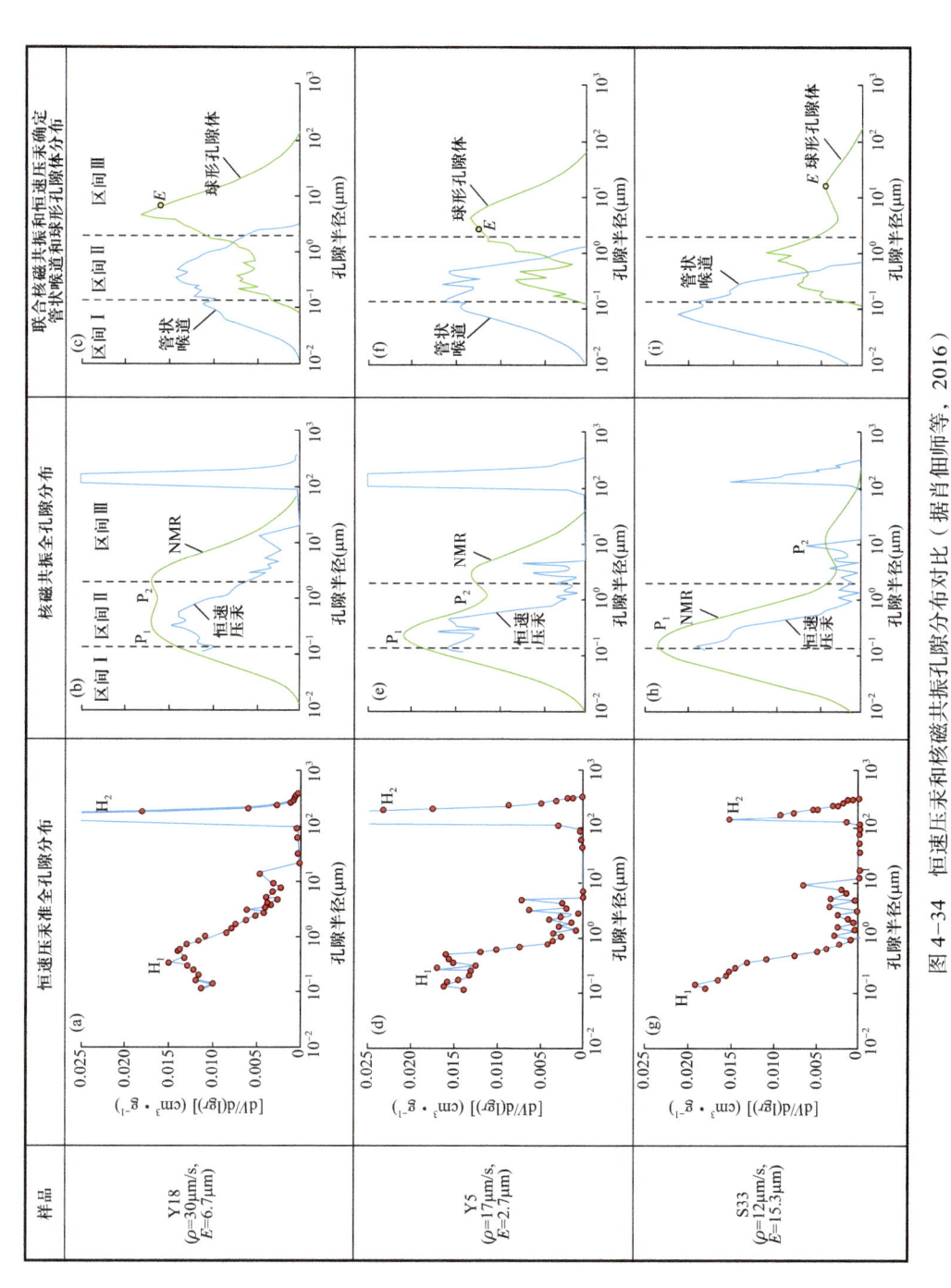

图 4-34 恒速压汞和核磁共振孔隙分布对比（据肖佃师等，2016）

区间Ⅰ—较小黏土矿物晶间孔（小于 0.12μm）；区间Ⅱ—黏土矿物晶间孔及石英晶间孔（0.12～2.00μm）；区间Ⅲ—残留粒间孔和溶蚀孔（大于 2.00μm）

第五章
致密砂岩储层非均质性

第一节 分形理论

非常规油气储层微观孔隙结构及其非均质性控制油气储集和渗流能力，这对于油气藏的产能分布和开发效果至关重要。对于致密砂岩油气储层，其空气渗透率通常小于 1mD，表现出孔喉细小、非均质性强及渗流机理复杂等特征。因此，精确地描述致密砂岩油气储层孔喉分布特征及其非均质性变得极为困难。孔隙结构作为储层质量评估及油气资源评价的重要参数，主要涉及孔喉的形状、大小、分布以及连通性等拓扑参数和几何特征。虽然现有的成像技术和测试方法各有其局限性，但通过多种方法的综合应用，能够更加全面地表征储层的孔隙结构特征。分形理论已成为描述复杂孔隙结构储层的重要工具，分形维数能够定量反映储层孔隙结构的复杂程度和非均质性，是连接储层微观孔隙结构与其宏观表现的重要桥梁。因此，深入研究超低渗透储层的孔隙结构及其分形特性，以及二者之间的内在联系，对于评价储层质量和提升油田采收率具有重要的现实意义。

分形理论是由法国数学家曼德尔布罗特在 1975 年首次提出。这一理论的建立为解析众多复杂且不规则的自然现象提供了创新的思路和方法，也为相关问题的解决提供了有效的工具。分形几何理论已成为研究具备分形特征的复杂自然系统的重要手段，尤其在石油勘探与开发领域表现出广泛的应用价值。在储集岩的微观孔隙结构研究中，它已成为定量描述低渗透储层孔隙结构非均质性和复杂程度的一种简单而有效的方法。研究者如 Katz 和 Thomvson 等已经证明，天然多孔沉积岩的孔隙结构确实具有分形特征，通过这一特征可以测定分形维数。分形维数通常介于 2 和 3 之间，它所代表的物理意义在于砂岩孔隙结构在局部与整体之间的相似性，或者说是孔隙大小分布的集中程度。在地质学上，分形维数则综合反映了储层孔隙结构的复杂程度，因此被认为是衡量储层孔隙结构优劣的重要指标。一般而言，分形维数越大（越接近3），表明孔喉表面的粗糙度更强，分选性较差，孔隙大小分布更为复杂，这意味着储层的储集性能较差且微观非均质性更加显著；相反，分形维数较小则表示储层特性相对更优。由此可见，分形维数是描述储集岩微观孔隙结构及其组合特征的理想参数，能够有效反映储层孔隙结构的微观非均质性，为量化储层孔隙大小分布、孔隙结构的非均质性和复杂程度提供了重要的手段。

第二节 分形维数的计算

一、高压压汞

前人的研究表明，致密砂岩的孔隙结构存在分形特征，分形理论可用于表征致密砂岩储层的孔隙结构特征及其非均质性。毛细管压力曲线可反映汞进入孔隙和喉道内的难易程度，从而可表征孔喉的分布状况。利用压汞曲线中的毛细管压力数据计算出致密砂岩的分形维数 D，能够指示储层孔隙结构的非均质性。目前，利用高压压汞毛细管压力曲线来计算储层孔隙结构的分形维数，主要有两种方法：一种是基于含水饱和度（即润湿相，图 5-1a、c），另一种则是基于汞饱和度（即非润湿相，图 5-1b、d）（赖锦等，2013；彭军等，2018）。

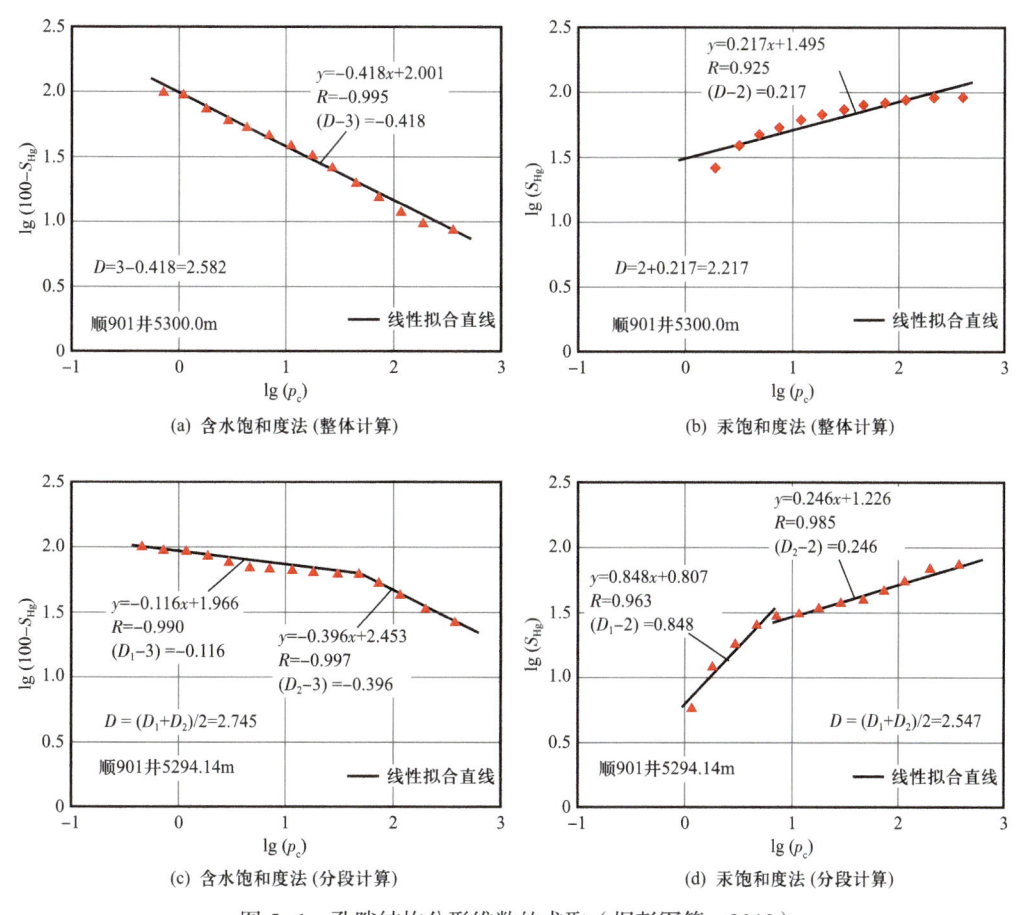

图 5-1 孔隙结构分形维数的求取（据彭军等，2018）

（一）含水饱和度法（润湿相）

对于润湿相，当最大孔隙半径 r_{max} 远大于最小孔隙半径 r_{min} 时，含水（润湿相）饱和度 S 与孔喉中值半径 r 存在如下关系：

$$S = \left(\frac{r}{r_{\max}}\right)^{3-D} \tag{5-1}$$

其中，储层毛细管压力遵从拉普拉斯（Laplace）方程，即 $p_c = \frac{2\sigma\cos\theta}{r}$。

式中　p_c——孔径相应的毛细管压力，MPa；

　　　σ——液体的表面张力，N/m；

　　　θ——润湿接触角，°。

根据分形几何理论，将 r 代入 S 中，两边同时取对数，分形维数可由下式计算得到：

$$\log(S) = (D-3)\log(p_c) + (3-D)\log(p_{\min}) \tag{5-2}$$

式中　D——分形维数，无量纲；

　　　p_c——任意孔隙半径所对应的毛细管压力，MPa；

　　　$p_{\min}$——入口毛细管压力，即最大孔径对应的毛细管压力，MPa；

　　　S——压力为 p_c 时的润湿相的饱和度，%。

（二）汞饱和度法（非润湿相）

由于毛细管压力反映汞进入不同孔径孔隙的难易程度，因此毛细管压力曲线可提供相应孔隙尺度和分布信息。根据毛细管模型及分形几何定义，分形维数可由式（5-3）计算得到：

$$N(r) = V_{Hg}/(\pi r^2 l) \propto r^{-D} \tag{5-3}$$

再将拉普拉斯方程代入，得

$$S_{Hg} = \alpha p_c^{-(2-D)} \tag{5-4}$$

式中　$N(r)$——分形物体容纳标尺特征体的数目；

　　　r——毛细管孔喉半径，μm；

　　　l——毛细管的长度，m；

　　　S_{Hg}——汞饱和度，%；

　　　V_{Hg}——流经半径为 r 的毛细管所对应汞的累计体积，cm³；

　　　α——常数，无量纲。

二、核磁共振

核磁共振计算分形维数模型一般是基于孔隙系统是球形的假设（李磊等，2023）。砂岩储层孔喉系统中含氢流体弛豫速度的快慢（即弛豫时间的长短）主要取决于孔喉壁固体表面对流体分子作用力的强弱。均匀磁场中饱和水的单个孔隙内的原子横向弛豫时间可近似表示为

$$\frac{1}{T_2} = \tilde{n}\frac{S}{V} = \rho\frac{F_s}{r_c} \tag{5-5}$$

式中　T_2——核磁共振横向弛豫时间，ms；

S/V——孔隙比表面积，$\mu m^2/\mu m^3$；

ρ——表面弛豫率，$\mu m/ms$；

F_s——孔喉形状因子，球形孔隙的 $F_s=3$；

r_c——孔喉半径，μm。

实际上，孔喉数量 $N_{(i)}$ 与孔喉大小 r_i 可通过如下关系加以计算：

$$N_{(i)} = \frac{V_{pi}}{\frac{4}{3}\pi r_i^3} \tag{5-6}$$

联合式（5-5）和式（5-6）可表示为

$$N_{(i)} = \frac{V_{pi}}{36\pi(\rho T_{2i})^3} \tag{5-7}$$

式中　$N_{(i)}$——孔喉数量；

V_{pi}——在特定 T_2 时的孔隙体积增量振幅，无量纲；

r_i——孔喉大小，μm；

ρ——表面弛豫率，$\mu m/ms$。

孔喉半径大于 r_i 的孔喉数量 $N_{(>ri)}$ 以及分形维数（D）之间遵循以下幂函数关系：

$$N_{(>ri)} = \sum_j^n N_{(i)} = \sum_j^n \frac{V_{pj}}{36\pi(\rho T_{2i})^3} \propto (3\rho T_{2i})^{-D} \tag{5-8}$$

其中，$j=i+1$。

式（5-8）两边取对数并借助常数 A 和 B，可得如下关系式：

$$\log\left(\sum_j^n \frac{V_{pj}}{T_{2j}^3}\right) + \log A = -D\log B - D\log(T_{2i}) \tag{5-9}$$

其中，$A = \frac{1}{36\pi + \rho^3}$，$B = 3\rho$。

第三节　非均质性影响因素

一、物性

塔里木盆地顺托果勒地区柯坪塔格组致密砂岩储层孔隙结构分形维数与储层物性之间存在很好的负相关（彭军等，2018），即随着分形维数增大，储层的孔隙度和渗透率变小，储层的储集性能和渗透性能变差。分形维数与孔隙度和渗透率的相关系数分别为 −0.876 和 −0.793，表明分形维数能有效地表征储层孔渗性能（图 5-2）。

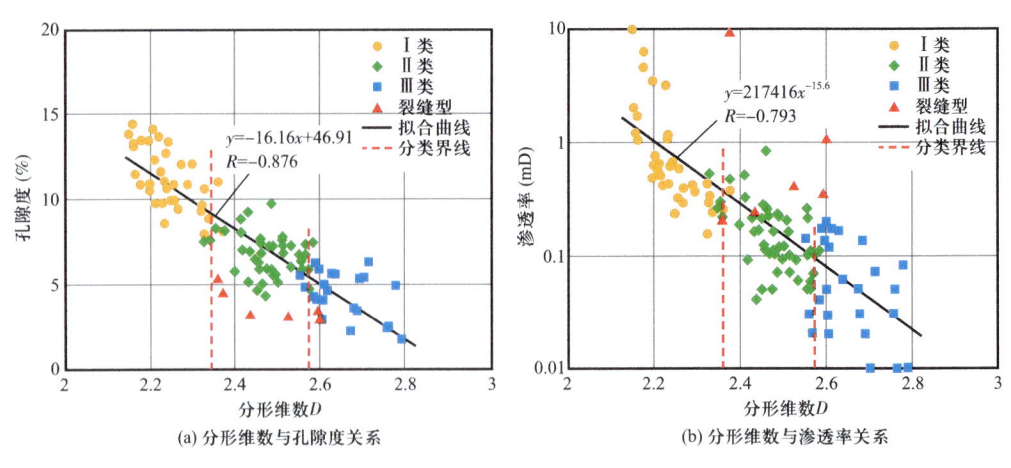

图 5-2　分形维数与储层孔隙度、渗透率的关系（据彭军等，2018）

鄂尔多斯盆地镇北地区延长组超低渗透储层高压压汞孔隙结构的总分形维数 D_P 与孔隙度和渗透率之间存在较好的负相关性（张全培等，2020）（图 5-3），分形维数越大，储层孔隙结构越复杂，储层的孔隙度和渗透率越低。D_{P-1}、D_{P-2} 和 D_{P-3} 与相应孔的孔隙度和渗透率之间存在明显的分异特征，孔隙空间占比较小的大孔具有较高的渗透率且存在 $D_{P-1}>D_{P-2}>D_{P-3}$ 的关系。D_{P-1} 和 D_{P-2} 与孔隙度存在较好的负相关性，而 D_{P-3} 与孔隙度之间不存在相关关系，这也说明了储层的孔隙空间主要是由大孔和中孔贡献，对储层孔隙结构的复杂程度有较大的影响。渗透率仅与 D_{P-1} 存在较弱的负相关性，与 D_{P-2} 和 D_{P-3} 无相关关系，表明大喉道及其相连通的孔隙是渗透率的主要贡献者。核磁共振分形维数 D_{N-2}（$T_2>T_{2截止值}$ 对应的分形维数）和 D_{N-e}（可动流体赋存孔隙空间计算的有效分形维数）与孔隙度和渗透率之间均具有较好的负相关性，D_{N-e} 与总孔隙度的相关关系较 D_{N-2} 好，而 D_{N-2} 与可动流体孔隙度和渗透率之间的相关关系较 D_{N-e} 好，表明相互连通的较大孔隙是控制储层物性的关键。以上分析表明，无论是整个孔隙结构的分形特征还是不同孔隙大小分布下的分形特征，其分形维数越大，储层的孔隙空间越复杂，对储层渗流能力和储集空间的影响越大。

二、分形维数与孔隙几何参数和沉积相之间的关系

为了探究鄂尔多斯盆地吴起油田 X 区块三叠系延长组和侏罗系延安组致密砂岩储层的孔隙结构，孙雅雄等（2022）对该区 12 块样品进行了储层物性分析、扫描电镜观察、全岩 X 射线衍射实验及高压压汞实验，并利用图像分析技术和分形几何学定量地表征了致密砂岩的孔隙参数与分形维数。此外，讨论了分形维数与孔隙几何参数（主要孔径、周长面积比、孔体比）之间的关系，还量化分析了沉积相对孔隙结构的影响。分析结果表明研究区致密砂岩主要孔径较小、周长面积比大、孔体比较小、分形维数高，且分形维数随着孔体比和周长面积比的增大而增大，随主要孔径的增大而减小（图 5-4）。可见样品孔隙结构相对复杂、各向异性较强且沉积环境会影响储层岩石的成分成熟度和结构成熟度，压实、胶结、淋滤等成岩作用会对储层进行改造，二者对致密砂岩储层的孔隙结构有着至关重要的影响。

图 5-3 鄂尔多斯盆地镇北地区分形维数与孔隙度和渗透率之间的关系（据张全培等，2020）

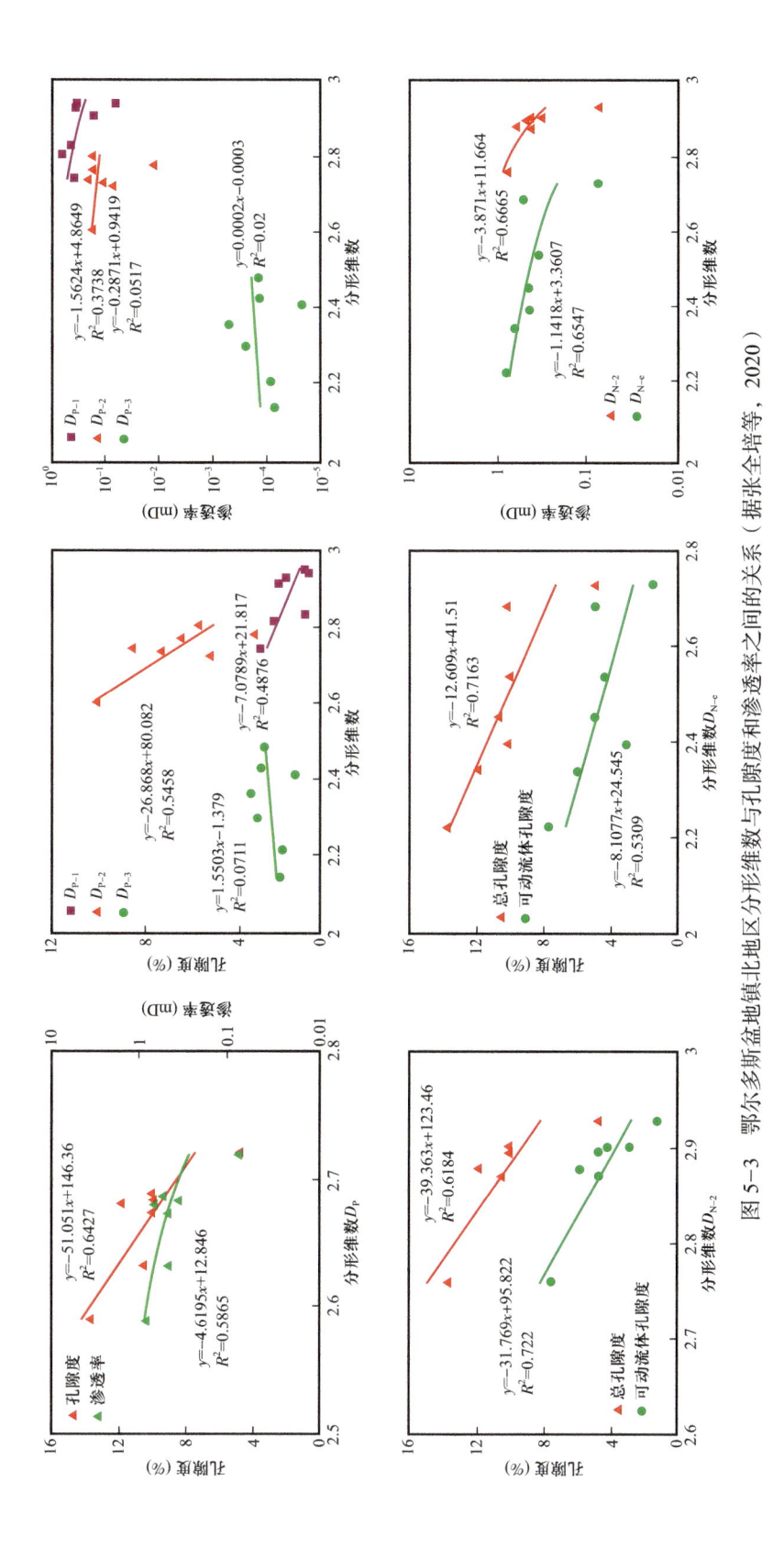

致密砂岩储层微观孔隙结构表征

图 5-4 反映了分形维数与孔隙几何参数的关系。周长面积比（POA）与分形维数 D 存在很强的正相关关系（R^2=0.85）（图 5-4a）。POA 的值本身表示孔隙的复杂性，这与分形维数 D 的意义是相近的，因此它们关系较强。POA 值越小，则表明孔隙结构较简单，流体渗流越容易；反之孔隙结构越复杂，流体渗流阻碍越大。主要孔径尺寸（DOM_{size}）与分形维数 D 存在较强的负相关关系（R^2=0.72）（图 5-4b），表明占支配地位的孔径越大，孔隙结构也就越简单，这再次验证了前面的结论。孔喉比（BTR）值表示有多少孔隙空间有效地用于流体流动。BTR 值越高，则不可用于渗流的孔隙越多。BTR 与分形维数 D 存在较好的正相关关系（R^2=0.62）（图 5-4c），这表明 BTR 值越小，参与渗流的孔隙越多，孔隙结构相对越简单。总体来看，致密砂岩岩样具有低 DOM_{size}、高 POA、较低 BTR 的特性，表明其孔隙结构相对复杂和非均质性较强的特点。

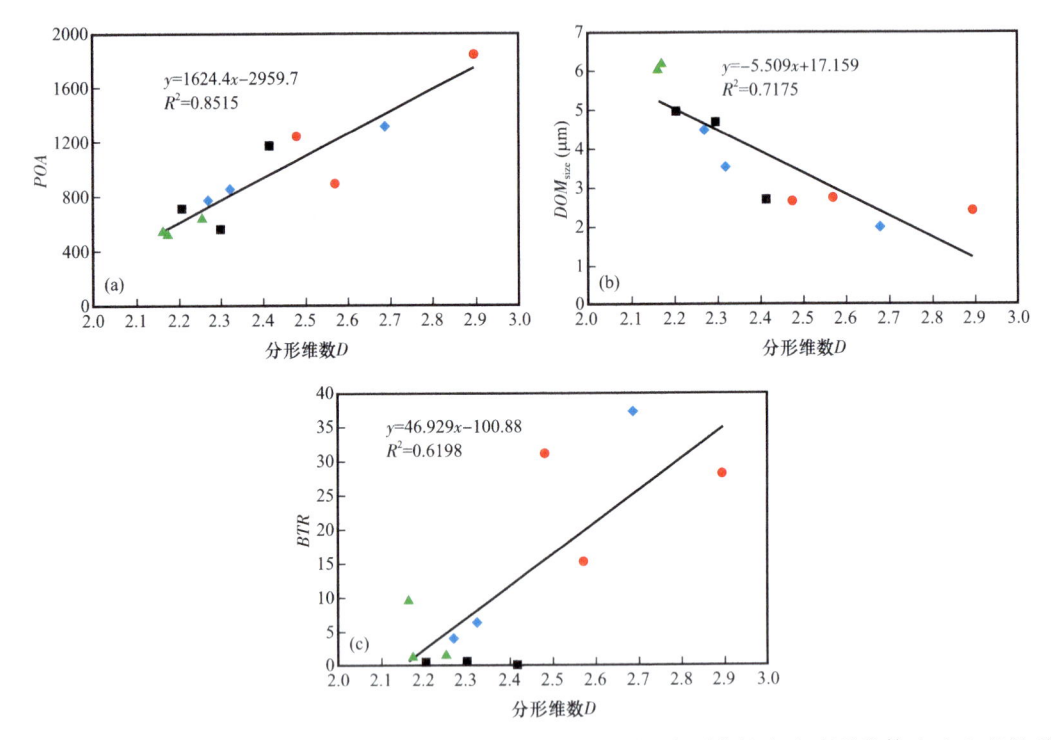

图 5-4 鄂尔多斯盆地致密砂岩样品分形维数与周长面积比（a）、主要孔径（b）以及孔体比（c）的关系
（据孙雅雄等，2022）

沉积相对致密砂岩孔隙结构具有一定控制作用。已知颗粒圆度能够反映砂岩的结构成熟度。颗粒越圆，沉积物的结构成熟度越高。而常用石英与长石加岩屑的比值作为成分成熟度（C_m）的标志。因此，下文从成分成熟度和结构成熟度两方面，量化描述沉积相与分形维数之间的关系。从整体来看，颗粒圆度与分形维数存在强正相关关系（R^2=0.86）（图 5-5a），这表明颗粒磨圆越差，结构成熟度越低，孔隙结构也会相对复杂。而 C_m 与分形维数关系不明显，这与鄂尔多斯盆地吴起油田 X 区块储层岩石整体成分成熟度较低（平均值不足 1），单个样品之间差异不大有关。

颗粒平均圆度（γ_a）与主要孔径呈强正相关关系（R^2=0.99）（图 5-5b）。而 γ_a 值与沉积环境密切相关。研究区延 9 亚段为三角洲平原亚相，长 4+5 亚段和长 6 亚段为三角洲前缘亚相，因此整体磨圆较好。其中长 4+5 亚段、长 6 亚段由于埋深较深，压实作用较强，部分颗粒变形甚至破碎影响了其整体圆度，这一现象在电镜中可以清晰地显示出来。而延 10 亚段为辫状河道沉积，且河道迁移迅速、稳定性差，因此其磨圆较差，结构成熟度较低。

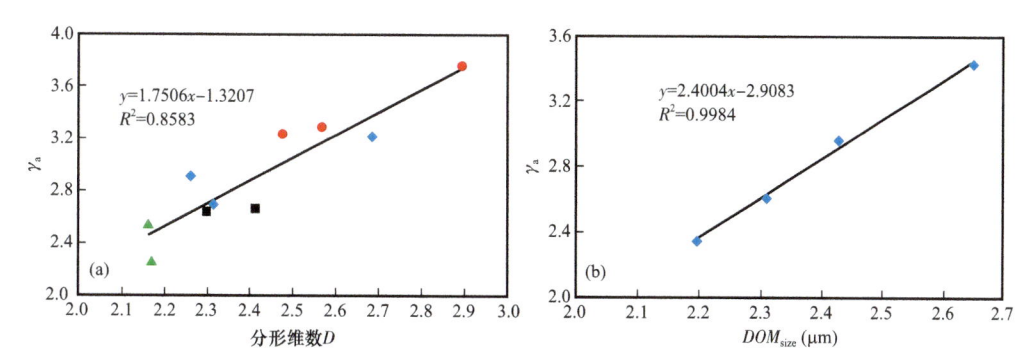

图 5-5　鄂尔多斯盆地致密砂岩样品颗粒圆度与分形维数（a）和主要孔径的关系（b）
（据孙雅雄等，2022）

三、孔隙结构参数

赖锦等（2013）以川中地区须家河组储层 41 块岩样为例，研究了储层孔隙结构非均质性。孔隙结构分形维数与排驱压力、分选因数等表征储层孔隙结构的重要参数相关性良好（图 5-6），随着分形维数增大，孔隙结构非均质性增强，其排驱压力增大，分选因数减小，因此依据该方法计算的分形维数在一定程度上可定量描述孔隙结构参数及孔隙结构复杂程度，并可以较好地实现孔隙结构分类和评价。

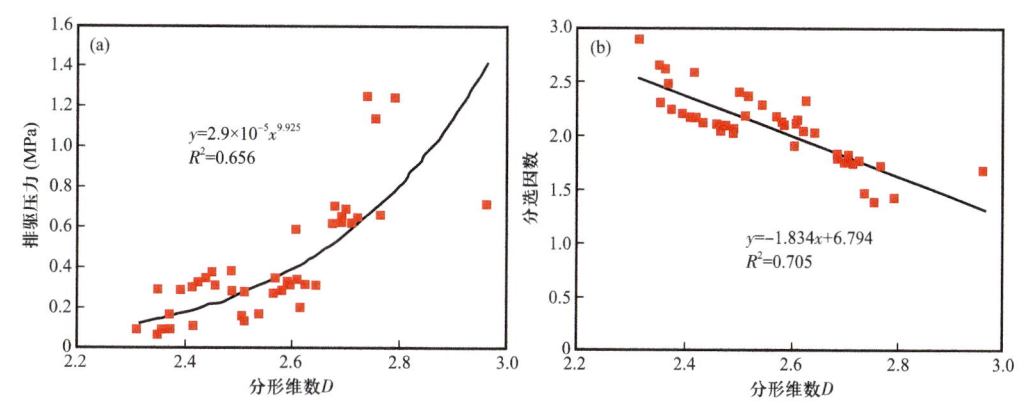

图 5-6　四川盆地须家河组基于汞饱和度计算的分形维数与排驱压力（a）、分选因数（b）关系曲线
（据赖锦等，2013）

彭军等（2018）的研究显示，塔里木盆地顺托果勒地区柯坪塔格组致密砂岩储层孔隙结构分形维数与平均喉道半径和排驱压力有着较好的幂函数关系，相关系数分别为 −0.793 和 0.800（图 5-7a、b）。分形维数与反映储层孔隙喉道分选特征的均方差（标准差）之间也存在较好的乘幂关系，相关系数为 −0.780（图 5-7c）。随着分形维数增大，平均孔喉半径和均方差（标准差）呈现减小趋势，而排驱压力则呈现增大趋势。分形

维数与反映储层综合质量的储层综合指数之间也存在较好的相关性，相关系数为 −0.730（图 5-7d）。平均孔喉半径、均方差（标准差）、排驱压力和储层综合指数等参数能从不同角度反映储层孔隙结构的优劣。分形维数与这些参数间的相关性表明，分形维数可以作为综合反映储层孔隙结构特征及其非均质性的指标，可依据分形维数的大小进行孔隙结构的分类评价。

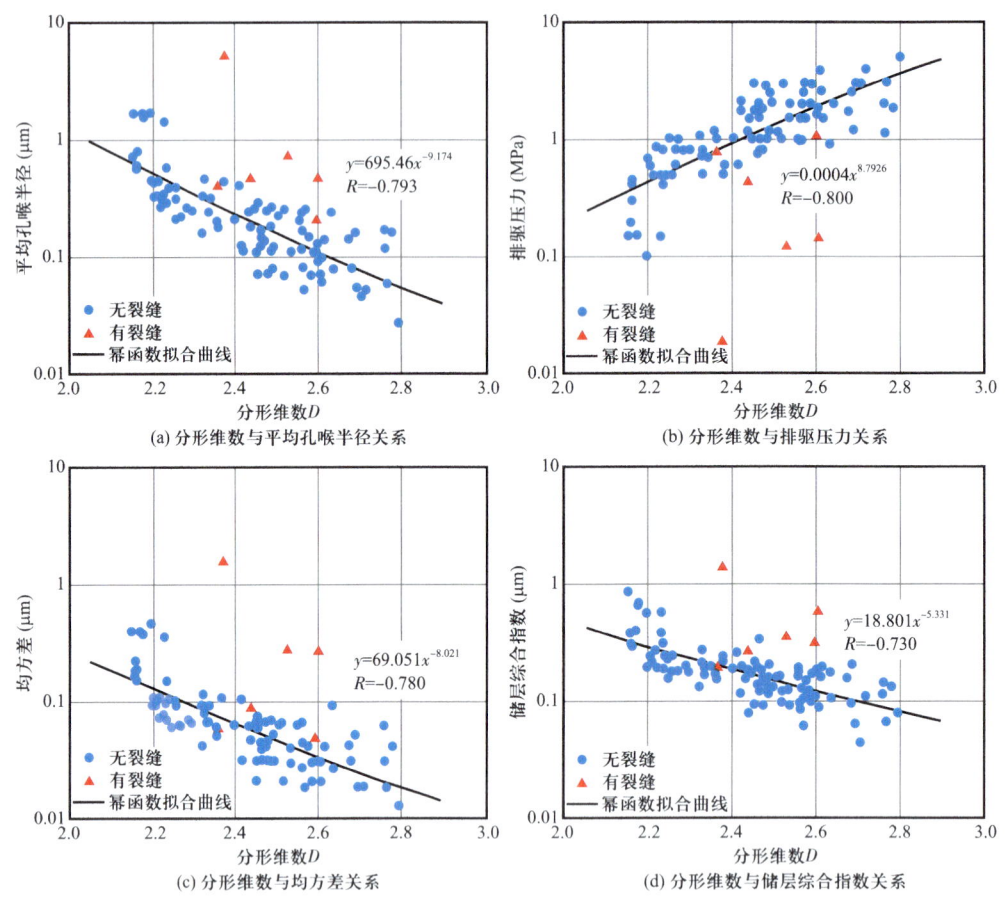

图 5-7 塔里木盆地柯坪塔组致密砂岩分形维数与储层孔隙结构参数的关系（据彭军等，2018）

吴浩等（2017b）选取鄂尔多斯盆地盒 8 段 16 块致密砂岩样品进行恒速压汞测试，结合同位样品核磁共振实验，分析了致密气储层孔喉分布特征；在此基础上，运用分形几何原理和方法，开展了致密气储层孔喉分形研究，并表征了分形与储层渗流特征和孔隙结构参数的关系。结果表明：致密气储层有效孔隙被亚微米—微米级孔喉所控制，其中孔隙主要为大孔和中孔，喉道由微喉道、微细喉道和细喉道组成；致密气储层孔隙分布不具分形特征，而孔喉整体和喉道则符合分形结构，且分别对应分形维数 D_1 和 D_2；基于储层孔喉分形结构与其渗流特征，将盒 8 段致密气储层孔喉分形结构划分为 2 种类型：Ⅰ型表现为阶段式分形特征，以进汞压力 1MPa 为界，大于 1MPa 孔喉具有分形特征，且储层阶段进汞饱和度主要由喉道贡献，反之，孔喉不符合分形特征，其进汞饱和度增量由孔隙贡献；Ⅱ型为整体式分形，进汞饱和度几乎全由喉道贡献。储层孔喉分形维数与渗透率、平均喉道半径和主流喉道半径存在较好的负相关性，与微观非均质系数呈现较明显的正相关性，而与孔隙度、平均孔隙半径和平均孔喉半径比之间没有明显的相关性（图5-8）。

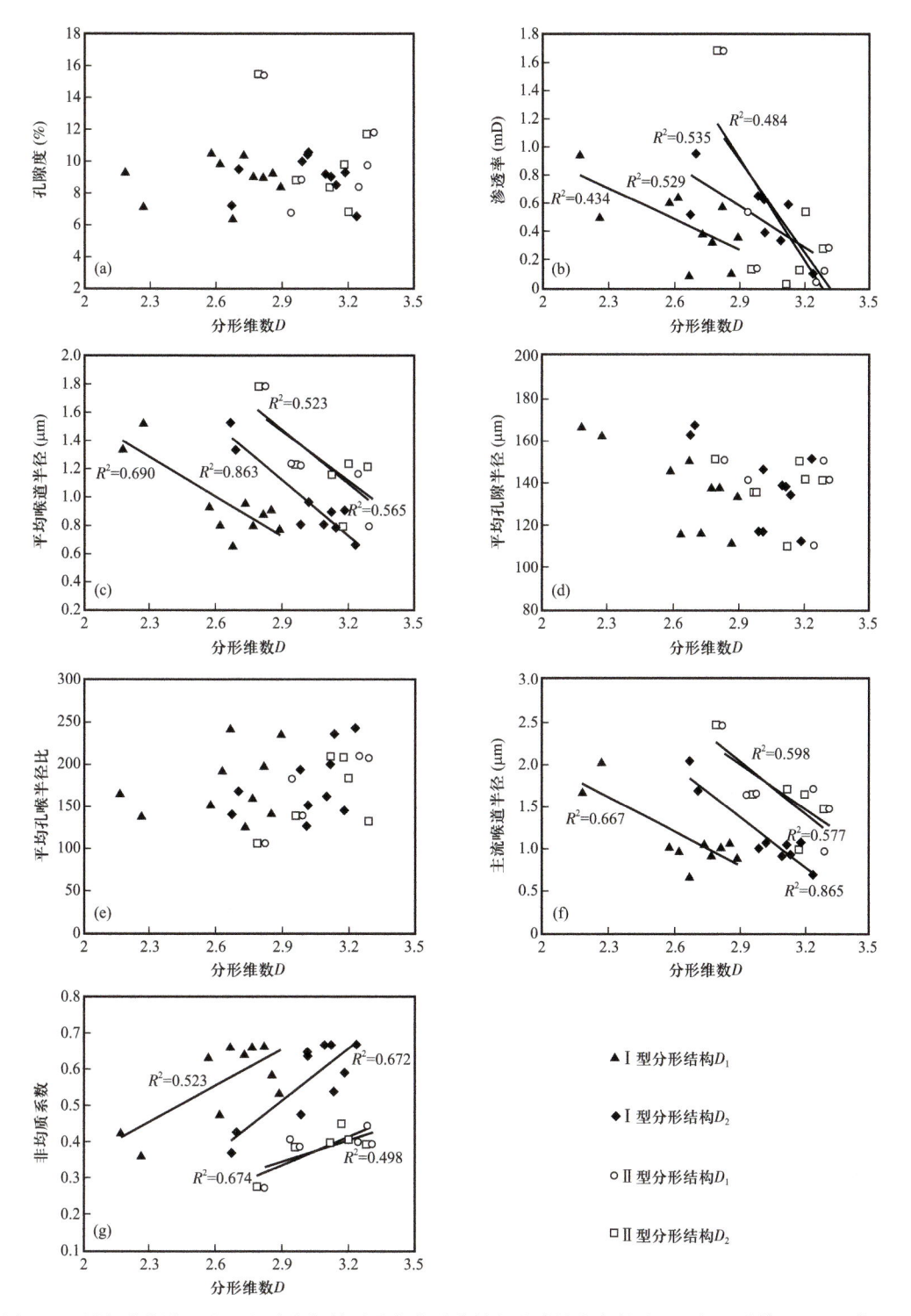

图5-8 鄂尔多斯盆地盒8段致密气储层孔喉分形维数与孔隙结构参数关系（据吴浩等，2017b修改）

第四节 分形维数的应用

一、孔隙类型划分

致密砂岩以低孔低渗、非均质性强为特征，开采难度较大，因此，致密砂岩储层孔隙的分类对认清孔隙类型和指导勘探与开发均具有实际意义。孔隙包含孤立孔隙和连通孔隙两部分，只有连通孔隙对开采才有意义。近年来，国内外学者通常按直径大小将孔隙分为微孔（0~2nm）、中孔（2~50nm）和大孔（>50nm）（Everett，1972），但是，该分类方案主要适用于页岩气储层，对于致密砂岩储层来讲，由于油分子直径远大于气体分子直径，该分类方案的孔隙直径太小，并不适用。因此，致密砂岩储层需要一套新的分类方案。

葛小波等（2017）基于分形理论，结合高压压汞毛细管压力曲线形态，对渤海湾盆地冀中坳陷致密砂岩孔隙类型进行了划分。对于致密砂岩，孔隙只有在一定的尺度范围，孔隙结构才具有分形特征，而不同尺度孔隙则具有不同的分形维数。冀中坳陷致密砂岩样品具有良好的分形特征，且具有分段的特性。通过毛细管压力和汞饱和度的双对数坐标曲线（图5-9）可以看出，曲线出现了不同程度的转折，一共分为4个区域，表明孔隙具有4种不同的尺度，分别对应裂隙、大孔、中孔和小孔。通过对11块致密砂岩样品压汞实验结果的分析（图5-10），发现曲线有3个转折点，将连通孔隙分为4个不同的尺度，分别

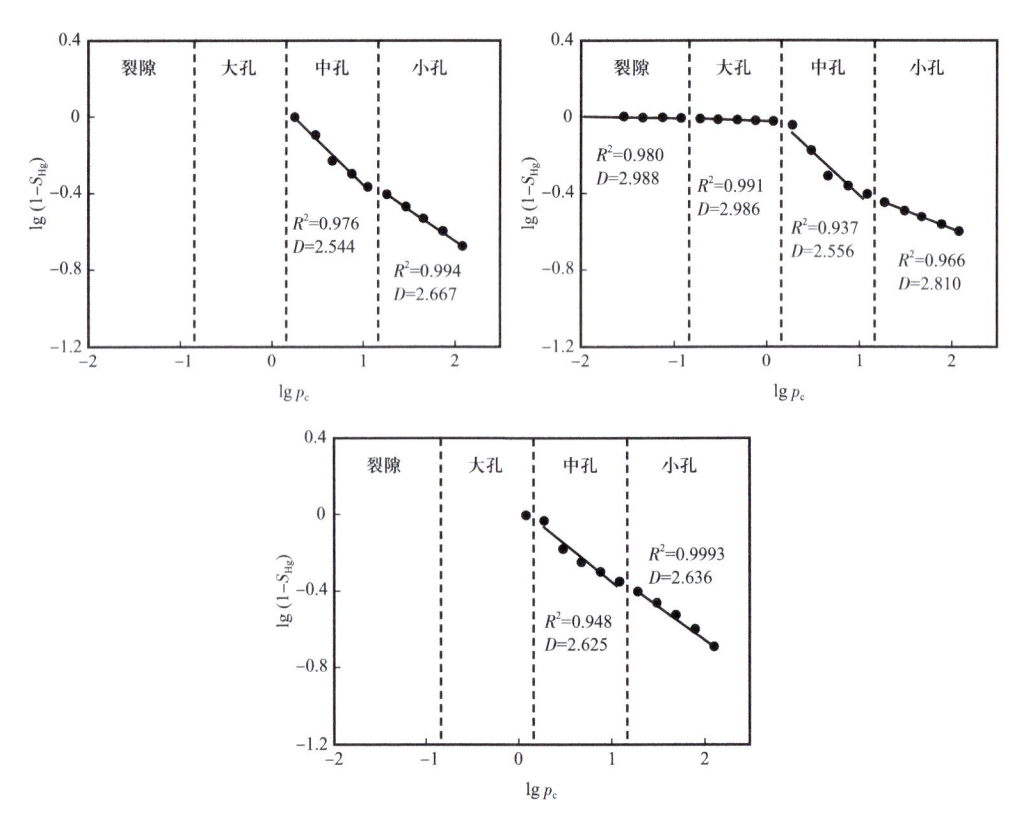

图5-9　渤海湾盆地冀中坳陷致密砂岩样品分形维数和分形特征（据葛小波等，2017）

为微孔、中孔、大孔和裂隙。在压汞曲线中，这3个转折点分别出现在孔隙直径为10μm，1μm和0.1μm附近，对应的压力分别为0.147MPa、1.47MPa和14.7MPa。因此，微孔直径<0.1μm，中孔直径为0.1~1.0μm，大孔直径为1~10μm，裂隙为毛细管直径>10μm的孔隙。

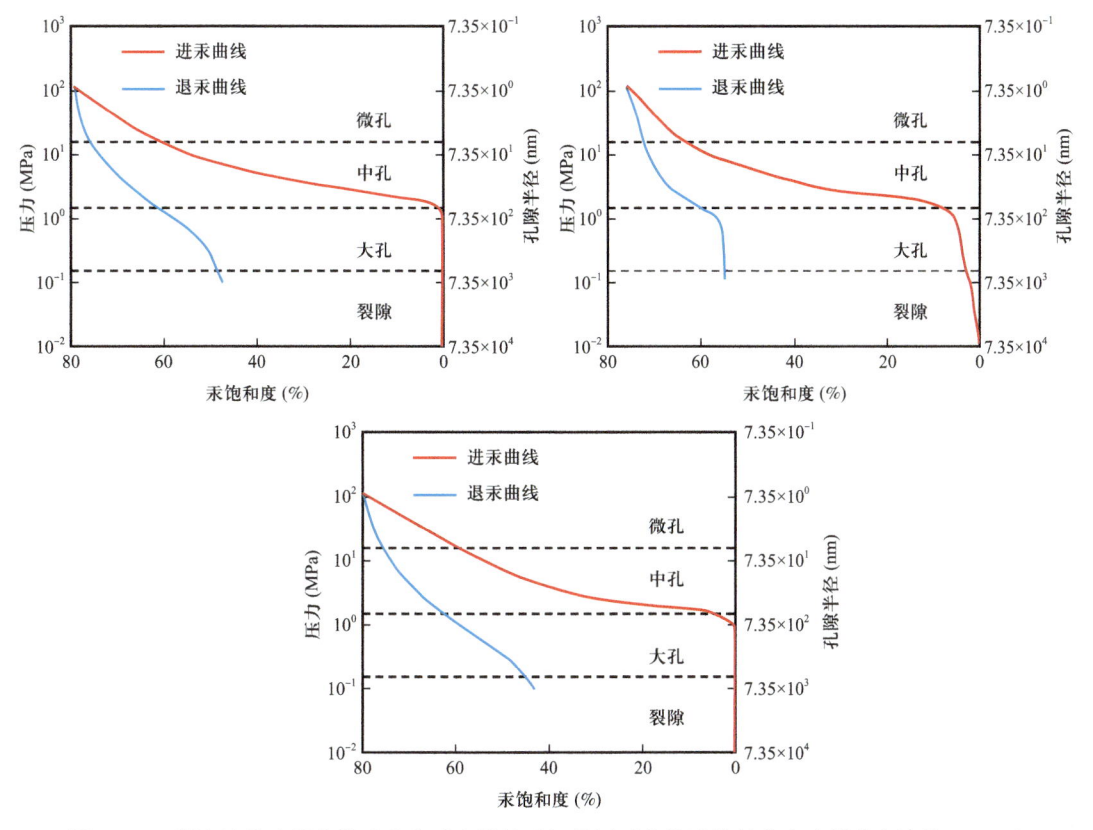

图 5-10 渤海湾盆地冀中坳陷致密砂岩样品毛细管压汞曲线及孔径分布（据葛小波等，2017）

二、渗透率计算

为厘清分形维数对储层物性特征的影响，并提高渗透率计算精度，邓浩阳等（2018）通过对川西坳陷蓬莱镇组、沙溪庙组致密砂岩气藏12块岩心进行高压压汞实验，利用毛细管束分形模型对进汞曲线进行分形处理，并结合物性资料，对分形维数与孔隙结构参数的关系进行研究；通过理论分析与多次试算，最终选取加权平均分形维数（D_{ave}）、分界压力（p_f）、中值半径（R_{50}）等对渗透率进行多元非线性回归计算。结果显示：研究区储层可划分Ⅰ类、Ⅱ类、Ⅲ类、Ⅳ类共4种孔隙结构类型；大、小孔孔隙结构相对独立，分形维数与孔隙结构参数关系复杂；多元回归计算的渗透率与实测渗透率相关系数平方达0.9（图5-11）。多元非线性回归计算模型对于渗透率的计算具有更高的精度，为致密砂岩储层渗透率的计算提供了新思路。

陈少云等（2024）以川中地区侏罗系沙溪庙组为例，利用高压压汞实验和分形理论，对孔喉结构进行静态表征，探讨孔喉结构、分形维数、储层物性之间的关系，进而分析孔喉结构对渗透率的贡献，建立渗透率预测模型。沙溪庙组样品可分为4种类型：Ⅰ类样品排驱压力低、物性好、孔隙连通性好、平均分形维数为2.11，孔隙以半径大于0.1μm的大孔和中孔为主，半径大于1μm的孔喉贡献了90%以上的渗透率；Ⅱ类样品排驱压力在0.4~1MPa之间，平均孔渗分别为9.72%、0.375mD，分形维数为2.20，半径大于0.1μm的中孔含量上升，并贡献了大部分渗透率；Ⅲ、Ⅳ类样品排驱压力与分形维数明显高于Ⅰ、Ⅱ类样品，孔隙度低且缺乏大孔导致渗透率较低。半径大于0.1μm的大孔和中孔贡

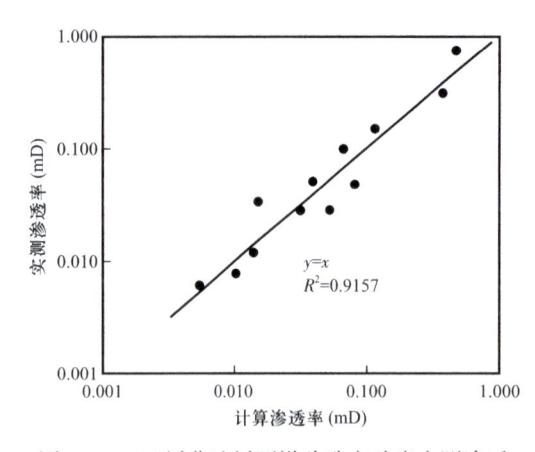

图5-11 四川盆地川西坳陷致密砂岩实测渗透率与计算渗透率交会图（据邓浩阳等，2018）

献了沙溪庙组98%以上的渗透率（图5-12）。分形维数是指示孔喉结构的良好标志，分形维数与孔喉半径、最大进汞饱和度、渗透率均呈现明显的负相关关系，而与排驱压力、孔喉相对分选系数呈正相关关系（图5-13）。分形维数与孔喉组成有着强相关性，基于分形维数、孔隙度、最大孔喉半径建立了"孔隙型"储层渗透率定量预测模型。除两个异常点之外，预测结果与实测结果整体相关性极高（$R^2>0.9$，图5-14）。

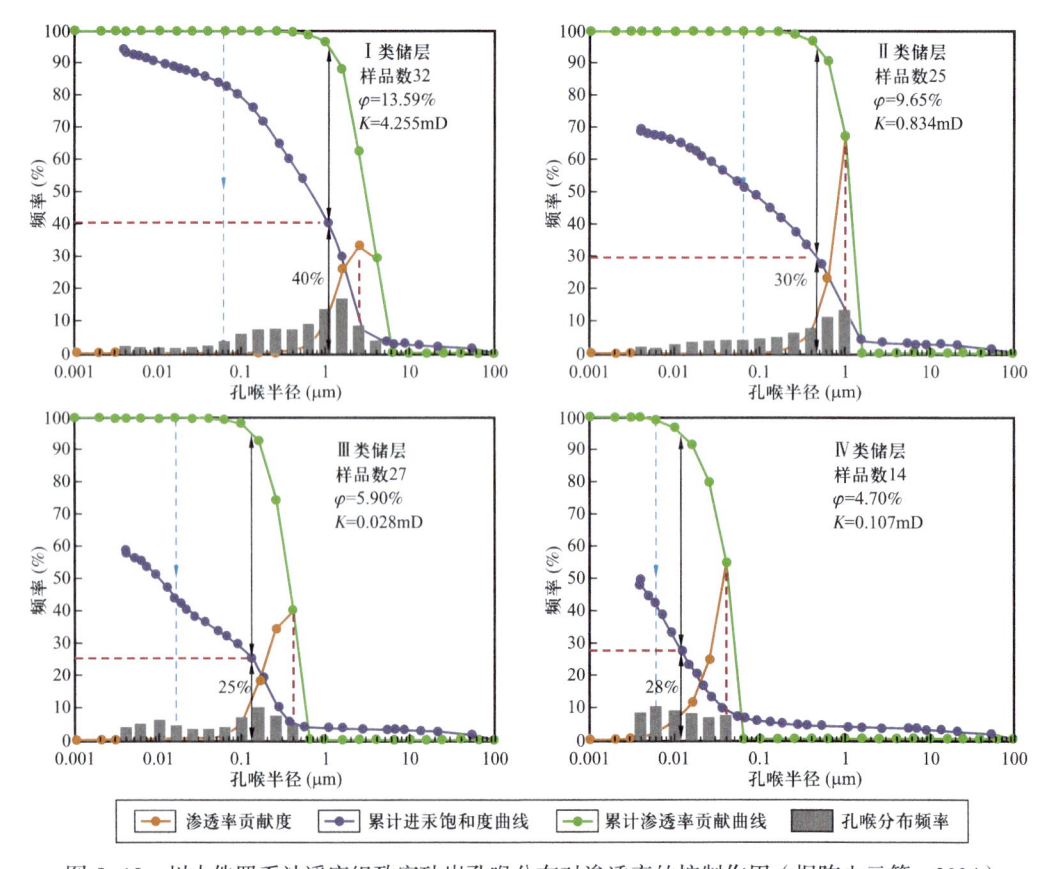

图5-12 川中侏罗系沙溪庙组致密砂岩孔喉分布对渗透率的控制作用（据陈少云等，2024）

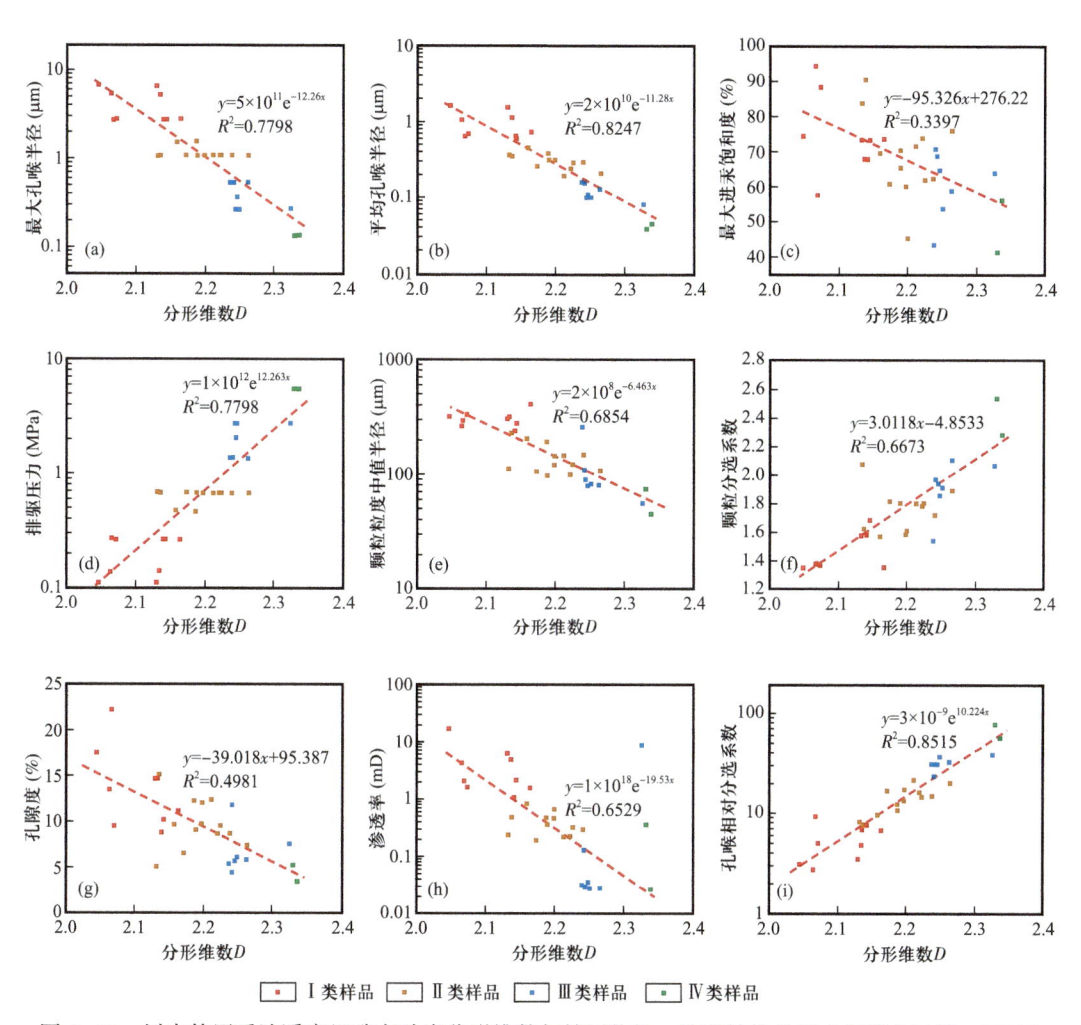

图 5-13　川中侏罗系沙溪庙组致密砂岩分形维数与储层物性、孔喉结构关系（据陈少云等，2024）

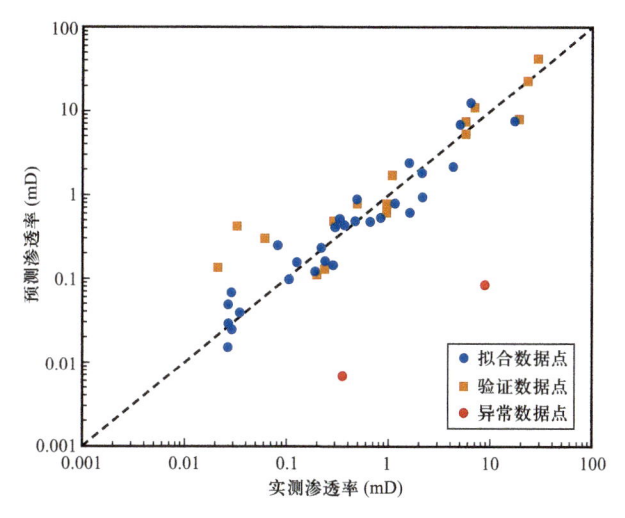

图 5-14　川中侏罗系沙溪庙组致密砂岩实测渗透率与预测渗透率交会图（据陈少云等，2024）

赵久玉等（2020）基于致密砂岩孔隙结构分形特征及迂曲毛细管束模型，构建了一种致密砂岩渗透率预测模型，提出了分形维数、迂曲度分形维数、特征长度的有效计算方法，并探讨了不同迂曲度计算方法对致密砂岩渗透率预测的影响。研究表明，构建的渗透率模型可以有效预测致密砂岩渗透率，更接近于实测值，计算得到分形维数与岩心渗透率相关性更强；不同迂曲度计算方法得到的致密砂岩迂曲度值差异较大，选取合适的迂曲度计算方法可以提高致密砂岩渗透率预测精度。研究成果可以准确、快速地预测渗透率，对致密砂岩油藏储层评价与有效开发具有重要意义。

基于分形理论，考虑了毛细管迂曲度的分形维数和流体的非线性流动特征，白瑞婷等（2016）利用毛细管渗流模型建立了启动压力梯度存在时的渗透率分形模型。结果表明，渗透率为储层孔隙度 φ、储层孔喉分形维数 D_f、毛细管迂曲度分形维数 D_T 以及最大孔喉半径 r_{max} 的函数，充分体现了储层微观孔隙结构和分形维数对渗透率的影响。通过与前人研究结果对比分析，新模型计算值相对误差较小，与实际岩心分析数据拟合趋势基本一致，表明新模型可以较好地预测致密油藏的渗透率。

三、计算相渗曲线

致密砂岩相渗曲线在模拟致密油形成，以及油气田勘探开发中具有重要作用，而由于致密砂岩渗透率极低难以实验测得。为此，王建夫等（2017）利用鄂尔多斯盆地延长组 4 块致密砂岩压汞数据，通过分形理论并经过归一化和非标准化计算得到了典型致密砂岩油驱水相渗曲线。研究表明，致密砂岩岩心 $\lg p_c$ 与 $\lg S$ 线性拟合程度高，具有很好的分形性质，分形维数分布在 2.536～2.734 区间范围内；得到的相渗曲线束缚水饱和度高达 70%，两相流动区窄，总有效渗透率低，表明两相渗流情况复杂；计算的相渗曲线与实验测得的油驱水的相渗曲线比较接近（图 5-15），所以可用于致密油运移和聚集过程的数值模拟研究。

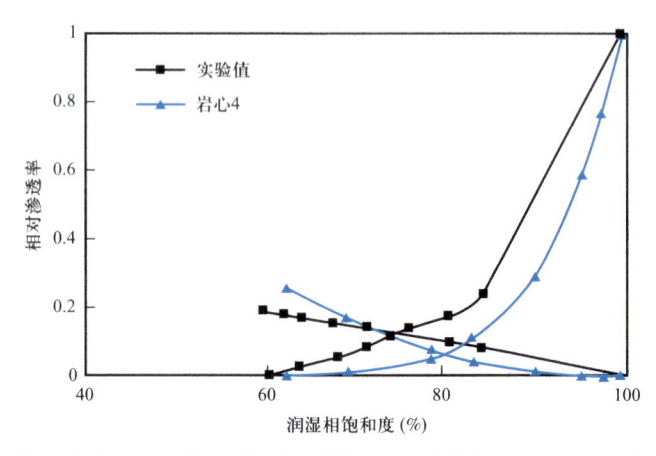

图 5-15　鄂尔多斯盆地延长组致密砂岩计算相渗与实测相渗比较（据王建夫等，2017）

四、储层分类评价和产能预测

分形维数 D 可以有效表征储层孔渗性能，综合反映储层孔隙结构特征，因此，推

测分形维数 D 值大小与油井产能具有一定的相关性。为了揭示分形维数 D 对储层开发效果的影响，侯庆杰等（2022）选取东营凹陷西部区块无压裂措施下的日产油、累计产油与分形维数 D 之间的关系（图5-16），建立了基于分形维数 D 的东营凹陷致密滩坝砂储层评价标准。根据日产油、累计产油与分形维数 D 的数据统计结果显示，以日产油量为主要分类指标，当 $2<D<2.35$ 时，可以认定为相对优质的储层，此时，对应层段的日产油量大于10t，累计产油量大于90t，孔隙度大于14%，渗透率大于0.9mD；当 $2.35<D<2.55$ 时，认定为相对一般的储层，日产油量为5~10t，累计产油量为50~90t，孔隙度为10%~14%，渗透率为0.4~0.9mD；当 $2.55<D<3$ 时，认定为相对较差的储层，日产油量小于5t，累计产油量小于50t，孔隙度小于10%，渗透率小于0.4mD。

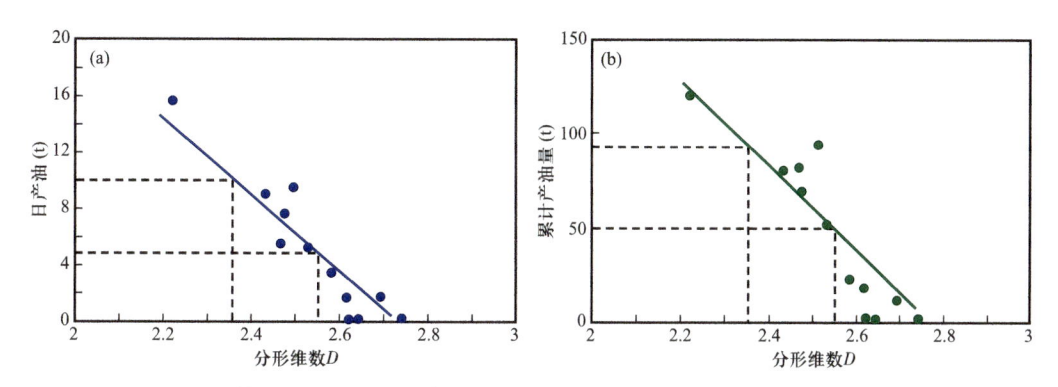

图5-16 渤海湾盆地东营凹陷致密砂岩分形维数 D 与日产油、累计产油量关系
（据侯庆杰等，2022）

中国西南地区四川盆地上三叠统须家河组碎屑岩地层为典型的非常规致密砂岩储层，迄今已探明天然气储量达万亿立方米，其中四川盆地中部广安地区须家河组六段（须六段）具有较大的勘探开发潜力。岳亮等（2022）以须六段气藏段致密砂岩为研究对象，通过镜下薄片、物性和压汞等测试，结合分形理论研究，系统分析了其孔隙结构、物性特征和储层非均质性。结果表明：须六段砂岩储层可明显划为3类。Ⅰ类储层（平均孔隙度为12.27%，平均渗透率为6.0376mD）以大孔或中孔为主，分形维数范围为2.42~2.59；Ⅱ类储层（平均孔隙度为9.26%，平均渗透率为1.1523mD）以中孔为主，小孔为次，大孔发育差，分形维数范围为2.47~2.56；Ⅲ类储层（平均孔隙度为5.20%，平均渗透率为0.3517mD）以小孔或中孔为主，大孔发育差或不发育，分形维数范围为2.45~2.81。孔隙类型的差异分布导致各类储层非均质性变化明显，主要表现为Ⅲ类储层非均质性强于Ⅰ类储层。相关性分析表明物性条件耦合于储层非均质性，且存在关键临界值，分形维数范围在2.45~2.60时，孔隙度与分形维数为正相关关系，渗透系数与分形维数的关系无明显规律；而分形维数大于2.60时，孔隙度与分形维数为负相关关系，渗透系数与分形维数为斜率接近0的线性关系（图5-17）。基于致密砂岩储层物性条件与分形特征的定量研究，探讨非常规天然气优质储层的评价标准，对指导中国非常规储层的勘探与开发研究具有重要理论与现实意义。

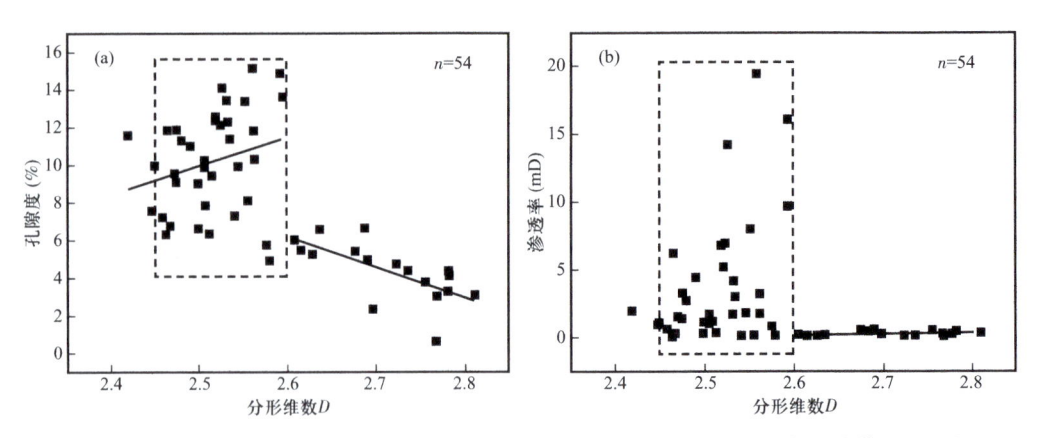

图 5-17　四川盆地中部广安地区广安 101 井储层物性条件分形特征（据岳亮等，2022）

第六章 可动流体

致密砂岩物性差、喉道细、非均质性强，其储层描述和精细评价是一个关键问题。一般情况下，孔隙度、渗透率可以较好地作为常规储层的分类标准。致密砂岩储层在沉积、成岩双重作用的改造下微观孔隙结构复杂，以纳米尺度的孔—喉连通体系为主，使得大部分流体被毛细管力束缚，难以流动，物性参数不能满足储层评价及生产需要（石晓敏等，2023；李磊等，2023；孙嘉鑫等，2024）。近年来，许多学者认为致密储层流体可动性是一个优于孔隙度、渗透率的表征参数，可以作为评价储层开发潜力、渗流能力的参数，能够有效指导储层产能预测和开发方案的制定（李闽等，2018；王继超等，2023；庞玉东等，2023；刘宗宾等，2024）。国内外现有研究成果表明，致密储层成岩作用和沉积作用诱导形成不同发育程度的次生孔隙、微裂缝以及黏土矿物沉淀和复杂微孔结构，流体的可动性受物性、微观孔隙结构参数、黏土矿物类型及其含量、润湿性等多种因素的影响（李帅等，2022；李磊等，2023）。惠威等（2018）研究发现孔隙度和渗透率主要影响可动流体饱和度。王剑超等（2023）认为可动流体孔隙度与岩心孔隙度和渗透率具有较好的相关性。微观孔隙结构参数是可动流体饱和度的关键制约因素（吴松涛等，2019）。吴蒙等（2021）发现喉道半径是控制致密砂岩储层流体可动性的主要因素。李闽等（2018）研究认为孔喉连通性是有效流动流体饱和度的关键控制因素；且黏土矿物含量和产状破坏并降低孔隙间连通性，导致束缚水含量升高；微裂缝的发育增强孔隙连通性，提高储层可动流体含量。庞玉东等（2023）研究发现孔喉连通性好坏与复杂程度是控制流体可动性的关键；孔喉结构越发育，孔喉连通越性好，非均质性越弱，越有利于致密砂岩油藏可动流体的赋存和渗流。

第一节 流体可动性计算方法

由于致密油藏储层复杂性及特殊性，致密油储层流体可动性研究可以采用核磁共振技术、MicroCT、NanoCT 等高精度测试技术（徐永强等，2019）。上述测试技术与离心实验或驱替实验相结合是致密油藏流体可动性评价的常用方法，前者反映孔隙结构，并直接评价不同孔喉半径控制的孔隙系统中的可动流体（王继超等，2023），后者有效地评价原油可动性（冯军等，2019）。

前人大量的研究中，主要采用核磁共振技术来进行流体可动性的表征。核磁共振实验获取可动流体含量的方法有两种，分别为面积法和 T_2 截止值法（董鑫旭等，2023）

（图6-1）。T_2截止值法以T_2截止值为弛豫时间界限，大于T_2截止值的大孔喉中流体可以被完全驱出，小于T_2截止值的孔喉中流体则被束缚，T_2截止值可作为孔喉结构优劣的评价指标。前人研究指出，T_2截止值法在现场应用具有简便、快速的优点，但其是一种理想化状态，没有考虑束缚水膜的存在。面积法基于束缚水模型，以离心前与离心后的T_2振幅谱所夹的区域面积和未离心振幅谱与横坐标所围面积的比值为可动流体饱和度。

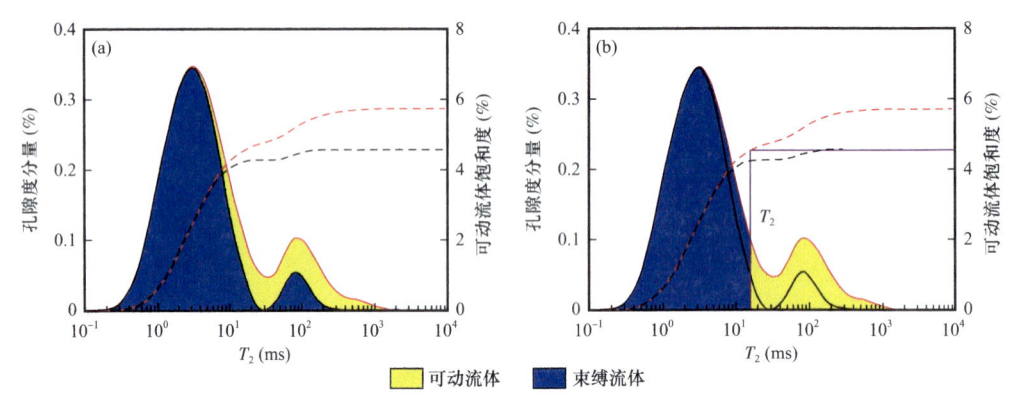

图6-1 面积法（a）和T_2截止值法（b）求取致密砂岩样品可动流体饱和度示意图（据董鑫旭等，2023）

第二节 流体可动性影响因素

一、物性

孔隙度和渗透率分别是表征储层储集和渗流能力的参数，因此其与流体可动性具有一定的正相关关系。Zhang等（2022）对鄂尔多斯盆地陇东地区长7段致密砂岩储层孔喉结构对流体可动性的影响做了细致研究。结果证实了储层物性与流体可动性参数（可动流体饱和度和可动流体孔隙度）具有一定的相关关系，这表明物性控制流体的流动能力。其中，渗透率与可动流体饱和度和可动流体孔隙度的相关系数R^2要远高于孔隙度，孔隙度与可动流体饱和度和可动流体孔隙度的相关系数R^2分别仅为0.1131和0.4564，这是因为不是所有的孔隙对可动流体都是有贡献的，存在一部分对可动流体"无效"的孔隙（图6-2）。

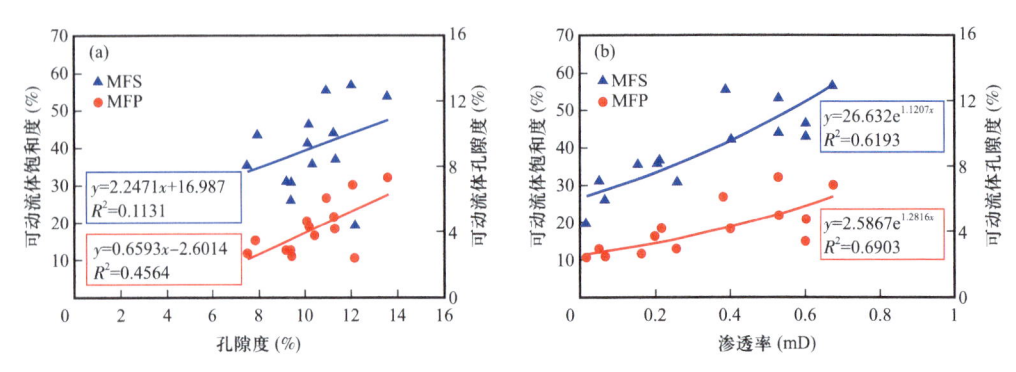

图6-2 鄂尔多斯盆地长7段致密砂岩储层宏观物性与微观流体可动性参数之间的关系
（据Zhang et al.，2022）

闫健等（2020）基于低场核磁共振原理，辅以高压压汞、X 射线衍射和扫描电镜实验，以鄂尔多斯盆地吴起油田长 7 储层为研究对象，对 30 块岩心开展可动流体测试分析，将储层划分为Ⅰ、Ⅱ和Ⅲ共 3 种类型，并建立了分类标准，定量评价了 3 类储层中不同孔隙半径孔隙内可动流体赋存量，并对可动流体赋存特征的影响因素进行了分析。研究结果表明：3 类储层对应的大孔隙发育程度、孔喉连通性和可动流体赋存量依次降低，可动流体赋存特征存在较大差异，Ⅰ、Ⅱ和Ⅲ类储层可动流体饱和度平均值分别为 50.35%，42.00% 和 21.40%；其中Ⅰ和Ⅱ类储层可动流体参数相近，且可动流体赋存量大，是未来勘探开发的主要方向。可动流体主要赋存于孔隙半径为 0.053～0.527μm 的Ⅰ和Ⅱ类储层中。渗透率和中值半径是影响储层可动流体特征的主要因素，但Ⅰ和Ⅱ类储层可动流体主要还受孔隙度、大孔隙孔隙度、分选系数、有效孔隙度和黏土矿物的影响；而Ⅲ类储层影响因素多且杂，并未发现明显的主要影响因素。由图 6-3 可知，研究区长 7 储层可动流体饱和度与孔隙度的相关性较差（图 6-3a，黑色虚线），但与渗透率的相关性较高（图 6-3b，黑色虚线），相关系数达到 0.6048，即储层渗透率增大，可动流体饱和度也相应增加。这是因为孔隙度主要表征储层储集空间，而渗透率主要表征孔喉之间的连通程度，也就说储集空间大的储层不一定可动流体饱和度就高，而可动流体饱和度受孔喉之间连通程度的影响更大。此外，由图 6-3 还可以看出不同类型储层的孔隙度和渗透率与可动流体饱和度的相关性也存在差异。Ⅰ和Ⅱ类储层中孔隙度和渗透率与可动流体饱和度均呈现出较高的正相关性，其中渗透率与可动流体饱和度的相关系数达到 0.7 以上。而Ⅲ类储层的孔隙度和渗透率与可动流体饱和度的相关性较差，甚至低于长 7 储层整体孔隙度和渗透率与可动流体饱和度的相关性。这说明当储层物性好时，可动流体饱和度的高低同时受到孔隙度和渗透率的影响，但受渗透率的影响程度更大；而当储层物性差时，可动流体饱和度受孔隙度和渗透率的影响较小。

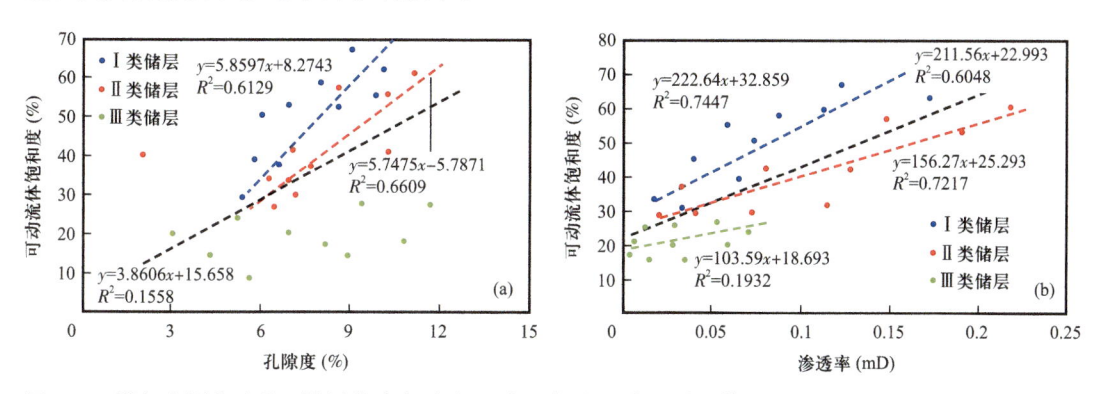

图 6-3 鄂尔多斯盆地长 7 储层孔隙度（a）和渗透率（b）与可动流体饱和度的关系（据闫健等，2020）

图 6-4 展示了小孔隙和大孔隙孔隙度对可动流体饱和度的影响。3 类储层中可动流体饱和度与大孔隙孔隙度的相关程度均高于小孔隙孔隙度，而Ⅰ和Ⅱ类储层中可动流体饱和度与大孔隙孔隙度的相关程度高于Ⅲ类储层，说明可动流体饱和度受大孔隙发育程度的影响较大，大孔隙发育程度越高，可动流体饱和度越大；而Ⅲ类储层中由于微小孔隙较为发育，纳米级孔隙占比高，小孔隙孔隙度较大，导致可动流体饱和度较低。

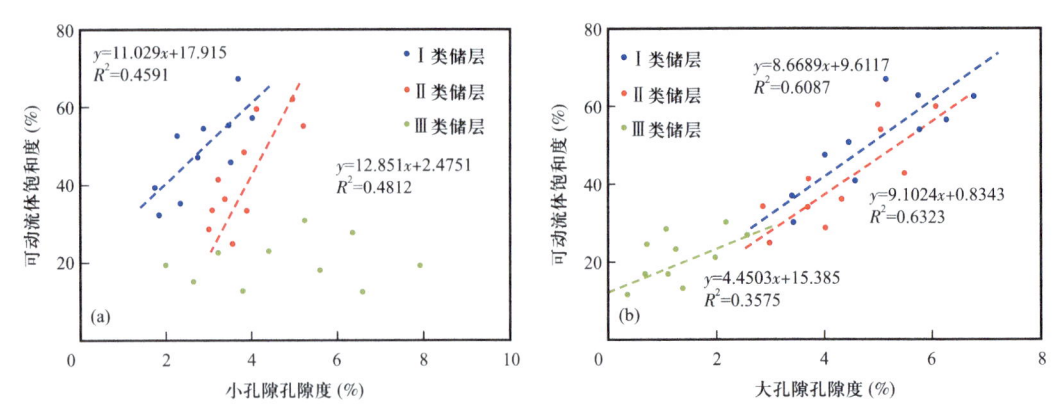

图 6-4　鄂尔多斯盆地长 7 储层小孔隙（a）及大孔隙（b）孔隙度与可动流体饱和度的关系
（据闫健等，2020）

致密砂岩气储层非均质性强，储层流体的分布及可动性差异巨大，准确、可靠评价储层内流体的渗流能力和赋存特征十分必要。为探究可动流体在不同品质储层中的赋存特征和渗流能力差异，董鑫旭等（2023）选取 8 块鄂尔多斯盆地东南缘山西组典型样品，基于由核磁共振转化的伪毛细管压力曲线所刻画的储层孔喉分布情况，根据分形理论划分出不同级别孔喉系统并探讨其对可动流体赋存特征的影响。研究结果表明：（1）研究区储层类型依据孔隙类型、压汞曲线形态及参数可分为 3 类，由Ⅰ类至Ⅲ类，较大的溶蚀孔隙减少，晶间微孔增多，有效储集空间不断减少及渗流能力不断降低。（2）Ⅰ、Ⅱ类样品基于伪毛细管压力曲线求取的孔喉分布曲线与高压压汞的孔喉分布曲线形态相似，且峰值保持一致。Ⅲ类样品包含较多压汞探测不到的纳米级孔喉，导致核磁共振求取的孔喉分布峰值向小孔喉偏移。（3）根据分形理论求取的分形转折点可将孔喉空间划分为相对的大、中、小 3 个孔喉系统，孔隙度与大孔喉系统的绝对空间含量相关性最好，渗透率、可动流体饱和度则与大孔喉系统在储集空间中所占的比例密切相关（图 6-5）。结论认为，大孔喉系统的发育程度决定了储层可动流体的渗流能力（图 6-6），该认识可为致密气储层评价参数的优选提供依据，还可为非常规油气储层深入研究提供参考和借鉴。

二、矿物

致密砂岩储层储集空间的非均质性是由于岩石矿物成分的差异造成的，这反过来又导致了可动流体流动性的差异。相关分析表明，流体可动性参数与石英含量呈正相关，而与长石含量呈弱正相关，与碳酸盐矿物和黏土矿物含量呈负相关关系（图 6-7）。这主要是因为在构成岩石的矿物中，性质稳定的石英具有很强的抗压实能力，可以保留一部分原生孔隙免受压实减孔的影响，为早期有机酸溶蚀矿物提供通道。此外，石英作为一种刚性矿物，在后期受到强烈的压实和构造应力，容易形成微裂缝，这可以进一步扩大溶蚀作用的空间。作为可溶性组分，长石可以为矿物溶蚀孔发育提供条件。同时，长石溶解过程伴随着黏土矿物的生成，对可动流体赋存空间的影响取决于溶蚀产物是原地沉淀还是随流体排出。长石含量与流体可动性参数之间的弱正相关表明（图 6-7b），长石溶解对可动流体赋存空间的贡献高于溶解产物。黏土矿物作为流体流动的抑制剂，增加了岩石的比表面积，导致岩石颗粒表面对流体的束缚作用。另一方面，黏土矿物是导致储层敏感性的主要因素，会造成储层损害，抑制流体流动。先前的研究表明，可动流体的流动性受到多种因素的影响，如黏土矿物的类型、产状和含量。

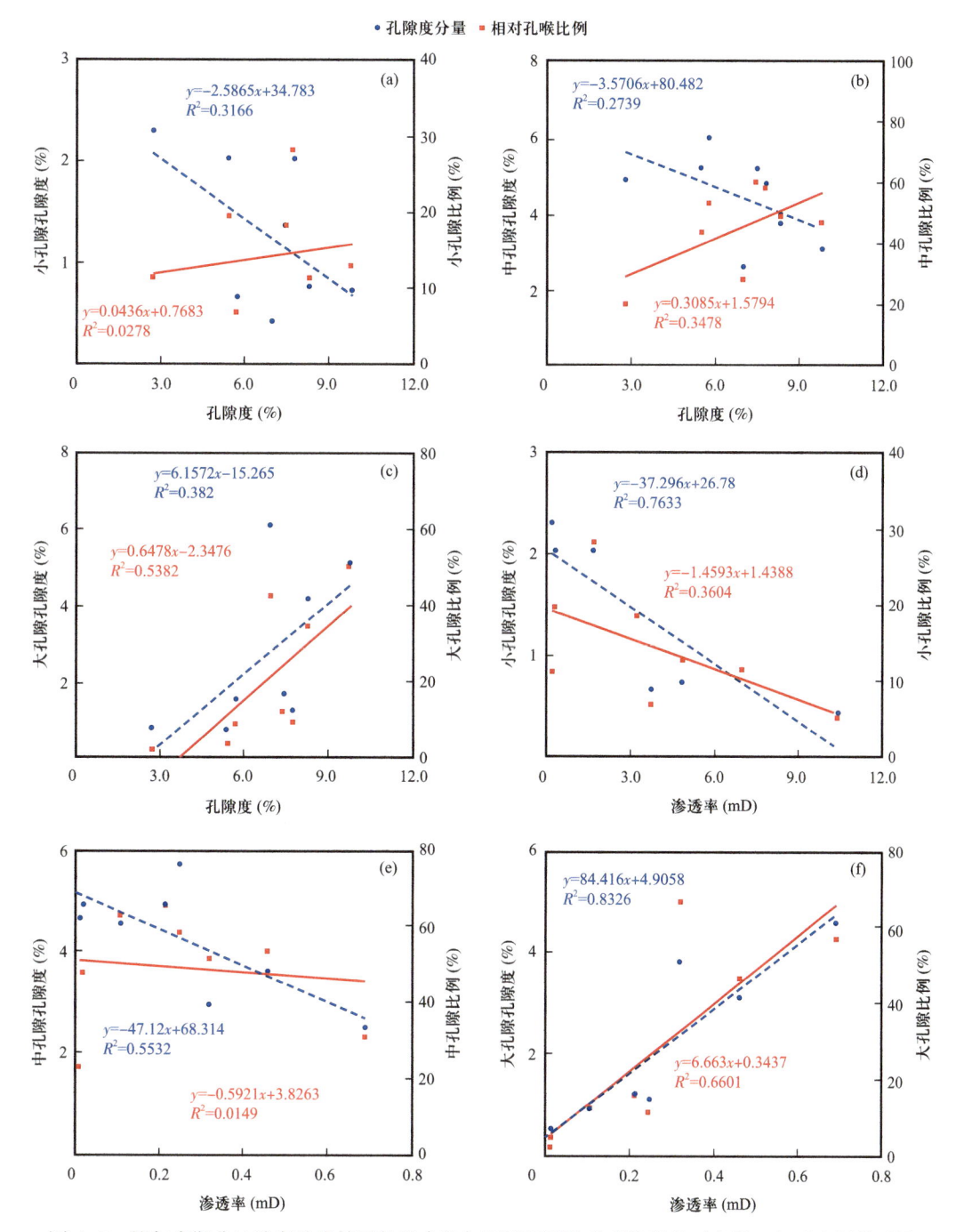

图 6-5　鄂尔多斯盆地致密砂岩储层物性参数与不同级别孔喉系统的绝对含量、相对比例关系图
（据董鑫旭等，2023）

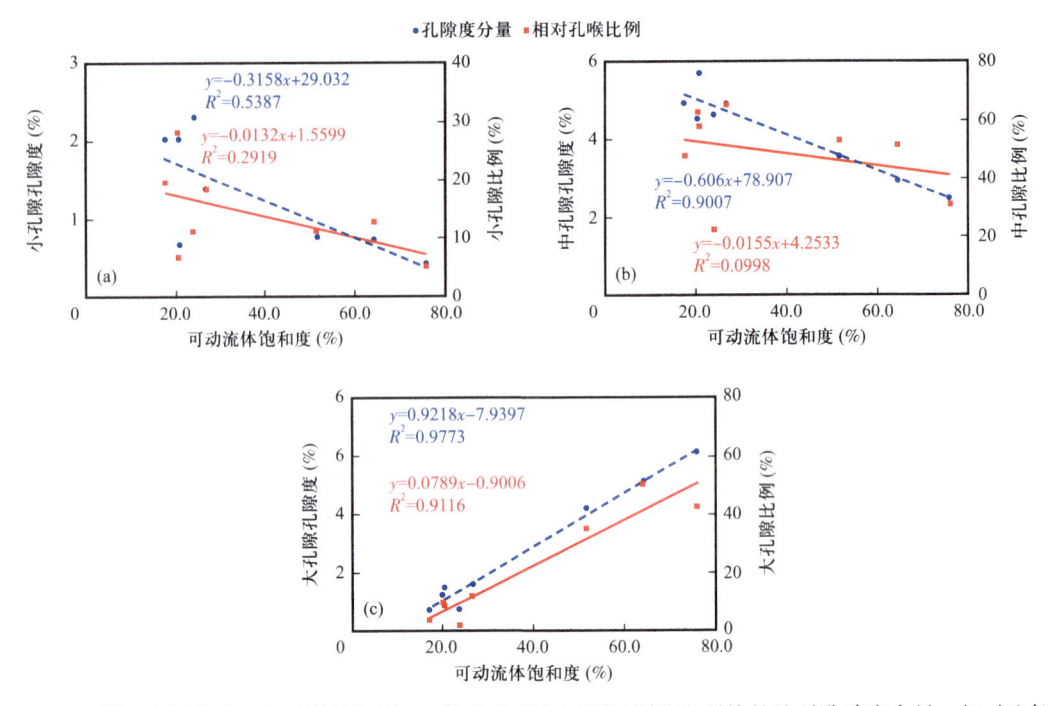

图 6-6　鄂尔多斯盆地致密砂岩储层可动流体饱和度与不同级别孔喉系统的绝对孔隙度含量、相对比例的关系图（据董鑫旭等，2023）

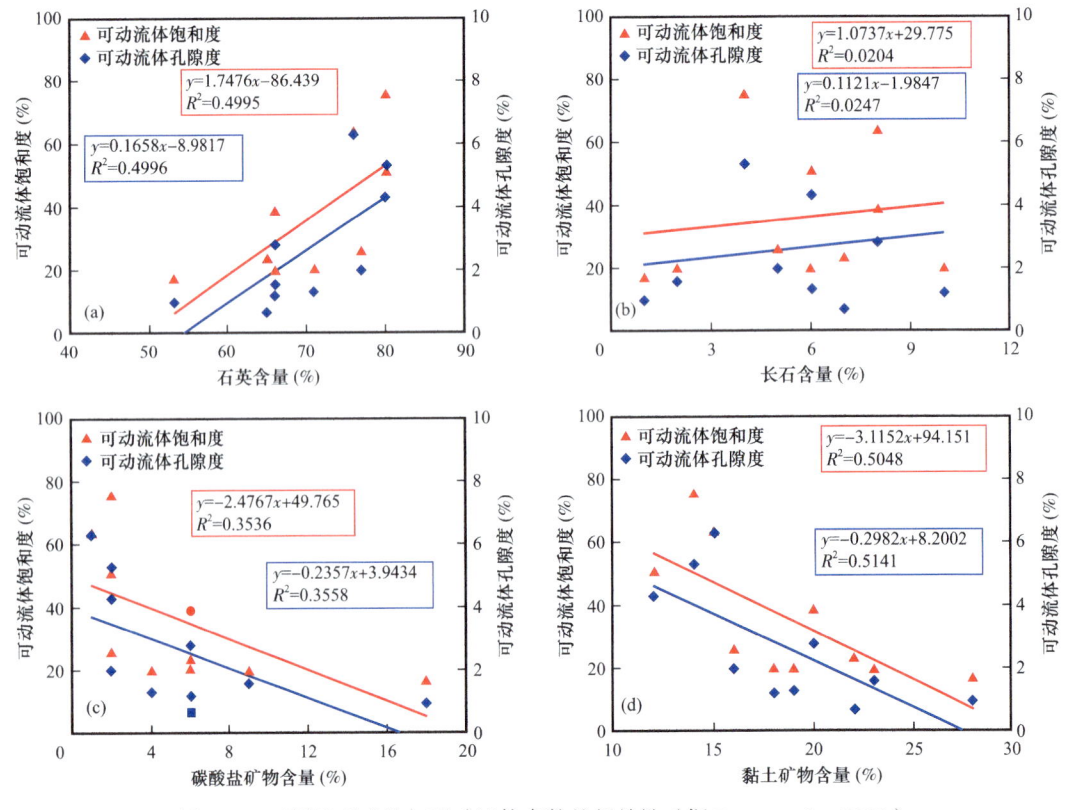

图 6-7　不同类型矿物与可动流体参数的相关性（据 Dong et al., 2023）

康小斌等（2024）的研究表明，鄂尔多斯盆地定边地区延长组长 7 段致密砂岩样品储层可动流体参数与黏土矿物体积分数之间呈较好的负相关性（图 6-8a），这表明不同黏土矿物之间相互转化、作用共同制约了储层流体的可动性，黏土矿物充填程度越高，储层流体可动性越差。此外，可动流体参数仅与黏土矿物中的伊利石相对质量分数具有较好的负相关性（图 6-8b），这表明不同黏土矿物类型对储层流体的影响差异较大，绿泥石和高岭石充填于孔喉空间易形成较多的微孔，储层流体受毛细管力的束缚而难以流动，但其相对含量较少，对储层流体可动性的影响较弱。而研究区伊利石较为发育，呈丝缕状充填于碎屑颗粒之间，堵塞和切割孔喉空间，增加孔喉表面粗糙程度和复杂性，且伊利石具有较强的吸水性，易形成较多的束缚流体，降低储层流体的可动性。

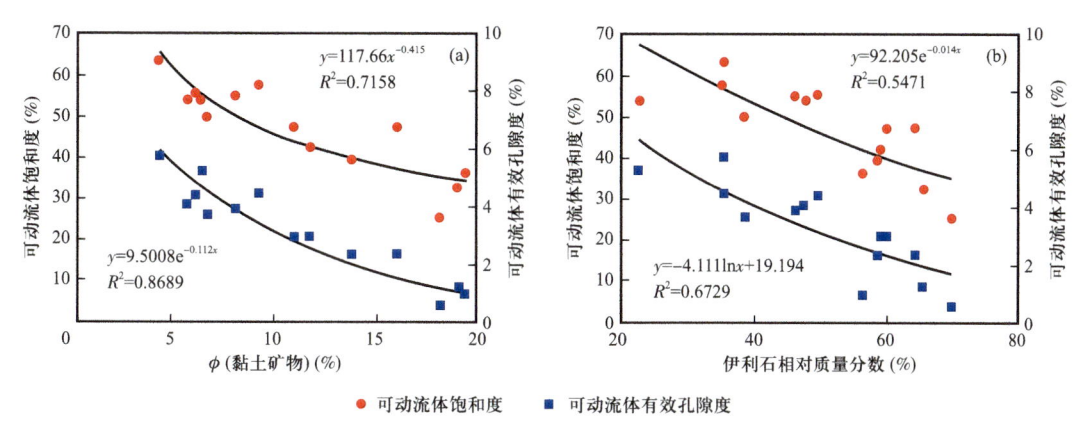

图 6-8　鄂尔多斯盆地长 7 段岩心样品黏土矿物体积分数与可动流体参数的关系（据康小斌等，2024）

三、孔隙结构

孔隙结构的多样性是影响可动流体饱和度的主要因素。黎盼等（2018）针对鄂尔多斯盆地马岭地区长 8 段低渗透砂岩储层的微观非均质性强、微观孔隙结构复杂、可动流体的饱和度低以及流体分布特征差异性明显等问题，利用核磁共振技术对该研究区储层的可动流体进行定量评价，辅以常规物性、图像孔隙、铸体薄片、扫描电镜、高压压汞和恒速压汞等微观实验分析可动流体的变化特征及差异性成因。研究结果表明：研究区砂岩类型主要为岩屑长石质砂岩；孔隙类型主要为微孔以及溶孔—粒间孔；储层物性越好，可动流体参数变化幅度越大；微观孔隙结构特征是影响可动流体差异的关键因素，孔隙半径、喉道半径、孔喉半径比和分选系数是影响可动流体饱和度的主要因素（图 6-9）。

惠威等（2018）综合利用铸体薄片、扫描电镜、恒速压汞、核磁共振及真实砂岩微观水驱油模型对苏里格气田东部盒 8 段储层微观孔隙结构与可动流体饱和度的影响因素进行研究。分析结果表明，研究区致密砂岩孔隙半径平均值为 144.5μm，喉道半径平均值为 1.09μm。由相关性分析可见，可动流体饱和度与孔隙半径平均值的相关系数仅为 0.5518（图 6-10a），孔隙半径平均值对可动流体饱和度影响较小，研究区喉道类型主要以"缩颈状"为主，偶见胶结物阻塞喉道，导致孔隙之间不连通，是造成孔隙半径平均值与可动流体饱和度相关性较差的主要因素。可动流体饱和度与喉道半径平均值具有较好的相关

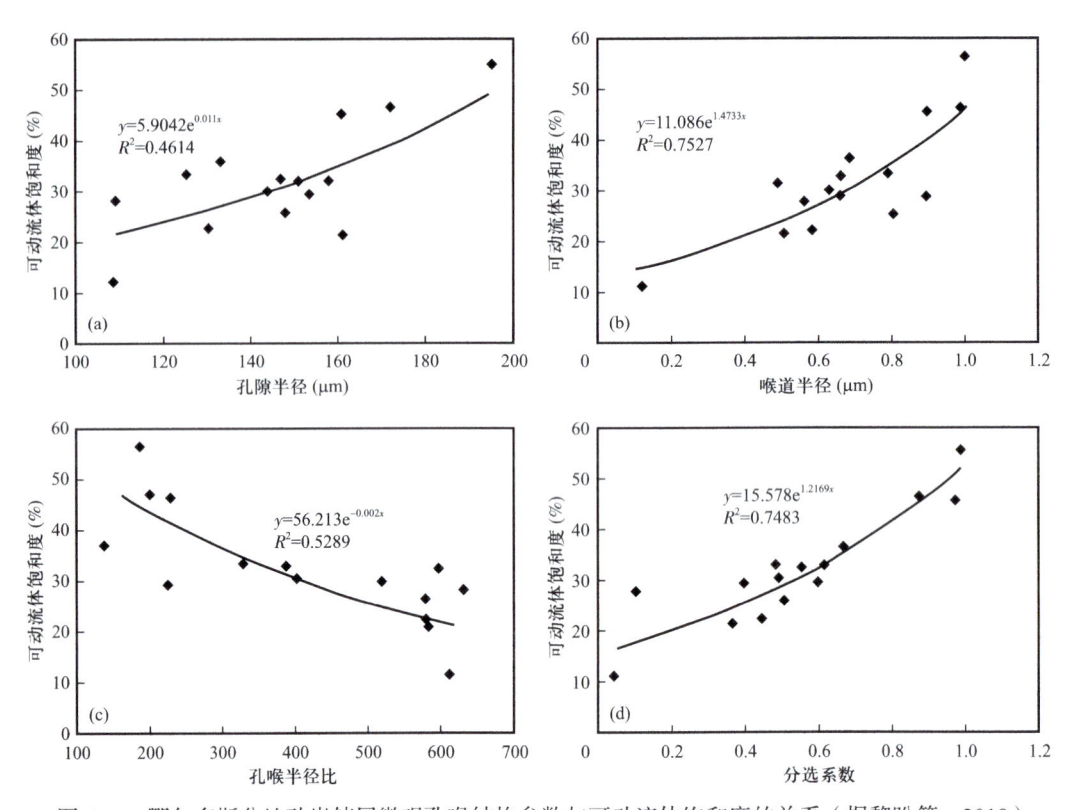

图 6-9 鄂尔多斯盆地砂岩储层微观孔喉结构参数与可动流体饱和度的关系（据黎盼等，2018）

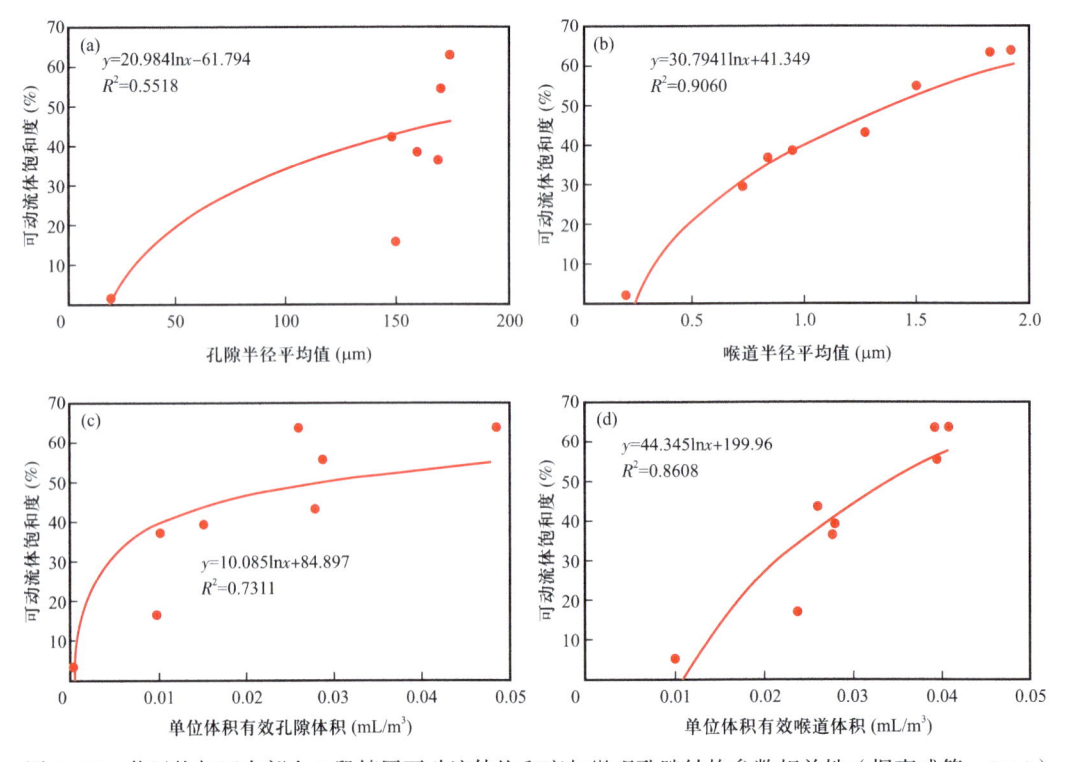

图 6-10 苏里格气田东部盒 8 段储层可动流体饱和度与微观孔隙结构参数相关性（据惠威等，2018）

性（图6-10b），由于喉道半径平均值对孔隙连通性控制作用较强，而大孔隙可增加可动流体饱和度，因而喉道半径平均值是反映有效孔隙体积及可动流体饱和度的关键参数。有效孔隙体积和有效喉道体积是控制岩石空间内可动流体饱和度及渗流能力的重要参数，单位体积有效孔隙体积和有效喉道体积越大，渗流阻力越小，流体发生活塞式驱替。可动流体饱和度与单位体积有效喉道体积的相关性比其与单位体积有效孔隙体积的相关性好（图6-10c、d）。说明在低渗透储层中孔隙体积对可动流体较喉道体积影响大。当储层物性较差时，可动流体主要处于孔隙中，喉道中多为束缚流体；当储层物性较好时，孔隙和喉道均存在可动流体。孔隙类型以残余粒间孔—晶间孔型为主的样品，喉道半径大，有效孔隙体积和有效喉道体积大，有效孔隙空间内可动流体含量高；孔隙类型以晶间孔—岩屑溶孔型为主的样品，孔隙类型单一，有效孔隙体积和有效喉道体积小，大部分可动流体受微小喉道影响，有效孔隙体积较少。

Meng等（2021）从多技术角度表征了鄂尔多斯盆地延长组致密砂岩孔隙网络对可动流体性质的影响。通过联合高压压汞和恒速压汞这2种能反映孔喉连通性的实验手段，探讨了多种孔隙结构参数与流体可动性参数之间的关系。研究结果表明，孔隙结构的类型直接决定了可动流体的渗流规律。根据高压压汞实验得到的孔隙结构参数与核磁共振得到的可动流体参数之间的相关性，可以分析孔隙结构特征对可动流体性质的影响。图6-11显示了可动流体饱和度、可动流体孔隙度和其他孔隙结构相关参数之间的相关性。作为典型的孔隙结构参数，分析了最大孔喉半径、中值半径、最大进汞饱和度和分选系数与流体可动性参数之间的关系。结果表明，以上高压压汞孔隙结构参数与流体可动性参数之间的相关性不是很明显。这种现象表明孔隙和喉道作为一个组合不能反映孔隙结构对流体可动性的影响，因此需要分别研究孔隙和喉道对流体可动性的影响。图6-11显示了通过恒速压汞实验得出的孔隙结构参数与核磁共振流体可动性参数具有良好的相关关系。作为三个典型的喉道结构参数，喉道半径、最大连通喉道半径和主流喉道半径与可动流体饱和度和可动流体孔隙度呈显著正相关，表明喉道是控制流体可动性的关键因素（图6-11b-d）。孔隙半径与可动流体饱和度和可动流体孔隙度呈负相关关系（图6-11e），表明大孔可能对流体可动性具有抑制作用。随着孔喉半径比的增加流体可动性也增强了，这表明孔隙网络的弱非均质性提高了可动流体饱和度和可动流体孔隙度（图6-11f）。

四、非均质性

孔喉的类型、形状、大小和分布以及各种组合及其发育程度都会影响储层孔喉结构的复杂性，并对储层的孔喉连通性和流体流动性产生重要影响（Qu et al.，2020；吕天雪等，2022；董鑫旭等，2023）。Zhang等（2022）的研究显示基于核磁共振实验计算的致密砂岩分形维数D与可动流体参数之间存在良好的负相关关系（图6-12a），表明D越大，孔喉结构越复杂，储层流体流动性越低。此外，可动流体参数与孔喉分选系数（S_p）呈正相关（图6-12b），与均质系数（H_c）呈负相关（图6-12c）。然而，这与我们的传统理解不一致，即分选系数越小，均质性系数越接近1，储层孔喉分选性越好，孔喉尺寸分布就越均匀。这主要是因为致密砂岩储层的孔喉相对较小。当储层中存在更多相互连接和更大

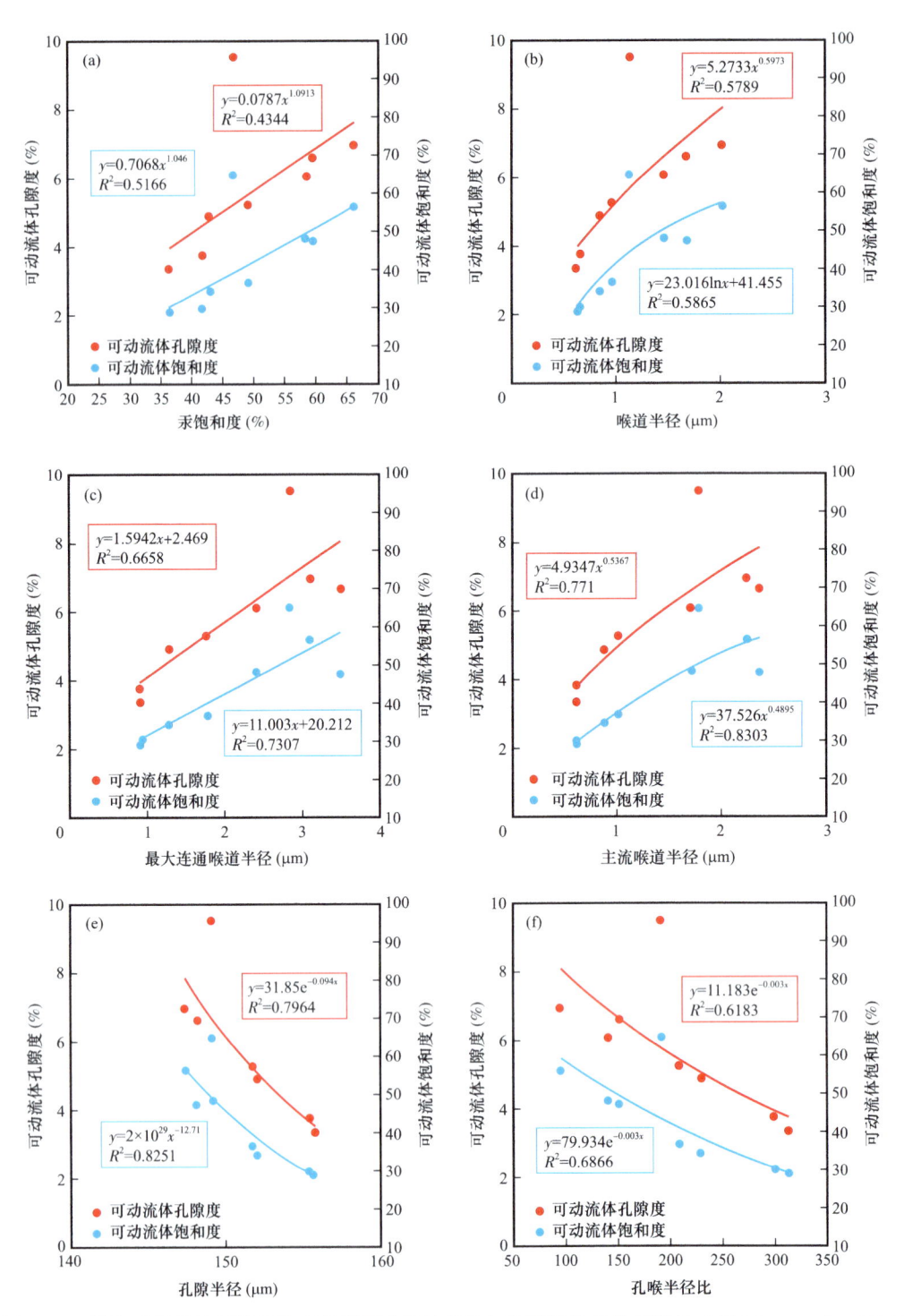

图 6-11 鄂尔多斯盆地延长组致密砂岩可动流体参数与孔隙结构参数相关性（据 Meng et al.，2021）

的孔喉时，通常会导致孔喉分选较差、孔径分布（PSD）不均匀和平均孔喉半径（R_a）增加，这更有利于提高储层性能和渗透能力，提高储层流体的流动能力。换句话说，当孔喉分选良好时，R_a 通常较小，孔喉结构具有很强的非均质性。例如，Ⅲ型孔喉结构的 S_p 较低（平均值为 1.69），H_c 较高（平均值为 0.23），但 R_a 最小（平均值 0.14μm），储层岩石物性最差，D 相对较高，不利于可动流体的发生和渗流。其他学者也有研究表明孔喉的分选系数不应太高，否则，将存在强烈的孔喉非均质性。因此，S_p 越温和，H_c 越小，越有利于储层流体渗流的空间，可动流体饱和度和可动流体孔隙度越高。

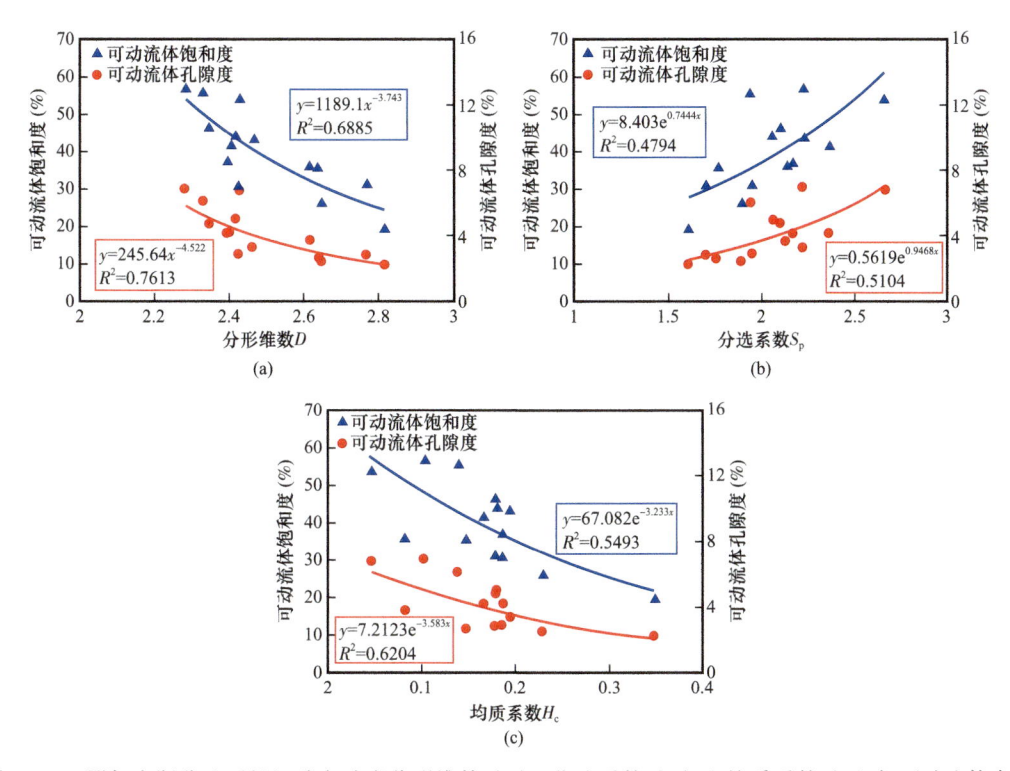

图 6-12　鄂尔多斯盆地延长组致密砂岩分形维数（a）、分选系数（b）和均质系数（c）与可动流体参数的相关性（据 Zhang et al., 2022）

郝栋等（2021）对鄂尔多斯盆地白豹油田致密砂岩储层孔喉结构及 NMR 分形特征进行了研究，并探讨了 NMR 分形维数与可动流体参数的关系。结果显示：可动流体孔喉分形维数与其可动流体饱和度、可动流体孔隙度具有良好的负相关关系（图 6-13）。这是因为可动流体主要分布在大孔喉中，即大孔喉的结构复杂性决定样品流体可动程度，二者的相关系数高达 0.9129，可动流体饱和度越大，说明样品孔喉连通性越好，对应的渗透率也越大。大孔喉对样品可动流体孔隙度具有一定的贡献。研究区大孔喉主要源于粒间孔和部分溶蚀孔的贡献，大孔喉的发育在一定程度上减弱了样品的孔喉分布复杂程度，因此，造成分形维数较小。综上所述，大孔喉的复杂程度是评价样品可动流体饱和度、孔隙度及渗流能力的关键要素。

康小斌等（2024）的研究则表明，鄂尔多斯盆地定边地区延长组长 7 段致密砂岩样品代表孔隙结构非均质性的参数（分选系数和均质系数）与可动流体参数之间几乎无相关性（图 6-14），分析认为这与储层孔喉半径整体偏小有关，当较大孔喉半径发育时，易改善储层流体的渗流能力，但同时也引起了孔喉分选程度变差和均质系数的降低，因而两者对储层流体的可动性影响较小。

致密砂岩储层微观孔隙结构表征

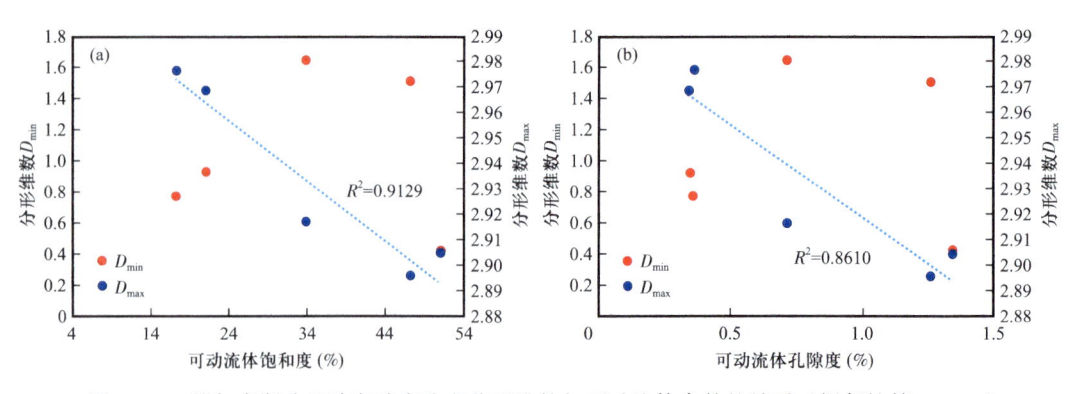

图 6-13　鄂尔多斯盆地致密砂岩孔喉分形维数与可动流体参数的关系（据郝栋等，2021）

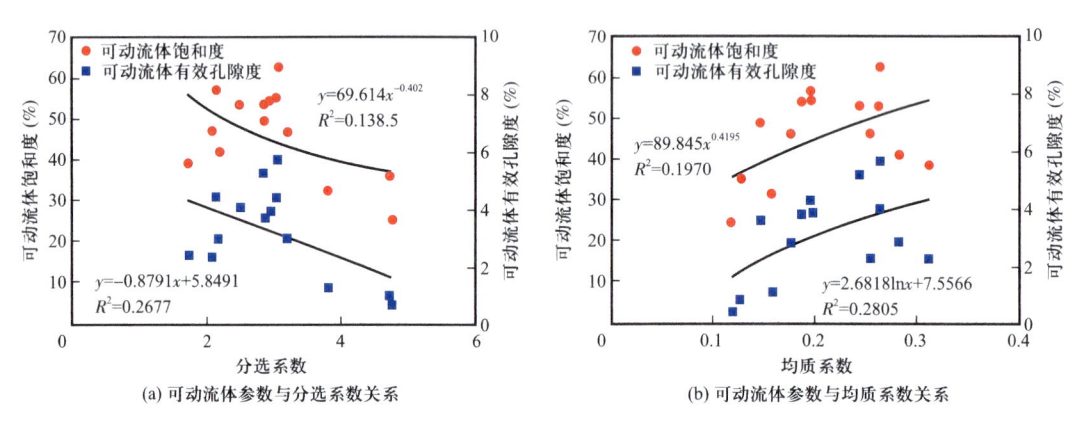

(a) 可动流体参数与分选系数关系　　(b) 可动流体参数与均质系数关系

图 6-14　鄂尔多斯盆地致密砂岩岩心样品孔喉结构参数与可动流体参数的关系（据康小斌等，2024）

第七章
渗透率计算模型

对于致密砂岩储层而言，渗透率是评价储层物性、渗流特征的重要参数，也是储层产能挖潜和提高采收率的关键（范宜仁等，2018；李志愿等，2018；Qiao et al.，2022）。渗透率作为一种关键物性参数在储层质量评估、油藏数值模拟、地质储量估算、工程参数计算和钻井风险评价等方面都具有重要作用。由于致密砂岩储层具有极强的非均质性，因此它在致密砂岩中变得更加重要。渗透率与孔隙结构特征具有很强的相关性，通常被认为是对孔隙结构的宏观描述。由于从井筒测量现场地下储层的绝对渗透率不切实际，因此利用渗透率与其他岩石物理性质或孔隙结构参数的相关性预测渗透率已成为储层评价的前沿领域，特别是在孔隙结构极其复杂的致密砂岩储层中。

表征孔隙结构的参数如孔隙度、孔喉半径、孔径分布、孔隙体积、比表面积等与渗透率的关系对油气藏储层评价、产能计算有着重要的影响。致密砂岩储层历经多期复杂的构造和成岩演化作用，导致储层压实作用很强，孔喉变形严重，连通性变差，采用常规方法计算得到的渗透率与实际渗透率之间存在很大差异。国内外很多学者采用多种微观孔隙结构表征实验，包括高压压汞、恒速压汞、低温氮吸附和核磁共振等，通过详细剖析孔隙结构参数与渗透率之间的关系，针对如何精准计算油气储层渗透率做了大量工作，提出很多渗透率计算模型，包括 Kozeny-Carman 模型、Timur 模型、SDR 模型（Schlumberger Doll Research）、Pittman 模型、Coates 模型和 Swanson 模型等（Swanson，1981；Pittman，1992；Coates et al.，1999；Rezaee et al.，2012；白瑞婷等，2016）。

第一节 基于微观孔隙结构参数的渗透率计算模型

一、高压压汞实验

高压压汞实验能有效表征纳米级至微米级孔喉系统的连通性，因此采用该实验得到的实验参数，国内外大量学者构建了相关渗透率计算模型。这些算法包括多重线性回归算法、广义线性建模算法、广义相加建模算法、最小角度回归算法、融合深度置信网络算法、核极限学习机算法以及多元自适应回归样条算法等（路萍等，2022）。

前人的研究很早就已经将目光聚焦在致密砂岩渗透率与孔隙结构参数之间的内在联系上。早在 1980 年，Kolodzie 依托于高压压汞实验，构建了基于毛细管压力曲线对应孔喉半径的致密砂岩渗透率计算模型，明确研究目标区35%累计进汞饱和度对应孔喉半径（R_{35}）是计算储层渗透率的最优参数。在他的研究基础上，众多学者相继针对特定研究区内的致密砂岩样品，改进了渗透率计算模型。其中，Pittman（1992）认为25%累计进汞饱和度对应孔喉半径（R_{25}）与研究区致密砂岩样品渗透率相关性最强，是建立渗透率计算模型的最佳选择。Rezaee等（2012）则认为R_{10}与渗透率相关性最好，应该用于渗透率计算。赵华伟等（2017）对鄂尔多斯盆地致密砂岩孔隙结构进行系统研究，结果显示R_{30}最适宜计算延长组致密砂岩渗透率，其中纳米孔和中孔是控制渗透率的主要孔隙类型。

二、恒速压汞实验

（一）喉道半径

恒速压汞实验的一个突出优点是能够根据毛细管压力曲线的变化来定量划分孔隙和喉道。从渗流角度，岩石的孔隙空间可划分为孔隙和喉道，喉道为孔隙空间中连通两个相邻孔隙的窄小区域，其大小控制岩石的渗流能力，而孔隙体为孔隙空间中的较宽区域，其含量决定岩石的存储能力（肖佃师等，2016）。

朱晴等（2019）利用恒速压汞实验技术对鄂尔多斯盆地东南部致密砂岩储层孔隙和喉道特征进行了研究，研究结果明确了研究区渗透率主要由喉道特征参数决定，其中喉道半径峰值对渗透率的影响最大（$R^2=0.9815$，图7-1）。因此，可以将喉道半径峰值引入到致密砂岩渗透率计算模型中。

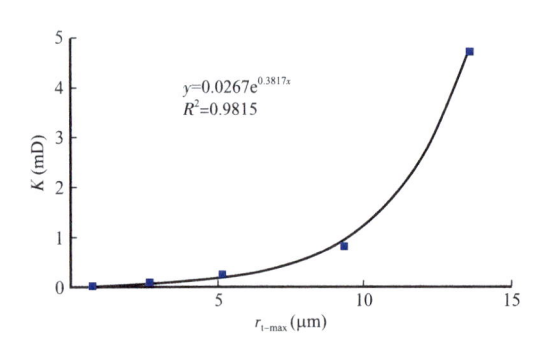

图7-1 鄂尔多斯盆地东南部上古生界致密砂岩储层喉道半径峰值与渗透率关系图（据朱晴等，2019）

（二）粒间孔

粒间孔、溶蚀孔及填隙物晶间孔是致密砂岩储层主要的基质孔隙类型，其在大小分布和连通关系等方面差异明显，这些孔隙相对含量的变化形成多样化的致密储层，决定着储层宏观物性及可动性，且其相对含量变化是成岩作用改造结果及有效反映。致密砂岩的储集空间可划分为粒间孔主导和粒内孔主导（肖佃师等，2017），分别对应不同的孔隙连通关系。由于强烈压实，粒间孔（或粒间溶蚀孔）难以单独形成连续渗流通道，需依靠颗粒接触处形成的窄小喉道或微裂缝、晶间孔沟通，因此粒间孔主导空间（包括粒间孔、粒间溶蚀孔）可近似为"墨水瓶型孔"，对应大孔—细喉型连通关系，其在进汞曲线上通常表现为"水平台段"，即大量进汞集中分布在较窄压力范围内，孔隙进汞表现出相对滞后；粒内孔（主要为粒内溶蚀孔和晶间孔）多呈蜂窝状集中分布，具有良好的内部连通性，可近似为"类树形网络孔隙"，主要对应"递增型"进汞特征，即进汞量随进汞压力增加而逐渐增大，孔隙进汞并无明显滞后。因此根据进汞特征可有效区分粒间孔主导和粒内孔主导空间。

大量前人的研究表明粒间孔含量高对增加致密砂岩储层渗流能力至关重要。Qu等（2022）对鄂尔多斯盆地延长组致密砂岩孔隙结构和流体可动性进行了详细研究，利用恒速压汞实验技术对致密砂岩孔隙类型进行了划分，并探讨了孔隙类型与流体可动性、储层物性之间的关系。根据恒速压汞实验分析结果，致密砂岩储层的孔喉空间可分为两种类型，分别为喉道主导空间和粒间孔主导空间。渗透率与粒间孔主导空间正相关（图 7-2a），而与喉道主导空间负相关（图 7-2b），相关系数分别为 0.67 和 0.86，这表明粒间孔含量越高越有利于增强储层渗流能力。进一步的相关分析研究证实粒间孔主导空间与石英含量正相关，而喉道主导空间与黏土矿物含量具有显著的相关关系，这指示粒间孔主要来源于石英等刚性矿物颗粒，而黏土矿物主要提供小孔径的晶间孔。因此，粒间孔主导空间是一项表征致密砂岩储层渗流能力的关键参数，可用于储层评价，建立致密砂岩渗透率计算模型。

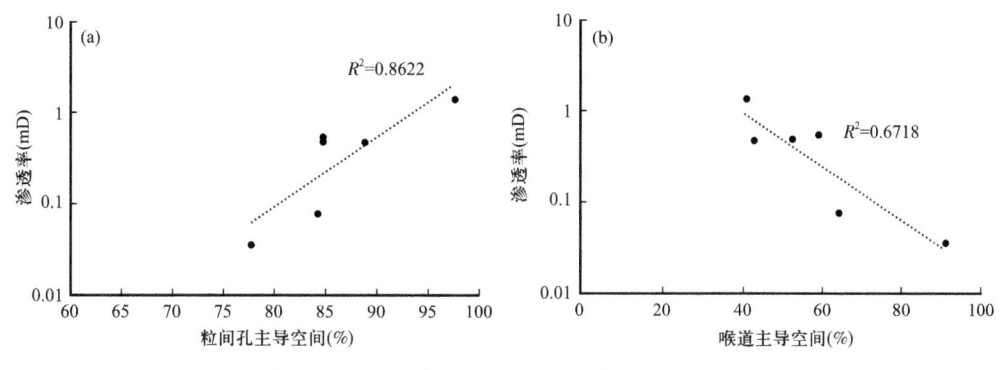

图 7-2　粒间孔主导空间和喉道主导空间与渗透率关系图（据 Qu et al., 2022）

三、核磁共振实验

核磁共振技术是一种成熟且快速的用于获取储层空间中可动流体含量的方法。在可动流体的初步研究中，基于毛细管模型，将与横向弛豫时间截止值对应的孔喉半径作为可动流体孔径的下限。Morriss 提出了分别将 33ms 和 90ms 作为砂岩和碳酸盐岩储层的 T_2 截止值，这些值在墨西哥湾地区非常有效。然而，近年来人们发现由于不同地区储层的致密化程度不同，使用经验值来评估所有储层的 T_2 截止值是不科学的。此外，毛细管模型是一个理想化的模型，忽略了岩石颗粒表面的润湿性。随着薄膜水模型的提出，研究人员普遍认为，可动流体和束缚流体之间的边界不应该是固定的孔喉半径，而应该是一个区间范围。通过对延长组致密储层可动流体的研究，Huang 等（2017）的研究认为，储层物性良好的样品可动流体对应的孔喉孔径范围较小，但没有给出确定的孔喉范围。

采用核磁共振技术，基于核磁共振 T_2 截止值、T_2 算数平均值、T_2 几何平均值和 T_2 峰值与渗透率存在紧密内在联系的认识，国内外学者提出了 Timur 模型、Coates 模型以及 SDR 等渗透率计算模型。Coates 等在 1999 年开展了大量岩心实验数据的测量，通过构建储层渗透率与孔隙度、可动—束缚流体体积比（FFI/BVI）以及 T_2 几何平均值（T_{2gm}）的数学关系，建立了 Timur-Coates 模型。

Coates 模型的精确应用依托于 T_2 截止值。传统理论认为，T_2 截止值可以将核磁共振 T_2 谱曲线划分为分别包含束缚流体和可动流体的两部分。然而，近年来的研究认为 T_2 截止值并非能有效区分可动流体和束缚流体，横向弛豫时间小于 T_2 截止值的那部分孔隙中的流体仍然有一部分是可动的。因此需要进一步对 Coates 模型进行改进。范宜仁等（2018）以鄂尔多斯盆地延长组长 8 段储层 28 块致密砂岩样品为研究对象，明确了致密砂岩孔隙中流体的赋存状态和渗流规律，指出常规核磁共振方法预测渗透率的局限性并提出核磁共振双截止值的概念。基于核磁共振双截止值，将储集空间细分为完全可动、完全束缚、部分可动等 3 部分（图 7-3），分析不同孔隙组分对渗透率的影响，并应用三组分法建立了核磁共振渗透率表征新模型。研究结果显示致密砂岩渗透率与完全可动流体饱和度、部分可动流体 T_2 几何平均值、核磁孔隙度成正比，与完全束缚流体饱和度成反比（图 7-4）。在此基础上，结合完全含水核磁共振 T_2 谱的二阶差分得到了双截止值的自适应确定方法，可以连续地计算储层双截止值（图 7-5）。与传统基于核磁共振实验计算渗透率的方法对比，结果显示双截止值模型和双截止值扩展模型不仅计算精度高（图 7-6），而且解决了常规模型在建模及应用上的局限性，具体体现在：（1）新模型将致密砂岩储集空间细分为 3 类，较精确地刻画了不同孔隙组分中不同渗流特征的流体，而常规模型利用 T_2 谱的几何平均值、核磁

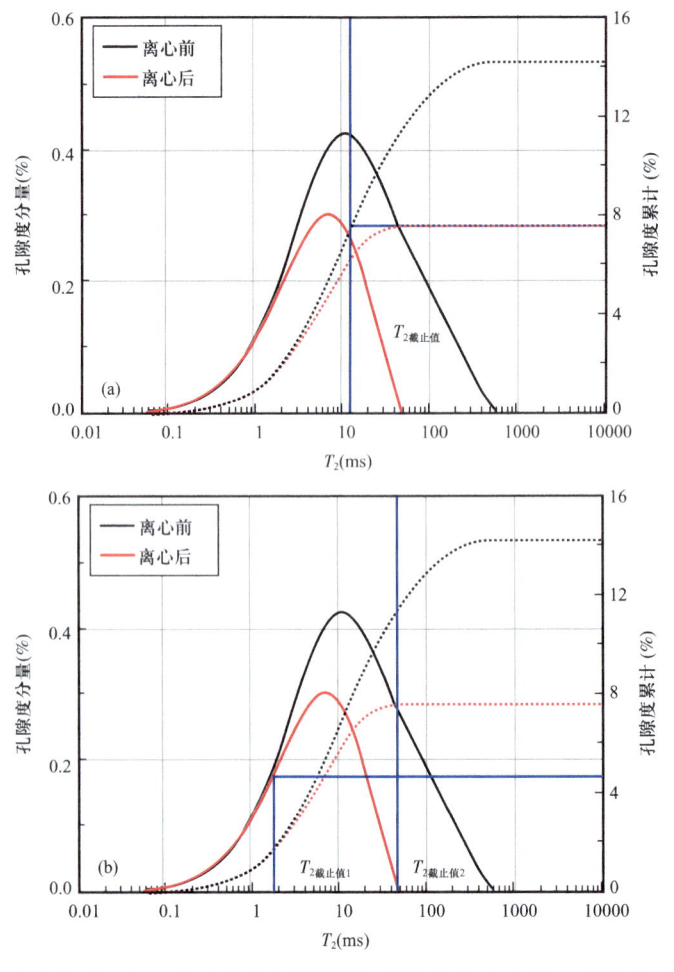

图 7-3　鄂尔多斯盆地长 8 段致密砂岩核磁共振单截止值（a）与双截止值（b）示意图
（据范宜仁等，2018）

孔隙度，或简单的采用截止值将整个孔隙空间分为连通及非连通部分，仅在宏观上刻画岩石渗透性；（2）新模型基于核磁饱和谱的二阶差分谱能够有效地计算所需参数，可以在测井条件下连续计算双截止值，而 Coates 模型中的截止值难以确定。

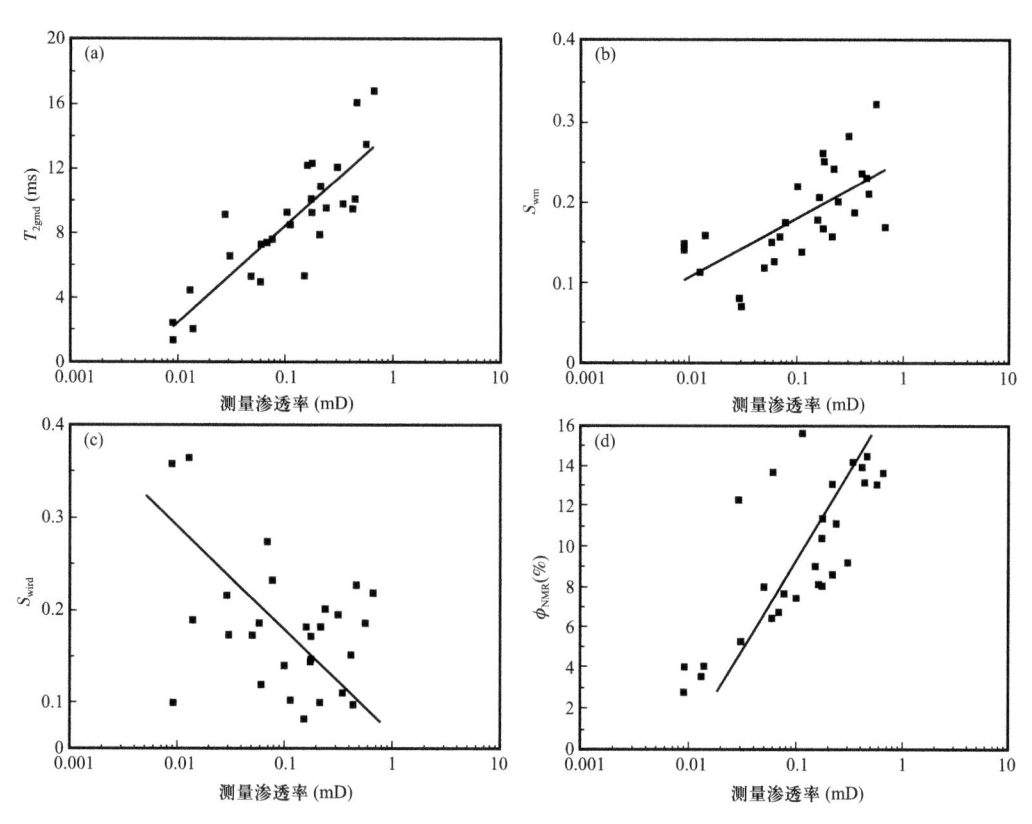

图 7-4　鄂尔多斯盆地长 8 段致密砂岩测量渗透率与双截止值模型参数的关系（据范宜仁等，2018）

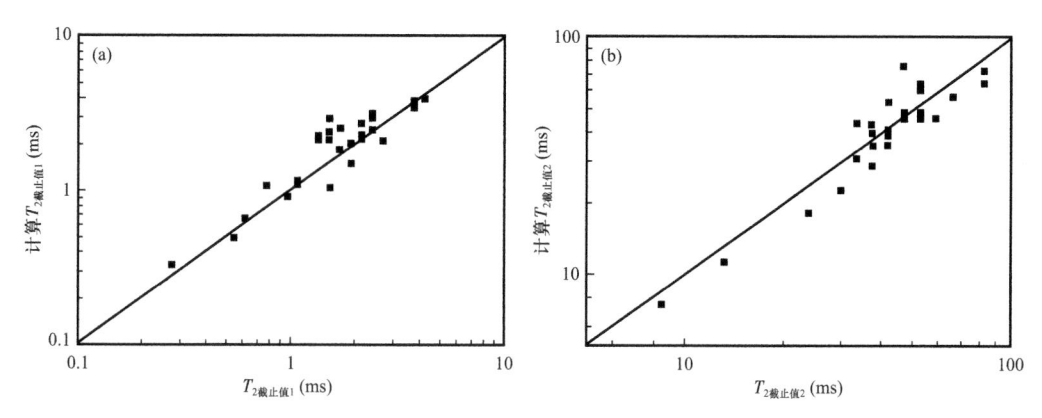

图 7-5　鄂尔多斯盆地长 8 段致密砂岩利用二阶差分谱提取双截止值效果图（据范宜仁等，2018）
（a）T_2 第一截止值；（b）T_2 第二截止值

高压压汞实验适用于表征孔喉连通特征，而核磁共振适用于表征流体赋存状态及其可动性，将二者联合起来表征致密砂岩渗透率可能会取得很好的效果。程辉等（2020）以鄂尔多斯盆地延长组致密砂岩为研究对象，基于高压压汞和核磁共振对致密砂岩渗透率主控因素进行了研究，分别评价并优选了更适用于致密砂岩的基于高压压汞和核磁共振的渗透率预测模型。结果表明：影响致密砂岩渗透率的主要因素是孔喉半径，其中中值孔喉半径与致密砂岩渗透率相关性最强（图 7-7）；与核磁共振 T_2 算数平均值相比，T_2 几何均值与致密砂岩渗透率的相关性更强（图 7-8）；在 3 种不同的高压压汞渗透率预测模型中，基于 r_{40} 和 r_{45} 的 Winland 模型渗透率预测精度较高（图 7-9）。在 4 种不同的核磁共振渗透率预测模型中，SDR-REV 模型的预测效果要优于 SDR 模型、KCT_{2w} 模型和 KCT_{2g} 模型（图 7-10）；因此，在实验条件允许的情况下，可以同时开展高压压汞和核磁共振实验，取长补短来建立一种综合的致密砂岩渗透率计算模型。

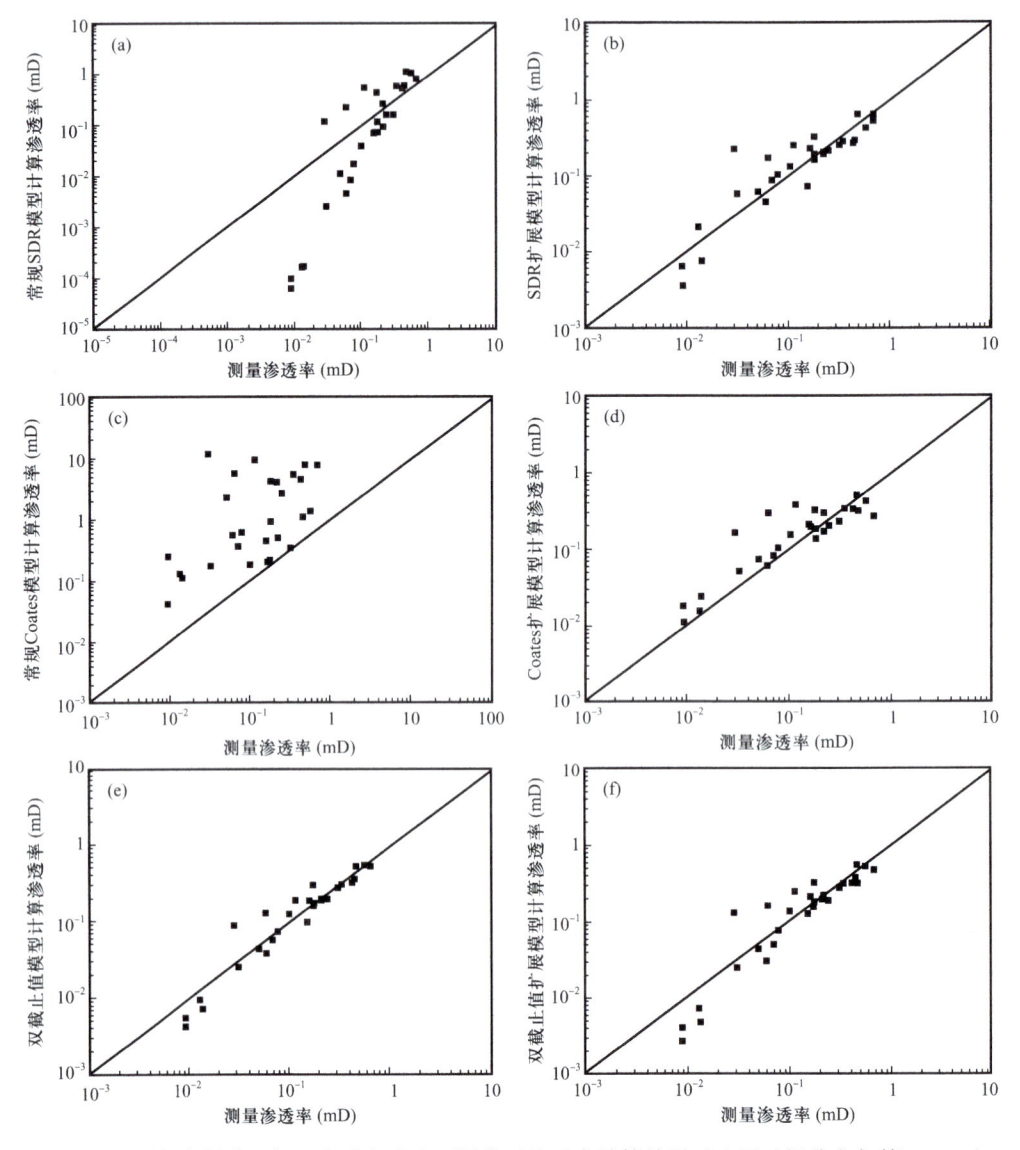

图 7-6　鄂尔多斯盆地长 8 段致密砂岩不同模型渗透率计算效果对比图（据范宜仁等，2018）
（a）常规 SDR 模型；（b）SDR 拓展模型；（c）常规 Coates 模型；（d）Coates 扩展模型；
（e）双截止值模型；（f）双截止值扩展模型

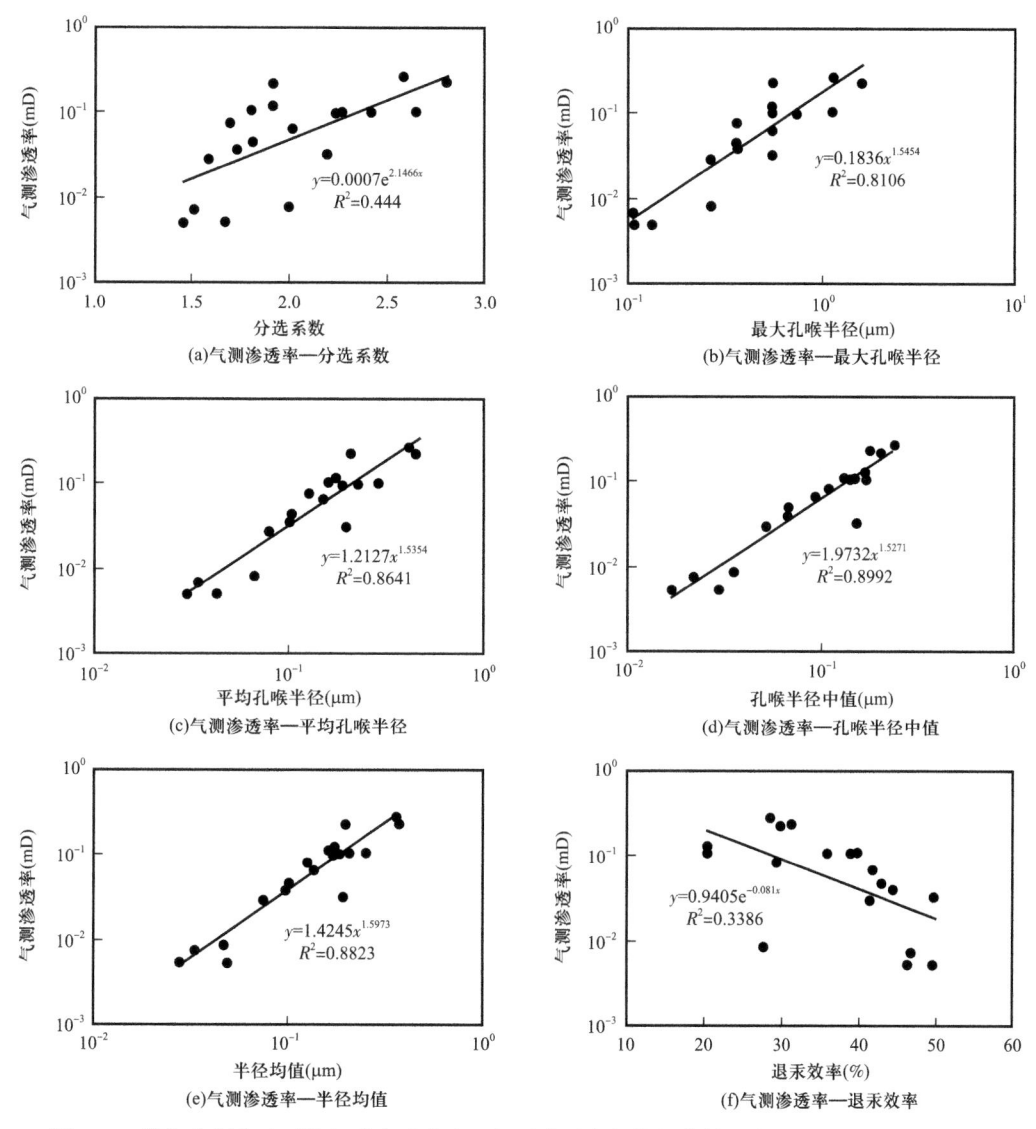

图 7-7 鄂尔多斯盆地延长组致密砂岩岩心气测渗透率与物性参数交会图（据程辉等，2020）

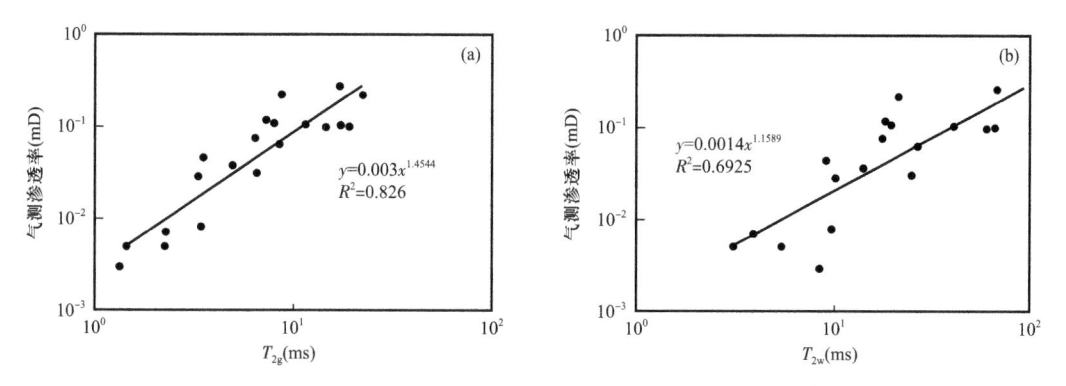

图 7-8 鄂尔多斯盆地延长组致密砂岩岩心气测渗透率与 T_2 几何平均值（a）和 T_2 加权平均值（b）的关系（据程辉等，2020）

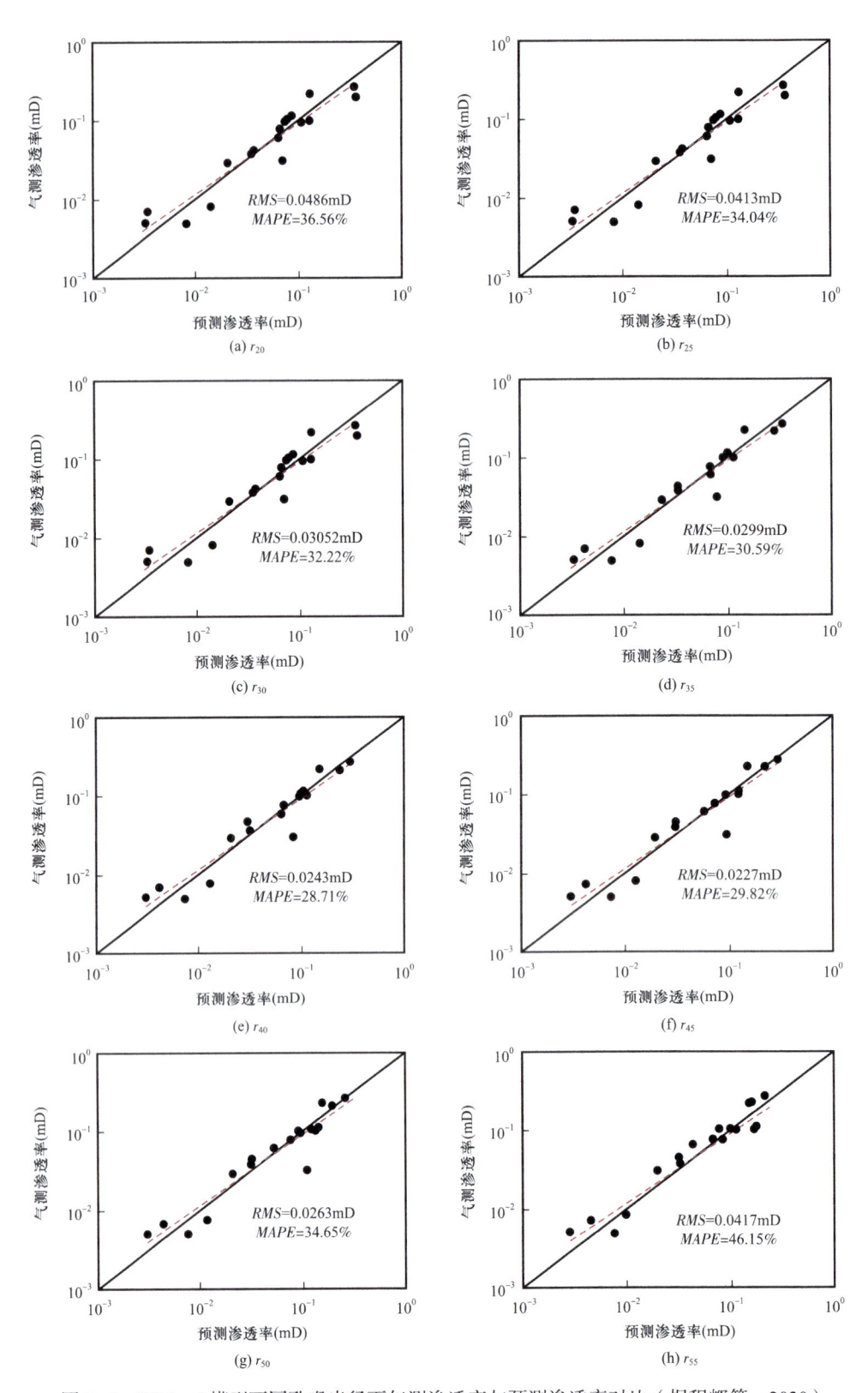

图 7-9 Winland 模型不同孔喉半径下气测渗透率与预测渗透率对比（据程辉等，2020）

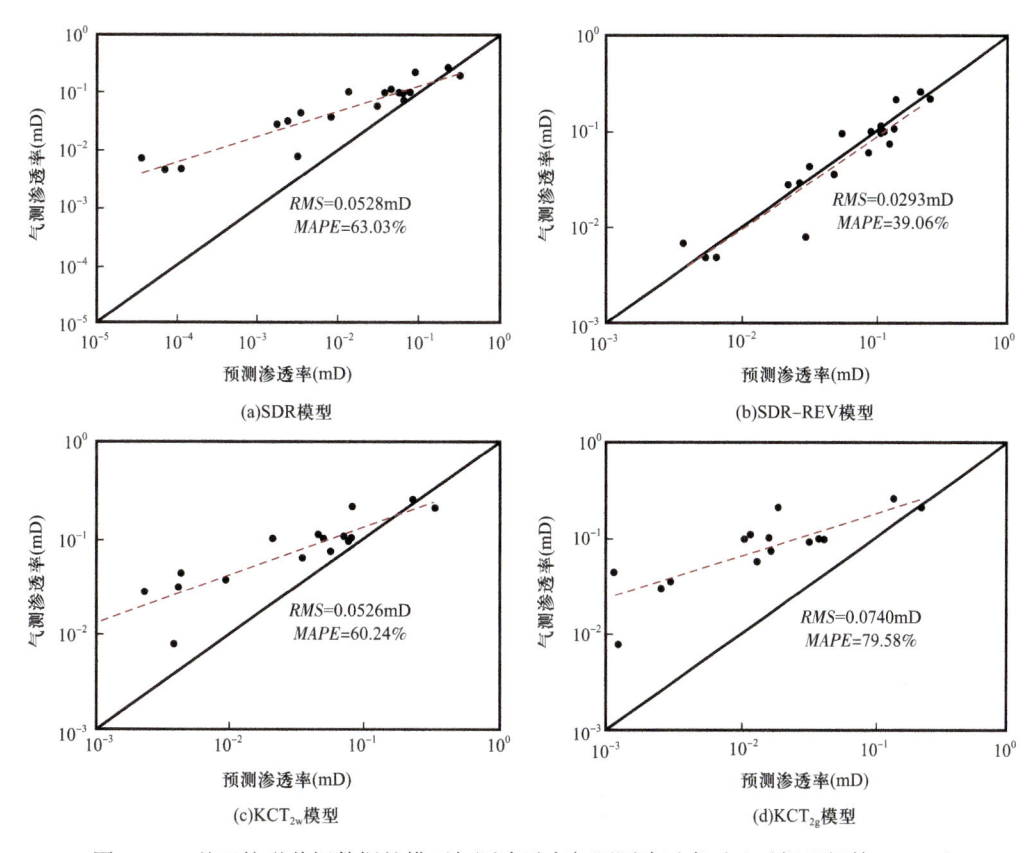

图 7-10 基于核磁共振数据的模型气测渗透率与预测渗透率对比（据程辉等，2020）

为了能够准确地计算低孔渗储层的渗透率，李志愿等（2018）以渤海某油田低孔渗储层为研究对象，进行孔径分布对渗透率的影响研究。基于压汞孔径分布与核磁共振测井 T_2 谱均可以表征储层岩石的孔径分布信息，通过利用孔径分布直方图数据刻度核磁共振测井 T_2 谱数据，从而得到岩石不同孔径区间对应的 T_2 谱区间。通过渗透率贡献值确定各 T_2 谱区间每单位孔隙度分量的孔径对渗透率的贡献因子，最终建立基于孔径分布和 T_2 谱的低孔渗储层渗透率计算方法（图 7-11、图 7-12）。结果表明，该方法避免了以往基于孔径分布的渗透率计算方法在划分 T_2 谱区间时的盲目性，以及根据经验确定不同区间贡献值的不可靠性。建立的基于孔径分布和 T_2 谱的渗透率模型对于低孔渗储层渗透率的评价有很好的指导作用。

第二节 数字岩心

杨坤等（2020）基于数字岩心技术，对岩心 CT 扫描图像进行处理，结合分形理论求取数字岩心的分形特征参数，并通过构建数字岩心的等效分形介质模型对岩心渗透率进行预测。首先对两块砂岩岩心进行了微米 CT 扫描，提取岩心孔隙网络模型，分析岩心孔隙结构特征，结果表明岩心的孔喉半径分布与孔喉配位数分布对岩心渗透率有一定影响（图 7-13、图 7-14）；其次利用 MATLAB、Image J 等软件对 CT 扫描得到的数字岩心及

致密砂岩储层微观孔隙结构表征

帝国理工学院网站公开的数字岩心进行处理，基于分形理论求取数字岩心分形维数、迂曲度、迂曲度分形维数和最大孔隙直径等参数（图 7-15 至图 7-17）；最后基于分形渗透率模型对岩心渗透率进行预测。结果表明：预测渗透率与岩心渗透率具有良好的相关性，相关系数 R^2 大于 0.9（图 7-18）。因此，基于数字岩心技术，通过构建数字岩心等效分形介质模型，可以有效预测岩心渗透率。

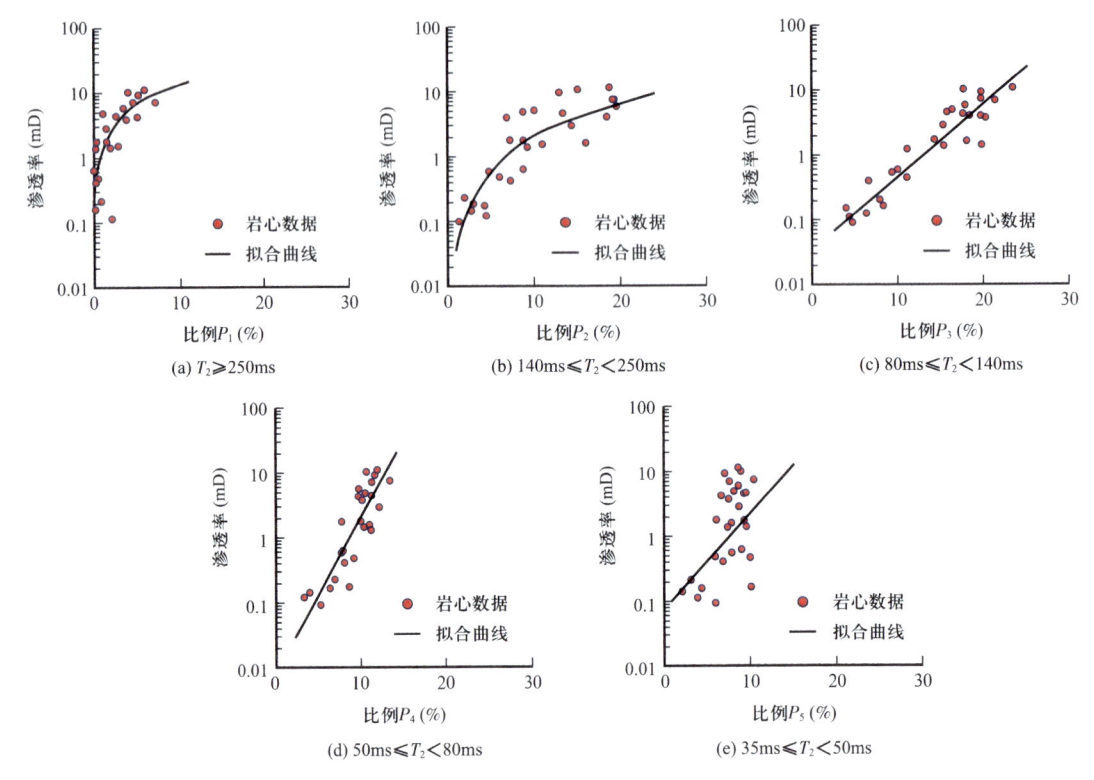

(a) $T_2 \geq 250ms$

(b) $140ms \leq T_2 < 250ms$

(c) $80ms \leq T_2 < 140ms$

(d) $50ms \leq T_2 < 80ms$

(e) $35ms \leq T_2 < 50ms$

图 7-11　渤海湾盆地低孔渗储层各 T_2 谱区间孔隙分量比例与渗透率关系（据李志愿等，2018）

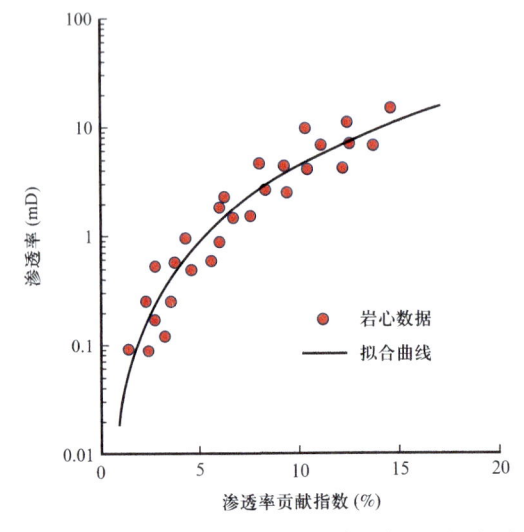

图 7-12　渤海湾盆地低孔渗储层渗透率与渗透率指数关系（据李志愿等，2018）

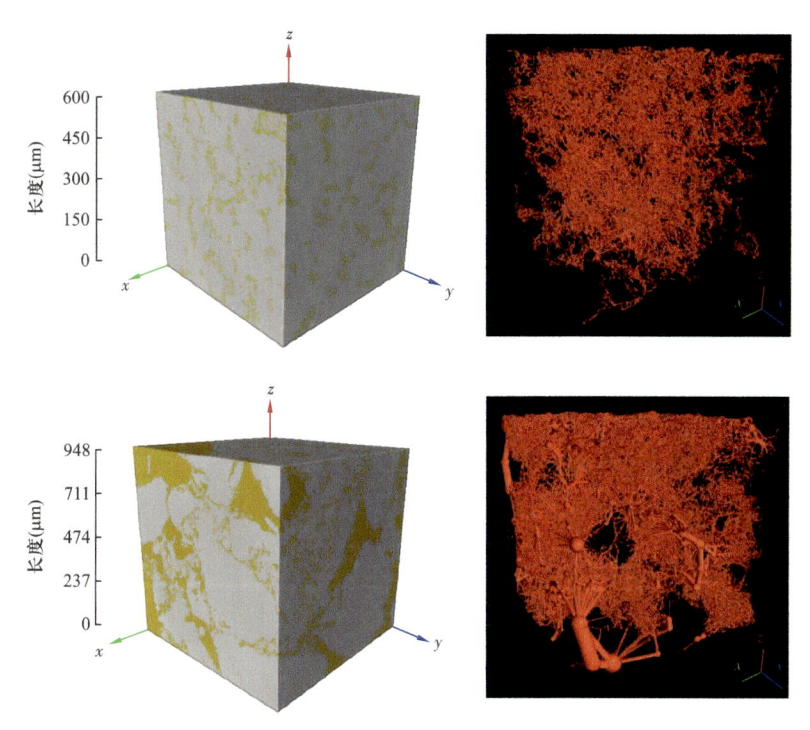

图 7-13　三维数字岩心（左）及孔隙网络球棍模型（右）（据杨坤等，2020）
上图为岩心 B_1；下图为岩心 B_2

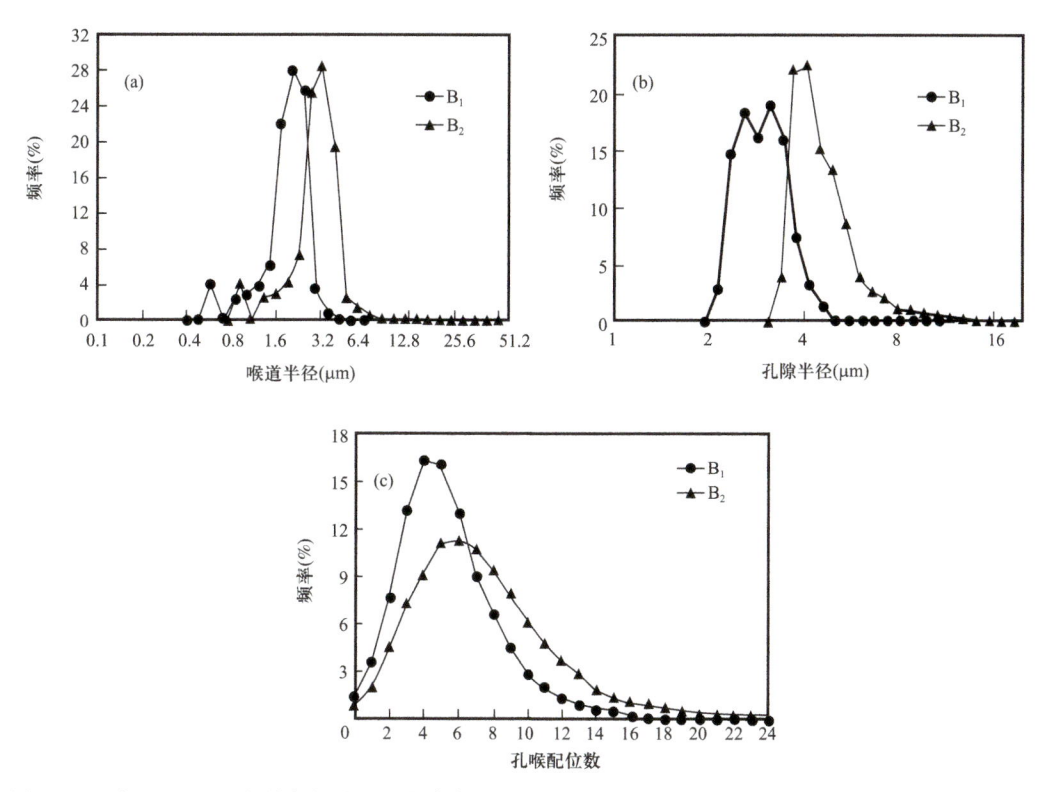

图 7-14　岩心 B_1、B_2 喉道半径（a）、孔隙半径（b）及孔喉配位数（c）分布曲线（据杨坤等，2020）

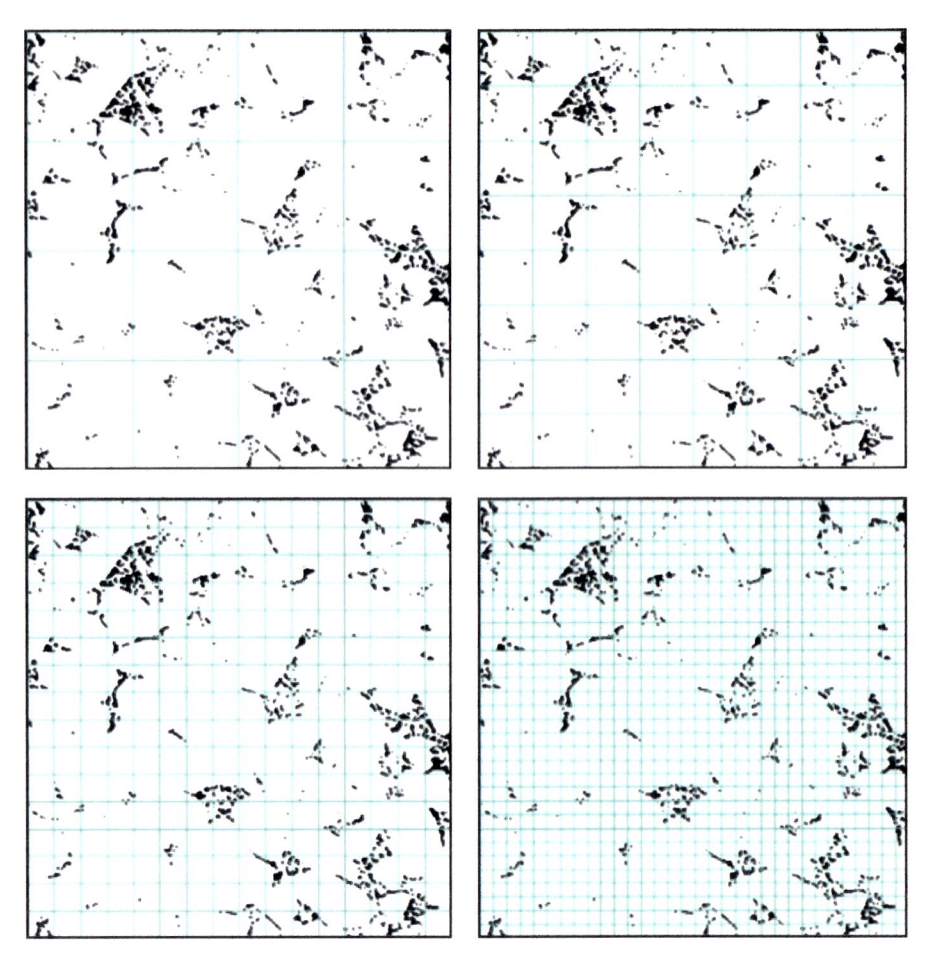

图 7-15　盒计数法求分形维数示意图（据杨坤等，2020）

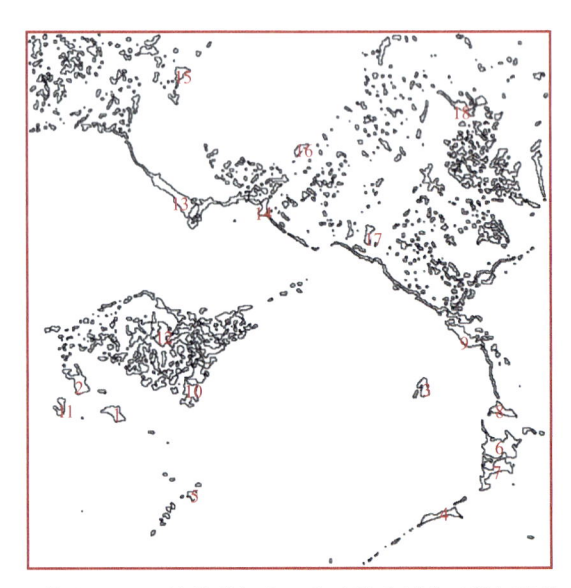

图 7-16　利用 Image J 软件进行岩心孔隙提取划分（据杨坤等，2020）
图中数字为孔隙编号

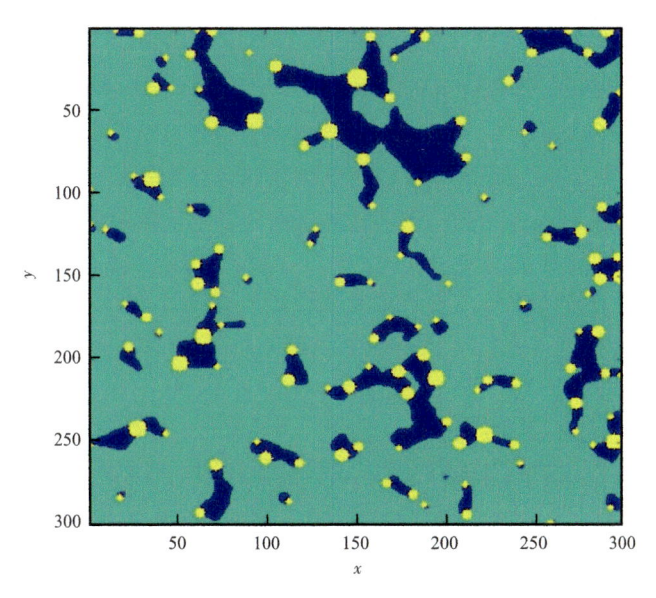

图 7-17　迂曲度连接路径点（据杨坤等，2020）
图中蓝色部分为孔隙，黄色点为喉道位置

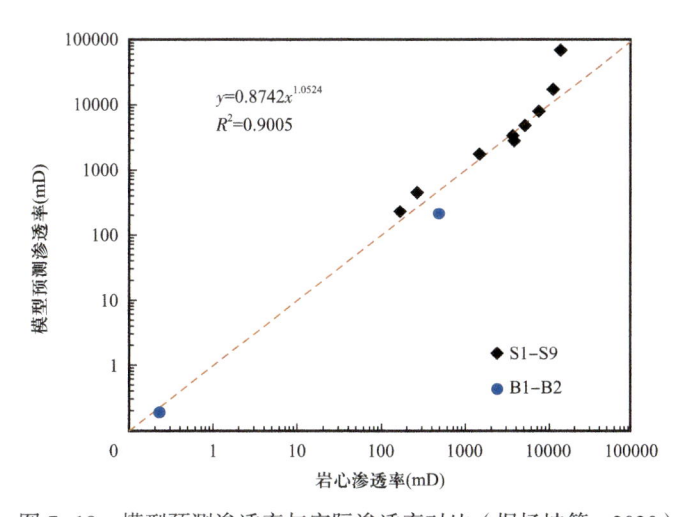

图 7-18　模型预测渗透率与实际渗透率对比（据杨坤等，2020）

第三节　基于流动单元的渗透率计算模型

国内外学者已经从孔隙度和其他相关参数中提出了许多评价渗透率的模型，最早的是 Kozeny 模型，其主要关键参数是有效孔隙度、迂曲度和比表面积。Kozeny 模型认为多孔介质可等效为大量相同孔隙半径的迂曲毛细管束，再结合达西定律求解泊松方程可得到渗透率。Amaefule 等利用 Kozeny-Carmen 理论提出了一种基于平均水力半径概念的可以识别和表征地质相的流动单元方法。流动单元被认为是一种有代表性的地层基本单元，它是岩石矿物学特征（如类型、丰度、形态学参数及孔喉的相对位置等）与结构（如颗粒大小、形状、分选性及接触方式等）的函数。

张恒荣等（2017）认为在计算复杂孔隙结构储层渗透率时，常规采用的孔渗指数方法或流动单元分类方法几乎很难准确评价渗透率。针对这一问题，提出了一种引入修正迂曲度因子的改进的Kozeny-Carmen方程渗透率计算新方法。首先引入迂曲度因子修正Kozeny-Carmen方程，迂曲度因子可以表达为孔隙度与岩电参数的函数；然后对改进的Kozeny-Carmen方程进行推演变换，得到新的流动单元指数，能够更好地将储层进行分类；最后利用自适应神经模糊推理系统建立取心段岩心渗透率与测井曲线的模型，并将此模型应用到非取心段的渗透率评价中。岩心渗透率与预测渗透率的对比验证了该方法的正确性与有效性，且渗透率计算精度较常规孔渗指数方法和流动单元分类方法有较大提高。该方法在南海西部海域莺歌海盆地东方气田储层评价中应用效果良好（图7-19）。

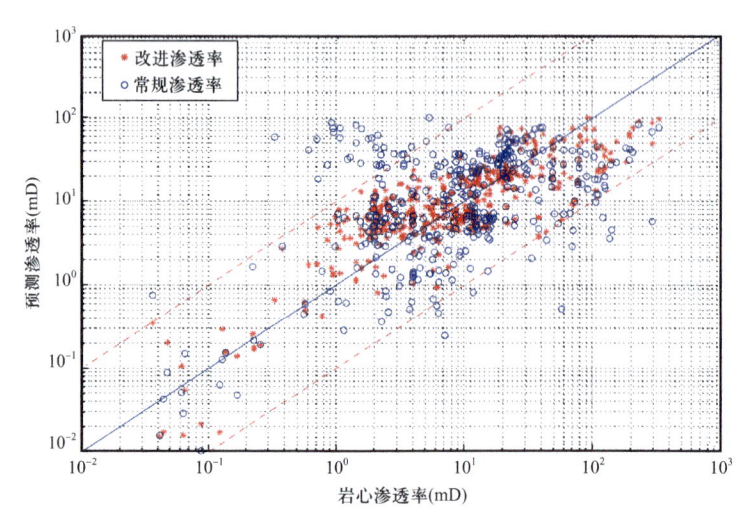

图7-19 莺歌海盆地东方气田改进渗透率与常规渗透率计算结果误差分析（据张恒荣等，2017）

砂砾岩储层中，砾、砂、泥组分含量变化快，孔隙喉道结构复杂，渗透率计算误差较大。为了提高该类储层的渗透率计算精度，毛晨飞等（2023）在渗透率主控因素分析的基础上，明确孔隙结构和黏土含量是准噶尔盆地滴南凸起乌尔禾组渗透率的重要影响因素。基于流动单元划分，分类建立渗透率计算模型，消除孔隙结构对渗透率的影响；根据流体渗流理论和岩石毛细管物理模型，推导得到考虑孔隙中黏土含量影响的渗透率模型，并进一步采取测井曲线组合法建立孔隙中黏土含量计算模型，从而得到黏土含量校正后的最终渗透率模型。结果表明，综合流动单元划分及黏土含量校正的渗透率模型计算精度更高，相对误差更小，与实验数据吻合度更高（图7-20）。该模型能有效提高砂砾岩储层渗透率的计算精度。

第四节 基于人工智能理论的渗透率预测模型

人工智能作为战略性新兴产业及新质生产力正迅速渗入油气领域，并有望成为行业发展的新引擎和制高点（闵超等，2024）。人工智能在油气领域中的应用可以追溯到20世纪90年代，法国道达尔公司将机器学习算法应用于油气勘探和生产，中国石油大庆油田于

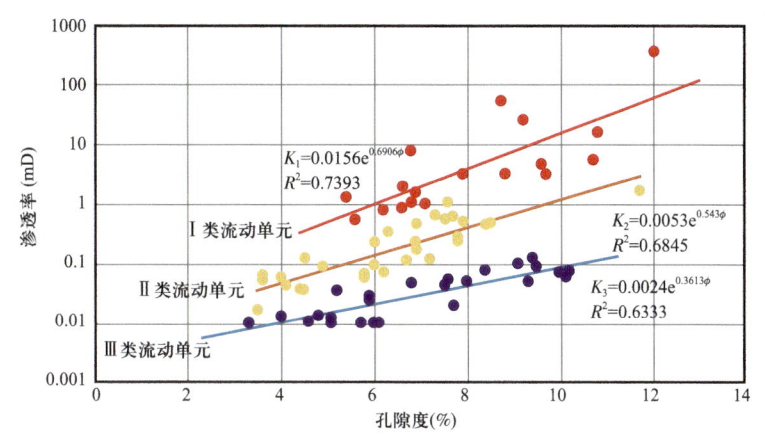

图 7-20 准噶尔盆地乌尔禾组流动单元分类后渗透率与孔隙度关系图（据毛晨飞等，2023）

1999 年在国内首次提出建设数字油田的理念（窦宏恩等，2021；杨耀忠等，2021）。随着 21 世纪数字时代的到来，信息化、智能化开始成为企业的核心竞争力，国内外油田公司相继推进了"智能油田"建设。2014 年康菲石油公司与多所大学合作，利用机器学习算法指导精确布井、高效钻井和压裂设计优化。2017 年，道达尔、壳牌等多家公司推出油气勘探、钻井、开发的各种智能化解决方案。2018 年，中国石化启动智能油气田试点建设项目，2019 年，又进一步启动油田企业人工智能技术试点应用项目。2020 年 11 月，中国石油昆仑数智推出油气田勘探开发过程工业互联网平台：勘探开发"梦想云"（聂晓炜，2022）。可见，2010 年以来，机器学习在油气田开发过程各个领域的研究和应用已超过了传统的数值模拟和实验研究等方法，成为智能油气田时代的研究热点，包括利用人工神经网络（ANN）、长短期记忆网络（LSTM）、卷积神经网络、多层感知机（MLP）、支持向量机、随机森林、聚类算法、K 近邻算法（KNN）、树模型、主成分分析（PCA）和线性模型等进行油气勘探、钻井工程、开发与生产和油气智能管理（闵超等，2020）。

对于致密砂岩储层孔渗呈非线性关系、渗透率难以预测问题，人工智能机器学习算法能自动提取大数据中隐藏的特征和数据之间的关系，在挖掘数据非线性关系方面具有极强的数据分析能力。近年来，基于人工智能理论的机器学习技术取得了极大进步，并在多个工业领域得到快速拓展和应用。其主要优点是能够解决复杂的非线性问题、具备并行处理以及自适应学习能力，在挖掘数据非线性关系方面具有极强的数据分析能力，这为解决致密砂岩储层渗透率的非线性预测问题提供了很好的技术入口，能够解决制约致密砂岩储层勘探开发的关键技术难点。因此，有必要借助机器学习技术对致密砂岩的孔喉结构和渗流规律进行研究，充分认识影响致密砂岩储层渗透率的渗流机理和主控因素，充分挖掘核磁共振实验数据、压汞数据、核磁共振测井数据及常规测井数据之间的关系，充分挖掘常规测井数据中的渗透率信息，从而建立更加有效的致密砂岩储层渗透率预测模型。

一、基于 BP 神经网络的渗透率预测模型

反向传播神经网络（BP-ANN），又称为 BP 神经网络，是一种有监督的机器学习算法，具有较强的非线性问题处理能力（Mohaghegh et al.，1995）。该算法于 1986 年被

Rumelhart 等提出，主要包括信号的前向传播和误差的反向传播两个阶段（图 7-21），该算法是一种按照误差逆向传播算法训练的多层前馈神经网络（Rumelhart et al.，1986）。BP-AAN 具有两个重要特性，其中一个基于梯度下降法，使用误差反向传播技术训练神经网络，另外一个特性是使用了非线性激活函数以解决致密砂岩储层孔渗非线性问题。

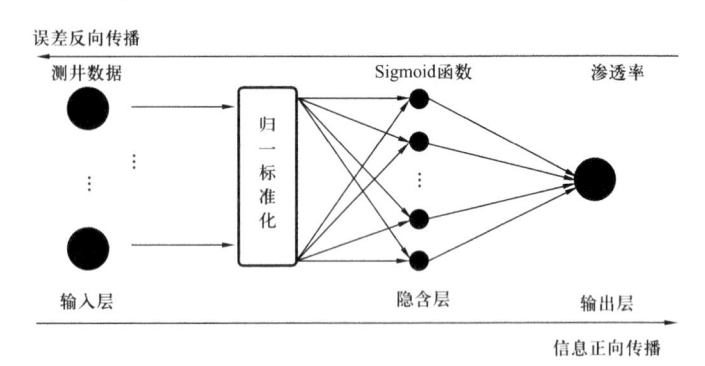

图 7-21　三层 BP 神经网络结构图（据王猛等，2023）

基于 BP 神经网络，王猛等（2023）以西湖凹陷某构造带的一口探井 H 为研究对象，利用 Pearson 相关系数法计算各曲线与岩心渗透率之间的相关性，从中优选相关系数绝对值大于 0.3 的曲线：CAL、GR、CNCF、DTC、ZDEN、RD、R。构建输入层＋隐藏层＋输出层的单隐藏层网络结构，隐藏层神经元节点数为 15。以此网络结果采用随机初始网络参数的方式训练得到有 1000 组模型的模型森林，通过计算各条预测渗透率曲线的平均相关系数，选取平均相关系数最大的预测曲线作为最终的预测结果，计算预测质量评价参数 CV，最终得到的结果如图 7-22 所示。图中蓝色点为参与模型训练的岩心渗透率数据，红色点为测试模型应用效果的岩心渗透率数据，从图中可以看出测试层段 CV 值均小于 1，根据经验规律可知，该段预测质量整体为优。计算训练数据与最终预测结果的平均相对误差为 36.2%，计算测试数据与最终预测结果的平均相对误差为 11%，表明该模型森林预测结果为优，与 CV 预测质量评价等级相同，同时从红色点与预测渗透率曲线的重合程度及 CV 值的大小，可以看出该预测质量评估方法可以实现对预测质量的逐点评估，评估结果与岩心分析结果高度一致。

二、基于贝叶斯神经网络的渗透率预测模型

贝叶斯神经网络是一种将贝叶斯理论与人工神经网络相结合得到的机器学习算法。ANN 的权重是固定值，而 BNN 的权重是一种概率分布。在测井渗透率预测问题中，BNN 的网络参数为 W，P（W）为参数的先验分布，训练数据 D 为测井敏感属性 X 和渗透率 Y（即（X，Y）∈ D）。BNN 希望给出的渗透率预测结果如式（7-1）所示：

$$P(Y|X, D) = \int P(Y|X, W) P(W|D) dW \tag{7-1}$$

其中，P（Y|X，D）表示在给定训练数据 D 的情况下，输入测井敏感属性 X 得到的预测渗透率结果 Y；P（Y|X，W）是给定测试的测井敏感属性 X 和网络参数 W 得到随机变量 Y 的分布。由于在 BNN 中，W 不是一个固定值而是随机变量，因此根据以上公式，预测的渗透率也是一个随机变量。

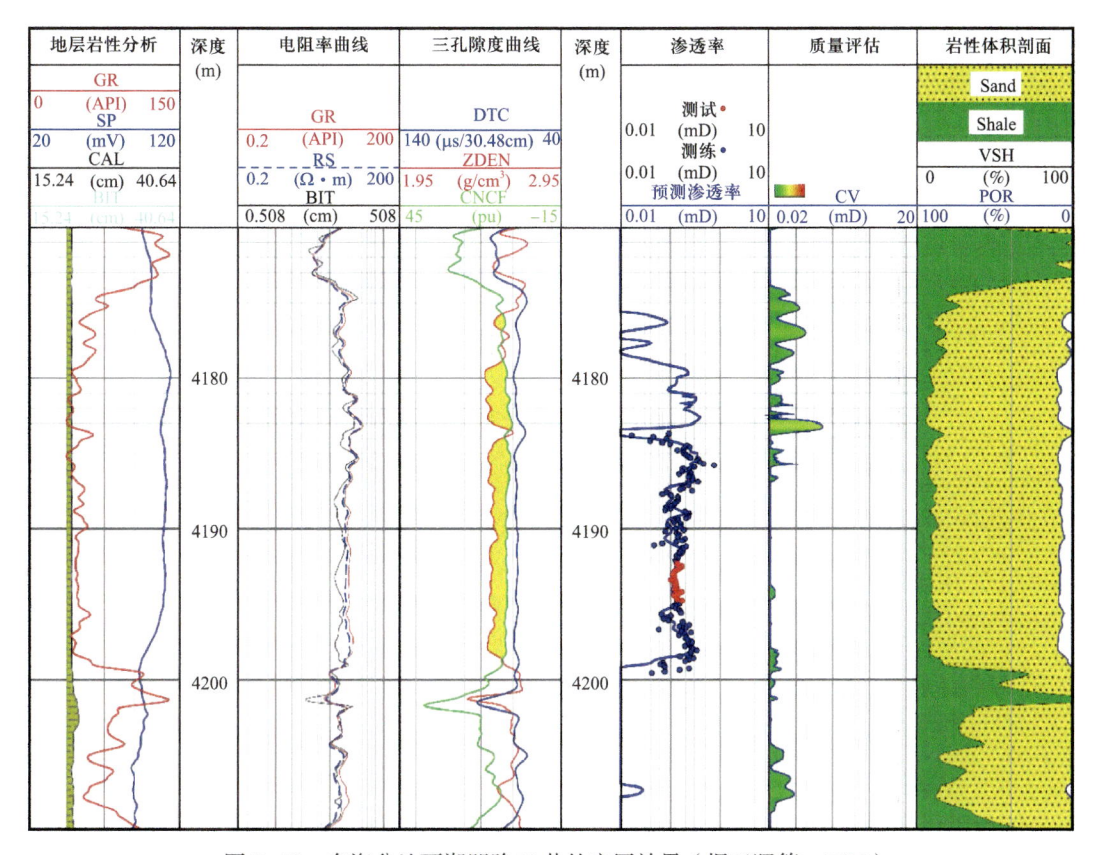

图 7-22　东海盆地西湖凹陷 H 井的应用效果（据王猛等，2023）

传统测井方法与常规机器学习方法估算的渗透率都是固定值，但由于测井数据本身存在噪声，渗透率的预测结果可能受到噪声的影响出现测量性的随机误差（即任意不确定性）；同时，当测试数据与训练数据存在差异时，机器学习模型在预测渗透率时可能出现模型参数的不确定性（即认知不确定性）。为实现渗透率的准确预测并量化两种不确定性对结果的影响，李明轩等（2023）提出基于数据分布域变换和贝叶斯神经网络同时实现渗透率预测及其不确定性的估计。提出方法主要包括两部分：一部分是不同域数据分布的相互转换（图 7-23），另一部分是基于贝叶斯理论的神经网络渗透率建模预测和不确定性估计（图 7-24）。由于贝叶斯神经网络存在数据分布的假设，当标签的概率分布与网络的分布保持一致时，贝叶斯神经网络可以更好地学习到数据之间的关系。因此，通过寻找一个函数将一个原始域的渗透率标签转换为目标域的与渗透率有关的变量（称之为目标域渗透率），使得该变量符合贝叶斯神经网络的分布假设。使用贝叶斯神经网络预测目标域渗透率以及任意不确定性和认知不确定性。随后，通过分布域的逆变换，将目标域渗透率还原回原始域渗透率。将该方法应用到某油田 18 口井的测井数据中，使用 16 口井的数据进行训练，2 口井进行测试，测试井的预测渗透率与真实渗透率基本一致。将砂岩渗透率的预测结果与岩性解释结果进行组合，可以得到整段渗透率曲线的预测结果（图 7-25），W17 井目标层段预测渗透率与真实值的相关系数为 0.89，W18 井目标层段预测渗透率与真实值的相关系数为 0.88。同时，任意不确定性的预测结果提供了渗透率预测值受到的测井数据噪声影响的位置。认知不确定的预测结果说明数据量少的位置具有更高的认知不确定性。这一流程不仅显示了在储层表征方面的巨大潜力，同时可以降低测井解释时的风险。

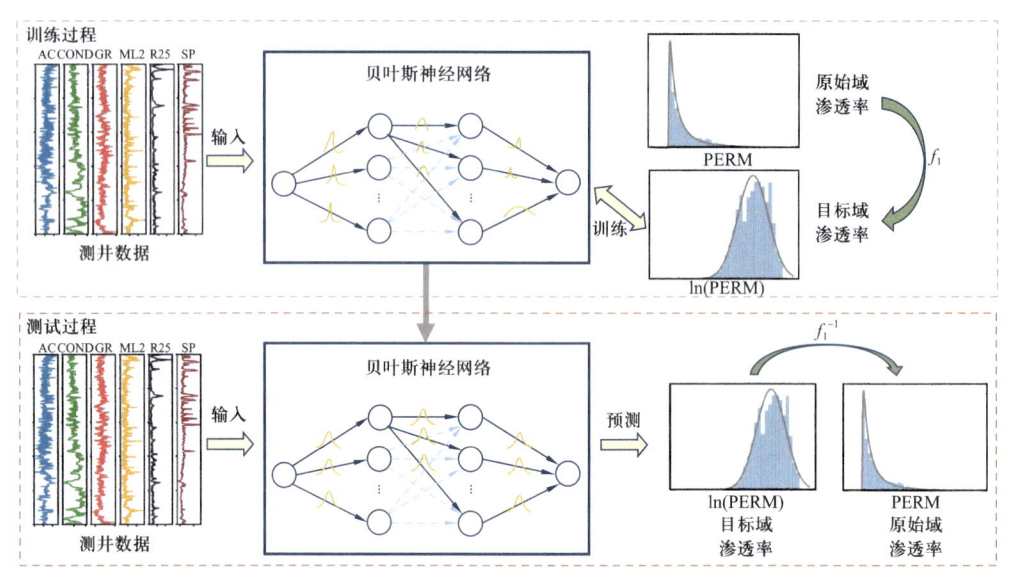

图 7-23 贝叶斯神经网络在训练与测试过程中的分布域转换（据李明轩等，2023）

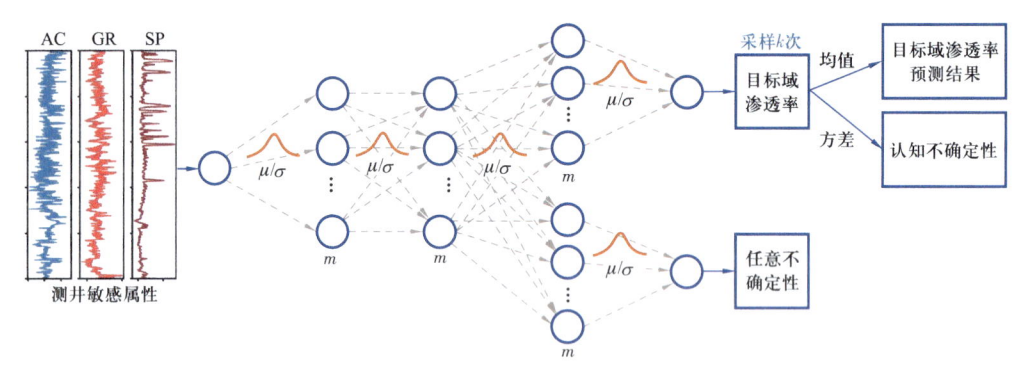

图 7-24 用于渗透率预测的贝叶斯神经网络架构（据李明轩等，2023）

三、基于梯度提升决策树（GBDT）的渗透率预测模型

BP 是经典的前馈神经网络，在分析拟合关系上，无论是线性的还是非线性的，都可以通过训练样本来解决，并且除了上述网络所具备的优点之外，还具有容错性，即训练样本中即使有小部分样本被标记错误，训练后得到的拟合模型也有较好的解释性。但以 BP 为代表的一类网络也具有明显的缺陷：网络结构难以最优化，导致训练结果常为局部最优解，而非全局最优解；训练过程中随着学习样本的增加，网络的泛化性会在提高之后逐渐降低，这是由学习样本质量不佳所导致的，然而最佳样本在实际问题中很难确定，所以由泛化性低导致的过拟合问题难以回避。

随着机器学习技术的发展，更多高解释性的模型被提出。其中，梯度提升决策树

（GBDT，Gradient Boosting Decision Tree）技术在拟合和识别上表现良好，目前被众多科学领域学家关注（Liao et al.，2016；Zhang et al.，2019）。该方法先以梯度提升算法分析计算值与目标值的残差，然后将残差作为新的因变量在CART（Classification and Regression Tree）回归树中进行分析，因此具有不同性质的残差将会得到不同的处理，使得训练过程更为高效。由于该方法利用多个学习器的线性组合进行预测，避免了因单一学习器能力有限而带来预测效果不佳的问题，使其具备了良好的泛化能力。

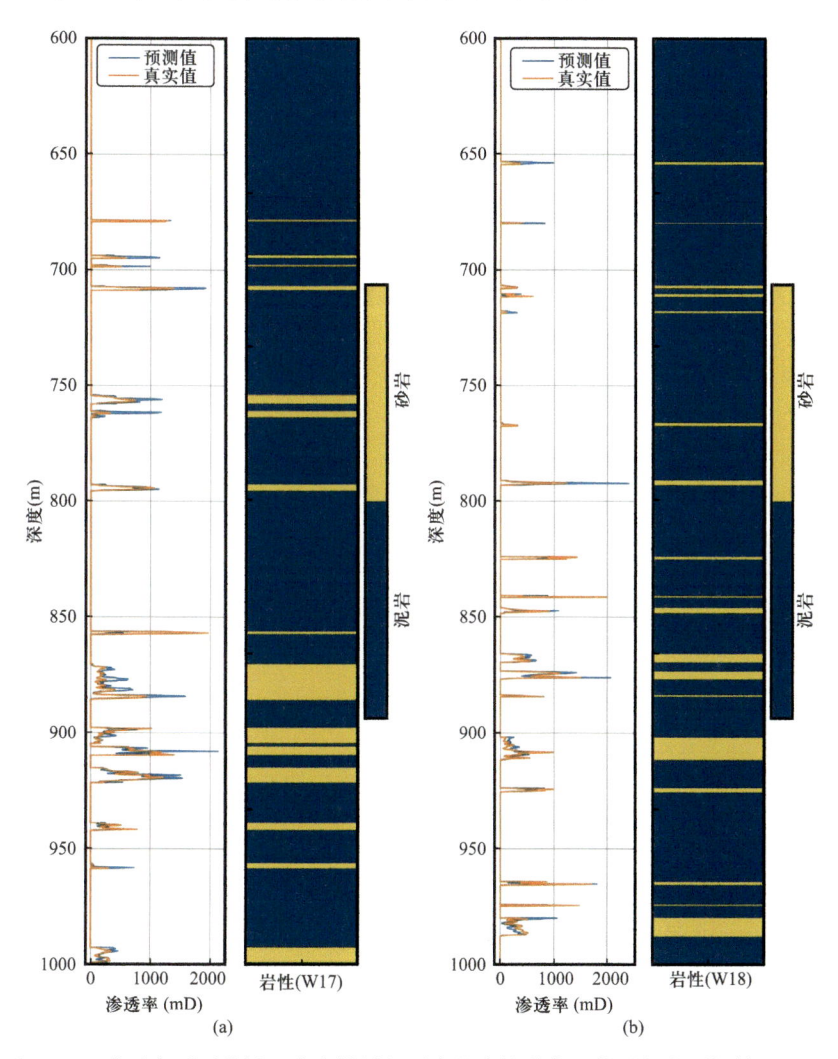

图7-25 渗透率预测结果、参考结果与对应的岩性分布比较（据李明轩等，2023）

谷宇峰等（2021）根据机器学习在数据分析上的强大性能，提出利用GBDT技术预测致密砂岩储层渗透率。以姬塬油田西部长4+5段致密砂岩储层测井资料为基础，通过设计2个实验来验证提出方法预测效果。为突出提出方法的预测能力，在实验中引入逐步迭代、Timur模型和BP模型进行对比。2个实验结果显示提出方法得到的拟合误差最小（图7-26、图7-27），证明GBDT技术能够有效用于致密砂岩储层渗透率预测，并且预测资料仅需测井数据，无需其他实验数据支撑，表明技术具有良好的推广性。

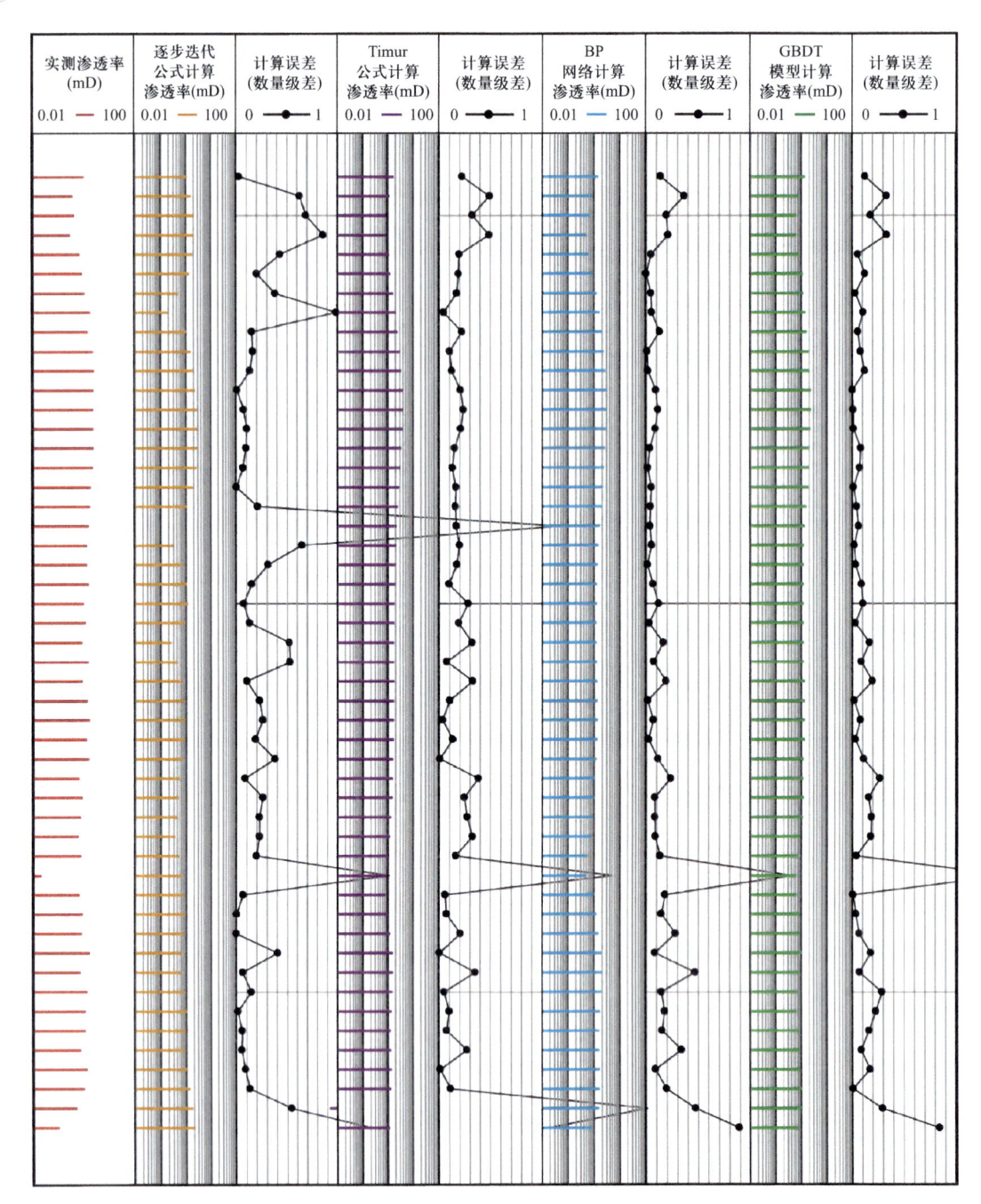

图 7-26　鄂尔多斯盆地姬塬油田 H1 井渗透率预测结果（据谷宇峰等，2021）

四、基于高斯过程回归的渗透率计算模型

目前，有很多学者尝试利用机器学习算法去提高致密砂岩储层渗透率预测精度，然而，大多数人工智能方法（包括 ANN 在内）在生成结果时速度很慢，这主要是因为模型的用户定义参数需要迭代调整，以及算法本身比较耗时。此外，在进行预测时，有监督的技术，如反向传播神经网络（BPNN）和多项式回归方法，主要用于减少误差，而较少考

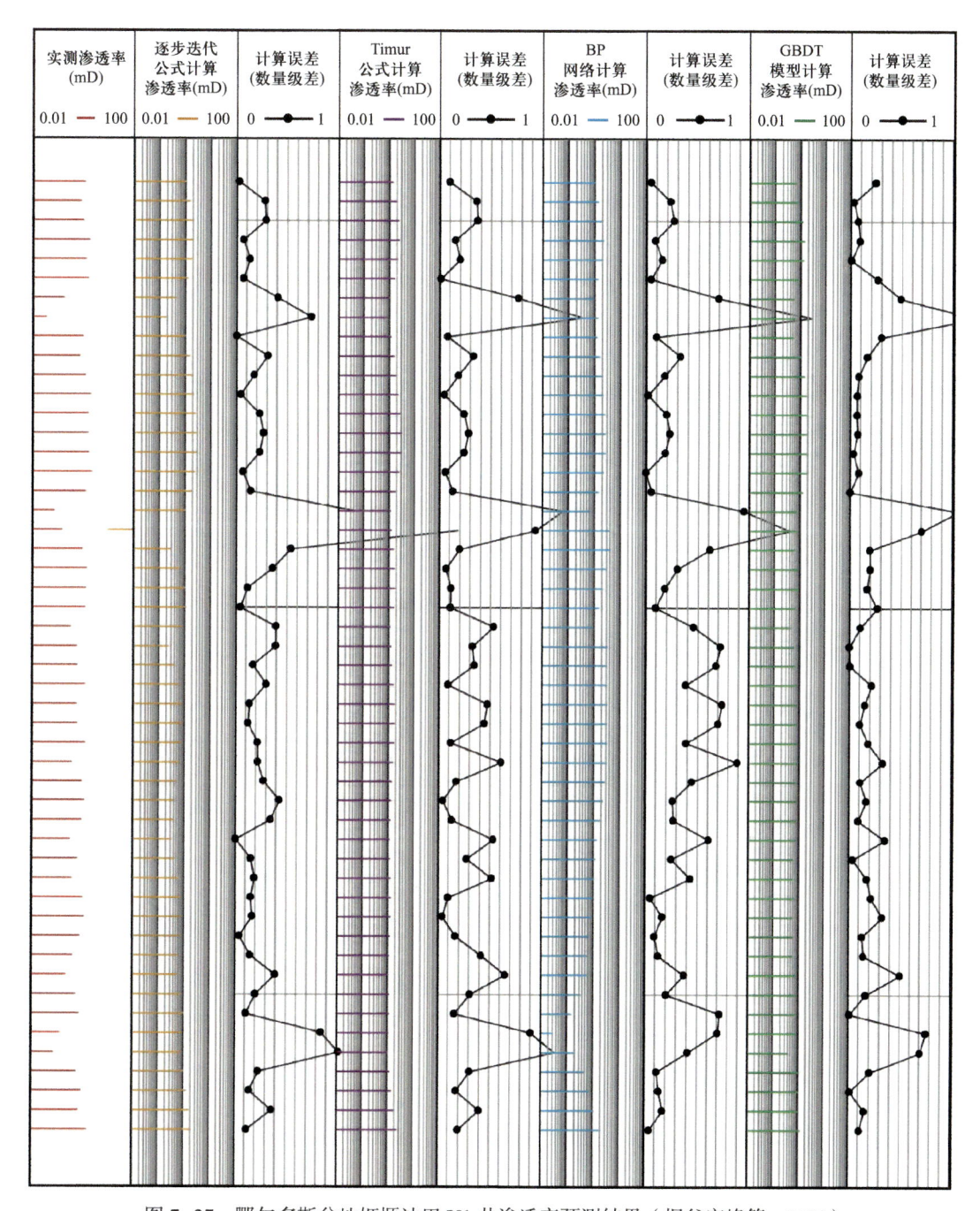

图 7-27　鄂尔多斯盆地姬塬油田 Y1 井渗透率预测结果（据谷宇峰等，2021）

虑模型的推广或预测能力。通常，这会导致计算智能模型在训练中表现良好，但在测试时模型应用效果不太理想。

　　为了克服这些问题，高斯过程回归（GPR）机器学习技术被提出。它通过定义函数分布并直接在函数上设置无限可能性的先验分布来避免模型过度拟合。GPR 还因其偏爱于平滑函数而广为人知，平滑函数可准确地解释训练数据而无需手动参数调整，这就使得该项技术在石油和天然气勘探研究中广泛应用。GPR 是目前最先进的机器学习算法，在处理石油领域非线性和多维数复杂问题具有优势。

高斯过程回归（Gaussian Process Regression，GPR）是基于贝叶斯理论发展起来的一种全新机器学习方法（任桂锋，2021）。GPR 通过定义函数分布并直接在函数上设置无限可能性的先验分布来避免模型过度拟合，该算法中所使用的平滑函数可准确地解释训练数据，而无需手动调整参数，这就使得该技术广泛应用于各个领域（常林森等，2021；任桂锋，2021）。GPR 模型与传统模型之间的本质区别是 GPR 方法的目标不是找到与实验数据的最佳匹配，不是获得一个具体的孔渗预测值，而是一个孔渗概率密度函数，完全是基于核函数的贝叶斯网络（图 7-28）。换言之，GPR 算法通过计算模型的后验分布进行孔渗预测。在训练步骤中，选择一个矩阵对称且可逆的协方差函数或核函数，是影响 GPR 模型预测目标鲁棒性的关键因素之一。该算法在处理高维数、小样本和非线性等复杂回归问题方面优势显著。

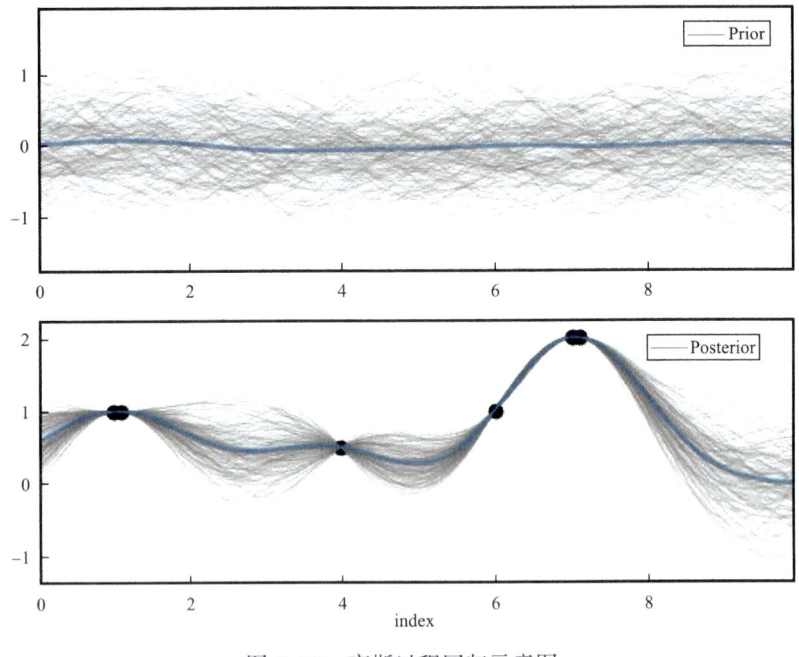

图 7-28 高斯过程回归示意图

王伟等（2022）以鄂尔多斯盆地姬塬地区长 7 段致密砂岩为研究对象，将平方指数（SE）和马特恩（Matern）函数作为高斯过程回归模型中两个协方差函数，通过高压压汞测试的孔隙度、未饱和汞体积比、门槛压力和分形维数来预测致密砂岩的绝对渗透率，并结合误差分析来研究不同协方差模型预测渗透率的效果。结果表明，马特恩协方差模型的相对误差均值（MMRE）、均方根误差（RMSE）、标准偏差（STD）分别为 32%、0.16 和 0.57，准确度较高，尤其当渗透率小于 0.1mD 时，马特恩协方差模型精度明显好于平方指数协方差模型和 Winland 经验公式（图 7-29）。致密砂岩用马特恩模型预测渗透率精度更高。此外，敏感性分析表明孔隙度对渗透率正影响最大，门槛压力对渗透率负影响最大；杠杆值和标准化残差证明高斯过程回归模型预测渗透率的有效性。综上，马特恩协方差模型对渗透率小于 0.1mD 的致密砂岩适用性好，对微纳米级孔喉发育的致密砂岩勘探评价有重要意义。

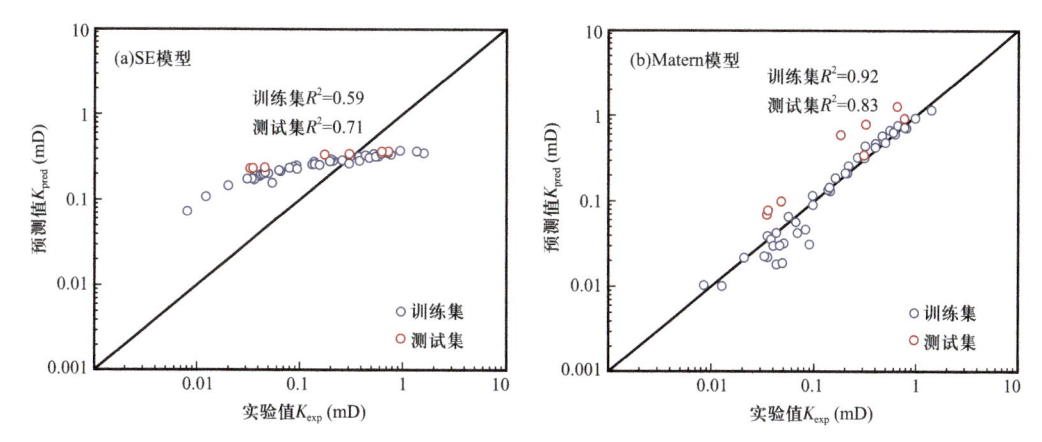

图 7-29　鄂尔多斯盆地长 7 段致密砂岩 GPR 模型实验值与预测值散点图（据王伟等，2022）

第八章
渗吸作用

随着水平井和体积压裂技术在中国的大规模应用，致密砂岩油藏自然衰竭采收率得到了显著提高。但由于致密砂岩储层孔隙结构复杂、非均质性严重、天然/人工裂缝发育等特征，导致常规水驱开发过程中基质动用程度低、水驱波及面积小、无效水循环严重等问题。因此，如何充分发挥裂缝—基质间的渗吸采油作用，提高基质原油动用程度，是改善水驱开发效果的关键。致密油藏水驱过程，本质上反映的是油水两相共同渗流的过程，驱替效果的优劣与注入压力、储层物性、微观孔喉结构、比表面积、润湿性、初始含水饱和度、油水黏度比、界面张力等密切相关，但水驱后仍有部分剩余油残留在小于100nm的孔喉空间中。前人针对致密储层开展了大量的自发渗吸实验研究，对渗吸驱油机理已经有了清晰的认识，并对渗吸作用对提升致密油藏水驱采收率的影响达成了共识。自发渗吸作用中，毛细管力起到至关重要的作用。微小孔喉处较大的毛细管压力，使水能够进入微小孔而排驱油，充分利用致密储层的渗吸作用，主要发生逆向渗吸作用能够有效开采出小孔中的原油。而在水驱油过程中，合理的压差则能最大限度地开采大孔隙中的原油。在水驱的中、前期阶段，较大的驱替速度能够快速排出孔隙中的油，水的驱动力是提高驱油效率的主要动力。

Handy（1960）指出，在自发渗吸过程中岩心吸水体积与时间的平方根呈线性关系。Mattax和Kyte（1962）通过对渗吸时间进行标准化处理，明确了无因次时间与岩心几何形状和流体性质有关。Schechter和Zhou（1991）在考虑重力因素的影响下，根据毛细管压力与重力之比的大小定义了IBN指数，并运用该指数对渗吸机理进行了分析。在动态渗吸中，润湿相（水）在外力的作用下在基质外部（通常是裂缝中）进行流动，其影响因素主要包括润湿性、黏土矿物含量、流体性质、岩石性质、初始含水饱和度和注入参数等。为了提高驱油效率，许多学者提出注入表面活性剂溶液来控制岩石润湿性的变化，以提高渗吸效率。针对岩石孔隙度、渗透率和初始含水饱和度对渗吸的影响，Yang等（2016）研究了鄂尔多斯盆地、松辽盆地和四川盆地不同边界条件下页岩吸水曲线，指出了Handy模型不适用于致密岩心的原因，并系统分析了孔隙度、黏土矿物、表面活性剂和氯化钾处理后的基质对致密岩心自发渗吸的影响。Shen等（2016）研究了四川盆地陆相页岩和鄂尔多斯盆地陆相页岩的流体渗吸特征及渗吸过程中的渗透率变化。在注入参数方面，刘秀婵等（2019）通过开展岩心动态渗吸驱油实验，评价了渗吸液浓度、渗吸液注入量、驱替速度、反应时间等参数对动态渗吸效果的影响。Dai 等（2019）采用岩心驱替实验模拟了裂缝—基质间的动态渗吸过程，对驱替速度、表面活性剂浓度和焖井时间等参数进行了优化。杨正明等（2019）建立了不同尺度岩心渗吸实验方法，定量评价了顺（逆）向渗吸作用下的渗吸距离大小及其影响因素。

渗吸一般可以分为静态渗吸和动态渗吸，在静态渗吸过程中，润湿相（水）不流动，处于静止状态，毛细管压力是主要驱动力，将岩块置于溶液压力与岩块内非润湿相压力相等的溶液环境中，岩块将发生静态自发渗吸。压裂关井较长一段时间后，当储层基质中压力与裂缝中流体压力几乎相等时，也可发生静态自发渗吸。若浸泡溶液压力远大于岩块内非润湿相压力，由于岩块内外存在较大压力梯度则会发生动态强制渗吸。在动态渗吸中，润湿相（水）在外力的作用下在基质外部（通常是裂缝中）进行流动，其影响因素主要包括润湿性、黏土矿物含量、流体性质、岩石性质、初始含水饱和度和注入参数等。为了提高驱油效率，许多学者提出注入表面活性剂溶液来控制岩石润湿性的变化，以提高渗吸效率（黄兴等，2021）。

第一节 表征方法

一、自发渗吸实验

由于蒸馏水和黏土矿物之间的水化作用是提高自吸效率的重要机制，因此在自发渗吸实验中通常采用蒸馏水和煤油分别作为润湿相和非润湿相流体。将饱和煤油的岩心置于装有蒸馏水的自吸容器中，其分度值为 0.02mL。在实验过程中，记录不同时刻的排油量，绘制自吸时间与自吸效率的关系曲线。待排油量保持稳定 48h 之后，即可结束自吸实验。具体实验操作步骤可参考《油藏岩石润湿性测定方法》（SY/T 5153—2017）。

杜正瞳等（2024）针对准噶尔盆地玛湖凹陷百口泉组不同物性的致密砂砾岩岩心开展水相自发渗吸实验，结合 X 射线衍射、铸体薄片、扫描电镜和高压压汞实验，揭示矿物组分与含量、不同粒径的颗粒含量、孔隙类型和孔隙结构对自发渗吸的影响，并通过灰色关联法划分主要和次要影响因素。研究结果表明：不同微观特征导致致密砂砾岩的自发渗吸规律呈现明显差异，因此将实验岩心划分为组别Ⅰ和Ⅱ。在Ⅰ组别中，填充有亲水性石英颗粒和伊利石的粒间孔，以及连通的砾缘缝明显提高了自发渗吸效率，粒内溶孔和中砂不利于自发渗吸。然而，在Ⅱ组别中，粒间孔和砾缘缝分别被亲油性绿泥石和杂基填充，因此不利于自发渗吸，连通的粒内溶孔是主要的水相自发渗吸空间。小、大孔隙分别提高水相自发渗吸和油相排驱能力，因此二者的协同作用有利于自发渗吸。大孔隙和砾石是Ⅰ组别的主要影响因素；中砂、粒内溶孔、分形维数、小孔隙和粒间孔是Ⅱ组别的主要影响因素。

二、核磁共振

核磁共振被广泛应用于研究多孔介质的孔隙结构以及孔隙内的流体特征，同时也能有效表征致密砂岩动态自发渗吸特征。

Lai等（2018b）研究了渗吸过程中岩心孔隙内流体的流动特征，发现不同孔隙内，渗吸对原油采收率影响差异较大。杨雪等（2023）利用核磁共振技术与高压压汞测试，研究了岩心的微观孔隙结构，设计了模拟储层条件的自发渗吸实验，分析了岩心孔隙度、渗透率、储层温度、压力、人造裂缝等因素对渗吸采收率的影响。结果表明：亚微孔的孔径小、毛细管力大，渗吸初期的渗吸效率最高，且对渗吸原油采收率的贡献程度最大，渗吸过程中信号相对振幅峰值向小孔隙尺寸偏移，孔径范围减小，岩心越致密，偏移越明显；温度与压力对渗吸采收率的影响较大，模拟储层条件的高温高压渗吸相比常规条件下渗吸采收率提高了120%，模拟压裂的岩心人工造缝后的岩心整体渗吸采收率提高了24.7%。黄兴等（2021）为明确裂缝性致密油藏注水动态渗吸特征，解决水驱采收率低下等问题，以姬塬油田延长组长6油层组为研究对象，采用高压压汞、核磁共振T_2谱、扫描电镜和铸体薄片分析等方法研究了目标储层微观孔隙结构特征，建立了3类储层分类评价标准，并对代表性岩心开展了基于核磁共振在线扫描的动态渗吸实验，模拟了水驱过程中裂缝—基质间的动态渗吸过程，从微观孔隙尺度定量表征了不同孔径孔隙原油的动用程度，评价了8个储层物性参数对动态渗吸效率的影响程度。实验结果表明，目标储层孔隙结构可划分为3类，随着储层孔隙结构变差，孔隙类型逐渐单一化、储集性能和渗流能力不断降低，导致动态渗吸效率不断下降。Ⅰ类和Ⅱ类储层动态渗吸过程可以划分为3个阶段：大孔隙在驱替作用下采出程度快速上升阶段、微小孔隙在渗吸作用下采出程度缓慢上升阶段和动态渗吸平衡阶段；而Ⅲ类储层在实验中仅存在前2个阶段。随着储层孔隙结构变差，微小孔隙动用比例增大，渗吸作用明显，虽然对岩心总采收率贡献程度增加，但总采收率低下。渗透率、可动原油饱和度、孔隙半径、可动原油孔隙度、黏土矿物含量和润湿性是影响动态渗吸效率的主要因素，对渗吸效率的影响程度依次逐渐减弱。分选系数和孔隙度是影响动态渗吸效率的次要因素，对渗吸效率的影响程度相对较小。

三、数值模拟

除岩石物理模拟实验外，还可以从理论计算和数值模拟角度进行致密砂岩动静态自发渗吸研究。

王敬等（2017）通过数值计算的方法研究了静态渗吸和动态渗吸过程影响因素及其对渗吸采油的影响规律。基于渗吸采油机理和渗流理论，建立考虑重力和毛细管压力的静态和动态渗吸机理数学模型，并利用室内实验数据验证了模型的可靠性，然后利用该模型研究了原油黏度、基质渗透率、岩块尺寸、界面张力以及驱替速度对渗吸采油的影响。研究表明：渗吸采收率随原油黏度增加而降低，黏度越小，初期渗吸速度越快；基质渗透率与渗吸采出程度正相关，低渗油藏至致密油范围内渗吸采油效果差异显著；岩块尺寸与渗吸采出程度负相关；不考虑重力时，界面张力较低导致渗吸采油无法发生，考虑重力时，超低界面张力下渗吸采油也能发生，总体呈现出随着界面张力降低渗吸采收率先升后降的趋势，并且不同界面张力范围内毛细管压力和重力的作用存在差异；裂缝性油藏驱替速度存在最优取值范围，应在保证产油速度的条件下优选驱替速度以获得较高采收率。

王强等（2022）基于渗流理论、化学势以及嵌入式离散裂缝模型，推导了包含矿化度、毛细管压力、重力、膜效率以及温度等关键参数的油、水以及溶质三相流动连续性方程，建立了新的静态自发渗吸机理模型；并利用 Bui 等（2017）的研究结果验证了新模型；最后通过数值计算研究分析了多重影响因素及其对渗吸采油的影响规律。通过数值计算，着重研究了不同驱动机制对渗吸采出程度的贡献，分析了浸泡液矿化度、岩块壁面膜效率、岩块尺寸对采出程度的影响。结果表明：静态渗吸采油过程中，毛细管力、重力以及渗透压都为重要的渗吸驱动力；受多种渗吸驱动力影响，岩块内部含水饱和度呈一定规律变化；早期渗吸中，毛细管力、重力对采出程度的贡献较大；长远来看，渗透压主导的持续渗吸作用对采出程度的贡献也不可忽视。浸泡液矿化度与岩块采出程度呈近线性负相关；岩块尺寸与采出程度呈非线性负相关；岩块壁面膜效率与采出程度呈非线性正相关，并且膜效率的增加可以延长高渗透压主导渗吸采油的时长。在水力压裂作业和注水开发过程中，适当降低压裂液和注入流体矿化度值以及增加水力改造裂缝网络复杂程度，可以强化初期渗吸采油效果，缩短渗吸时间，提高最终采收率。

四、数字岩心

近年来，数值模拟方法已被广泛应用于油藏开发渗流特性的研究，而基于数字岩心模型的孔隙尺度流动模拟为研究热点。格子 Boltzmann 方法（Lattice Boltzmann Method，LBM）是一种通过流体粒子的碰撞和迁移来描述流体流动的介观方法。相比于传统计算流体力学，该方法易于处理复杂几何边界和实现并行计算，常用于微观渗流模拟，或直接计算岩石宏观物性参数等。

聚焦于岩心微观孔隙结构与润湿性对自发渗吸过程中流体界面变化及采出程度的影响，汪勇等（2020）对胜利油田樊 154 区块致密砂岩样品进行了自发渗吸模拟研究。应用 CT 扫描技术建立微观孔隙结构的数字岩心模型，利用格子 Boltzmann 多相流模型开展孔隙尺度自发渗吸模拟，分析三种典型孔隙结构特征及不同润湿条件影响下的渗吸前缘演化和采出程度变化规律。结果表明，孔隙片状发育且连通性较好的结构中渗吸速率快且非润湿流体主要以"卡断"形式捕集，最终采出程度高，孔隙尺寸细小且连通性较好的结构内渗吸速率稳定，无较大波动，渗吸现象持续时间长，非润湿流体可以通过"绕流"和"卡断"方式捕集，最终采出程度一般，形态特征以片状发育但连通性较差的结构中渗吸速率波动显著，非润湿流体主要以"卡断"方式捕集，最终采出程度低；不同润湿性影响两相流体前缘的演化规律，润湿角越小，润湿流体优先侵入孔隙角隅，两相界面杂乱、分散，主终端液面滞后明显，渗吸前缘后非润湿相滞留明显，而润湿角越大，角流现象减少，渗吸前缘形态规则，但渗吸速率减慢，渗吸程度低；渗吸前期的逆向渗吸在强润湿条件下，发生程度高且位置多，同时后期的顺向渗吸过程中，润湿性越强，渗吸作用越明显，渗吸速率越快，最终采出程度越高。研究结果有助于厘清致密油藏压裂开发中自发渗吸作用特征及其影响因素。

鲁力（2022）应用格子玻尔兹曼方法（LBM），针对几何结构较理想的含裂隙孔隙网络中的渗吸过程进行了数值模拟研究，重点研究了流体在几种非均匀分布的孔隙网络中的流动特点，研究了毛细管数、连通性等因素对渗吸的影响以及含裂隙孔隙网络中压力梯度主导时的渗吸情形。结果表明，渗吸流体首先进入小尺度孔隙中且前沿发展较大孔隙中的快，这与渗流的情况相反。随着 Knudsen 数减小，无量纲渗吸速率越来越快；随着孔隙网络连通性减低，渗吸发展越来越慢，当孔隙连通性小于或等于 50% 时，渗吸难以发展。以岩心实测孔径分布为依据建立了一个孔隙网络模型，应用 LBM 对其中的渗吸过程进行了数值模拟研究。首先通过量纲分析确定了此孔隙网络模型的渗吸过程中的主要影响因素，然后通过 LBM 模拟分析了主要因素的影响，并建立了驱替效率、驱替速度等变量与主要影响因素如接触角、连通性等的拟合关系。

第二节 影响因素

致密油储层的孔隙结构特征对于渗吸过程中的毛细管压力大小具有决定性的作用（杨宸等，2024）。致密油储层中含有大量的纳米孔和微米孔，这些孔隙具有较强的毛细管力，是自发渗吸的主要驱动力。大量研究证实：孔隙尺寸、孔喉形状、孔隙连通性和裂缝发育情况等孔隙结构性质会显著影响毛细管力，进而影响自发渗吸效果。

一、渗透率

渗透率是影响动态渗吸效率的主要因素之一。在润湿性不变的情况下，渗透率越大，孔隙半径越大，油排出过程中所受到的阻力越小，越有利于油相排出，渗吸效率越大（黄兴等，2021）。

以鄂尔多斯盆地富县地区延长组长 8 段致密砂岩储层样品为例，谷潇雨等（2017）通过自发渗吸物理模拟实验研究了渗透率对致密储层渗吸采出程度的影响规律。研究结果表明：（1）基质自发渗吸排驱在致密砂岩储层注水开发中起着至关重要的作用，实验岩心样品自发渗吸采出程度可以达到 5.24%～18.23%，且基质的渗透率越大，自发渗吸采出程度越高（图 8-1）；（2）受吸附层厚度的影响，亚微米级以上孔隙在致密储层的渗吸驱油过程中起主导作用，纳米—亚微米级孔隙对渗吸采出程度贡献相对较弱（图 8-2）；（3）孔喉的连通性是导致致密储层基质渗透率与渗吸排驱采油效率呈正相关的主要微观影

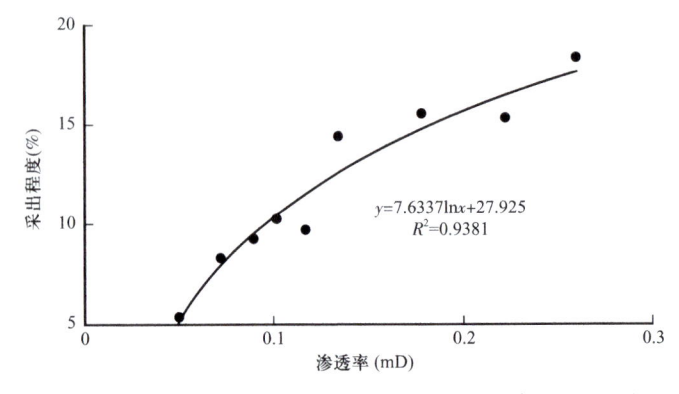

图 8-1 鄂尔多斯盆地长 8 段致密砂岩渗吸采出程度与基质渗透率的关系（据谷潇雨等，2017）

响机制。不同渗透率样品亚微米—微米级孔隙尺寸分布的差异并不大，但随着渗透率的增加，连通孔喉个数与连通面孔率均呈指数递增，导致渗吸排驱采出程度显著提高。

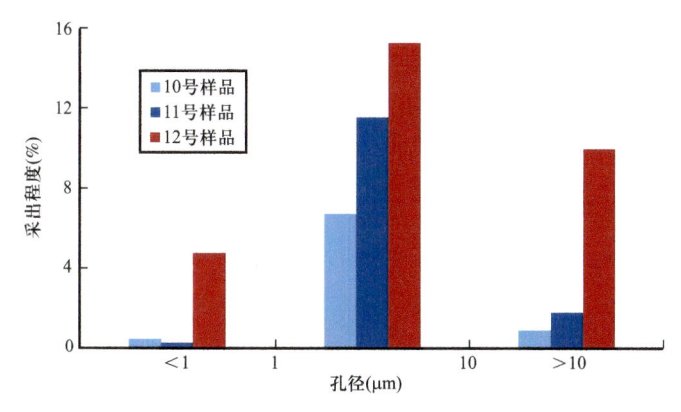

图 8-2 鄂尔多斯盆地长 8 段致密砂岩不同孔径孔隙对渗吸采出程度贡献（据谷潇雨等，2017）

杨正明等（2019）的研究则表明：逆向渗吸过程中，渗透率越低，油滴析出越晚，渗吸平衡时间越长，采出程度越低；裂缝可有效扩大致密基质与水接触的渗吸面积和渗吸前缘的范围，减小油排出的阻力，提高渗吸速度和采出程度；岩石越亲水，岩样的渗吸速度和采出程度越高。顺向渗吸过程中，渗透率越低，渗吸作用越明显；驱替采出程度与渗透率呈正相关，而渗吸采出程度与渗透率呈负相关。注水吞吐的渗吸距离要大于单纯的逆向渗吸距离，渗透率和注入倍数越大，渗吸距离越大。

二、孔—喉大小

在致密油储层的纳米和微米级孔隙中，由于存在毛细管力，多孔介质具有极强的固液作用，并对液相界面的几何特征和物理特性产生重要影响。毛细管力整体上遵循杨—拉普拉斯方程。孔隙尺寸越小，毛细管力越大，流体越容易进入到孔隙中。因此，理论情况下，流体性质相同时，小尺寸孔隙会首先被流体填满，而后才会填充大孔隙。然而，通过动态渗吸实验发现，小孔隙含量与原油的采收率呈负相关关系，而中孔隙含量与致密油采收率呈正相关关系，大孔隙含量则几乎不影响采收率。同时，核磁共振 T_2 谱的结果也表明，中孔隙在动态渗吸中起到了关键性的作用。这主要是流体在砂岩孔隙中受到毛细管力和黏滞摩擦力共同作用的结果，小孔隙内非润湿相流体的黏滞摩擦作用力比较大，在很大程度上抵消了作为驱动力的毛细管力，导致原油难以被驱动。与小孔隙相比，中孔隙的黏滞作用力较小，更加有利于油水置换，因此，在致密油开发过程中贡献较大。

目前，室内渗吸实验大多是在常温常压下进行的，实验条件与实际条件间存在较大差异。为了更加接近实际情况，Zheng 等（2021）在 15MPa、60℃ 条件下，结合 NMR 和高分辨 X-CT 技术对渗吸过程中流体的分布进行了监测。结果表明：自发渗吸过程中大孔隙具有显著优势；自发渗吸的初始阶段主要发生在大孔隙中，这是由于油—压裂液界面张力较低，动力较弱，压裂液的自发渗吸速度低于地层水的自发渗吸速度。压裂液能减少动能转化为界面自由能时的损失，从而促进自发渗吸的进行，较高的油水界面张力有利于提高初始阶段的自发渗吸速度，而适当的界面张力有利于提高后期的自发渗吸速度。

考虑到实际情况下致密砂岩的孔径尺寸会不断变化，Gong 等（2022）采用两相流格子玻尔兹曼模型对变直径毛细管中的渗吸过程进行了模拟。结果发现：毛细管直径变小会对流体运移产生阻力，且随着孔径变小程度加剧而增加，在阻力作用下，毛细管内甚至会出现断吸现象，从而导致非润湿相的采出程度非常低；当喉道直径增大、孔径变化程度减小时，自发渗吸的速度显著增大。这一研究结果丰富了孔径变化和孔隙弯曲度对自发渗吸的影响机制研究。

三、孔隙类型

不同孔隙类型对应的孔喉结构特征具有较大的差异，受储层孔喉结构非均质性及喉道大小的影响，其渗吸驱油效率也不同（黎明等，2022）。鄂尔多斯盆地渭北油田三叠系延长组三段储层溶蚀孔、粒间孔以及晶间孔 3 类孔隙比较发育，不同孔隙类型为主储层对应的孔喉结构特征差异较大，溶蚀孔、晶间孔为主的储层其孔喉结构逐渐变差。溶蚀孔型储层渗吸驱油效率较晶间孔型低（图 8-3），主要原因在于溶蚀孔型储层其孔喉结构非均质性比较强，大小喉道混杂存在，在渗吸过程中，孔道的渗吸能力强弱变化较大，影响渗吸效果。同时该类储层总体粗大喉道较多，其毛细管力作用较小，渗吸驱油后残余孔隙中的油较多，驱油效率相对较低；而晶间孔型储层其孔喉结构非均质性比较弱，喉道大小较为均一，且主体为小喉道，在渗吸过程中，孔道的渗吸能力持续较强，渗吸效果较好。同时该类储层总体为细小喉道，其毛细管力作用强，渗吸驱油后残余孔隙中的油较少，驱油效率相对较高（图 8-3）。

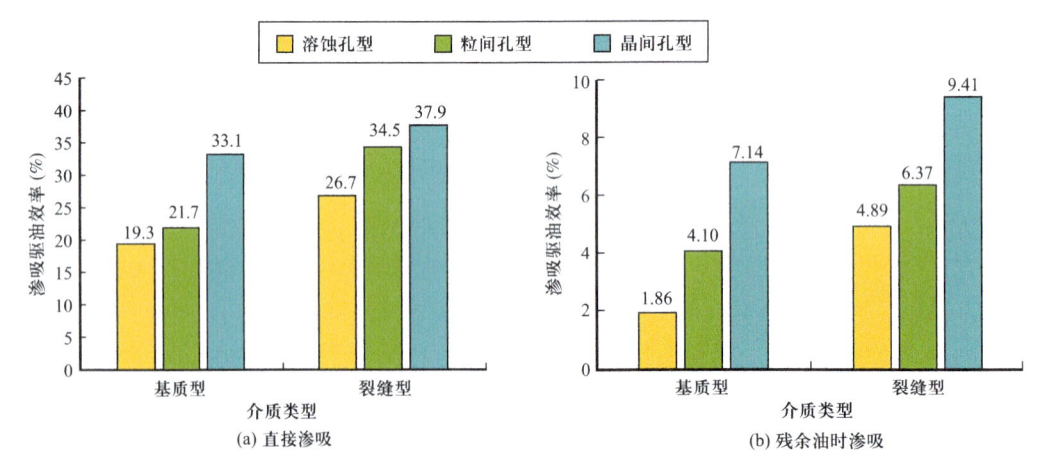

图 8-3　鄂尔多斯盆地渭北油田长 3 储层不同孔喉类型储层渗吸驱油效率对比

四、孔—喉形状

自发渗吸机理的研究一般均默认孔隙形状为规则的圆柱体通道。而在实际情况下，致密储层孔隙形状大多为不规则的，其截面可能为三角形、矩形等，且孔隙具有一定弯曲度，而在空间上，孔隙还会呈现出交叉、分岔和网络等不同几何形状。因此，有必要对不规则孔喉形状对于自发渗吸机制的影响开展深入研究。

Mason等（1991）采用MS-P理论对三角形孔道中的毛细管现象进行了研究，结果表明，在小直径毛细管的渗吸过程中，重力对于液体流动的影响几乎可以忽略不计。Blunt（2001）对三角形孔道中的渗吸过程进行了研究，结果表明，渗吸过程首先从三角形孔道的3个角开始进行，当角中液体相遇时，整个孔隙中的液体会自发地重新分布，使得孔隙表面呈现出混湿性质。Weislogel等（1998）对长方形毛细管的渗吸机理进行了研究，结果表明，流体在内角处的流动受内角角度、孔喉尺寸和液体黏度影响，其值越小沿内角突进越严重。相较于圆形孔隙，三角形孔隙中角流（三角形3个角区域的流体流动）和长方形毛细管中的体流（长方形中间区域的流动）是不可忽视的重要因素。Lu等（2018）基于Onsager理论对水平方形毛细管渗吸实验中角流和体流之间的作用进行了研究，结果发现，与圆形毛细管相比，方形毛细管管壁上的液体相比管中心的液体会出现前移现象。致密储层孔隙系统是由无数个分枝状结构组成的复杂体系，对分枝状孔隙结构的自发渗吸行为进行探究对于了解整个系统的渗吸机制具有重要意义。Shen等（2017）将复杂的孔隙空间网络简化成为多个具有相似形状的分枝状孔道结构，利用数学模型对分枝状孔道结构的渗吸过程进行计算，讨论了收缩角、黏度、表面张力等孔隙结构和流体特性对于渗吸过程的影响。结果表明，储层和压裂液之间润湿性的一致性对于提高微观置换效果非常重要。此外，孔径大小对渗吸曲线也有影响。除了分枝状通道，致密储层中还存在"S"形、楔形等诸多复杂形状的孔隙。Zheng等（2018）利用一种改进的两相流格子玻尔兹曼模型对直孔道的自发渗吸过程进行模拟验证，并将其应用于"S"形正弦孔道、楔形孔道和分叉孔道等不规则孔隙的渗吸行为研究，定量探讨了弯曲度和孔隙形状对孔隙中流体黏滞力和毛细管力的影响。结果表明，当孔隙直径一定时，"S"形孔道与直孔道的自发渗吸行为相似；而在楔形和分叉形孔道中，入口处孔隙的宽度是影响自发渗吸速度的重要参数，当喉道直径一定时，孔隙直径越大、正弦函数的周期越小，自发渗吸的速度越慢。这些结论有助于研究非常规油藏的自发渗吸和微观驱替机制。然而，一些影响因素没有被考虑在内，如流体的非牛顿特性、基质的低连通性、气体和基质的可压缩性等，页岩介质的尺度效应在该模型中没有讨论，需要在未来的工作中进行考虑。

五、孔—喉连通性

除孔隙尺寸、孔喉形状等因素外，孔隙连通性对自发渗吸也具有一定影响。Dong等（2022）基于平均几何和分形几何理论建立了更接近真实多孔介质的长期渗吸模型，揭示了孔隙连通性对渗吸初始行为和平衡行为的影响机制。结果表明，孔隙连通性随非均质性的增加而降低，随孔隙度的增加而增强，对于连通性较弱的孔隙结构，其初始渗吸能力较弱，渗吸采收率较低。Kibria等（2018）建立了基于分形理论的自发渗吸模型，并将其应用于孔隙尺寸和孔隙连通性对自发渗吸的影响研究，讨论了影响渗吸速率和扩散速率的因素。结果表明，孔隙结构分支越多，孔隙连通性越强，渗吸采收率越高；同时，亚孔喉孔径越大，渗吸采收率也越高。除理论模型研究外，学者也针对实际岩样开展自发渗吸实验，从实验层面探究孔隙连通性对于自发渗吸的影响机制。Wang 等（2021）结合 NMR 和自发渗吸实验对不同尺寸和润湿性的页岩孔隙连通性进行了研究。结果表明，微孔的连通性最强，中孔次之，大孔的连通性最差；亲水孔隙的连通性优于亲油孔隙。

为深入研究低渗透致密储层中不同孔隙结构的渗吸机理及对渗吸过程的影响，李晓骁等（2018）以邦德系数、无因次时间下的自吸驱油效率为评价指标，通过压汞、扫描电镜和核磁共振等多种实验手段，在对鄂尔多斯盆地东部 X 区长 6 段低渗透致密砂岩储层孔隙结构分类的基础上，研究不同孔隙结构对渗吸特征和自吸驱油效率的影响。结果表明：低渗透致密砂岩储层可以分为中大孔型和微孔缝型 2 种孔隙组合。不同孔隙结构组合的岩心中，中大孔喉的比例决定自吸驱油效果，残余油主要滞留在微孔喉中。中大孔型岩心中大孔喉比例高，地层水和表面活性剂中自吸驱油效率高，自吸过程受到毛细管力作用较弱，表面活性剂改善驱油效果和渗吸方式明显；微孔缝型岩心中大孔喉比例小，毛细管阻力影响大，地层水和表面活性剂中自吸驱油效率低。表面活性剂可以明显改变渗吸方式，提高自吸驱油效率，但仍有一部分残余油滞留束缚在微小孔喉中。

六、裂缝

在致密油储层中，除了无机孔隙和有机孔隙等孔隙结构外，还存在微裂缝、天然裂缝和压裂裂缝等复杂的孔隙结构。这些裂缝结构也对自发渗吸起到了非常重要的影响，前人围绕裂缝与自发渗吸之间的影响机制，从理论模拟和实际样品表征等方面展开了广泛的研究。Wang 等（2019）通过湿润性实验和自发渗吸实验对自发渗吸的影响因素进行研究，发现天然裂缝能够提高渗吸效果。其中，底部裂缝的效果优于侧边的裂缝，穿透性裂缝优于闭合式裂缝。Yang 等（2023）通过物理压裂、界面张力实验、润湿性实验和渗吸实验，研究了裂缝对致密砂岩自发渗吸的影响。结果表明，裂缝可有效减少岩心表面的油滴吸附，提高致密砂岩的渗吸采收率。这些研究工作说明裂缝的存在可以增强储层的孔隙连通性，减少油滴在岩心表面的吸附，提高致密油储层的渗吸速率和采收率。

上述工作主要针对单裂缝体系进行研究，然而在实际情况中，同一样品通常存在二次裂缝、交叉裂缝甚至裂缝网络等复杂裂缝，因此，前人对多尺度、多场条件下油水非线性渗流的界面形态等方面进行了研究。He 等（2022）使用有限元求解器 COMSOL Multiphysics 对 Cahn-Hilliard 相场耦合方法和 Navier-Stokes 方程进行了解析，在具有不同分叉裂缝形态的二维真实孔隙中捕捉动态渗吸过程的油水界面演化。结果表明，单裂缝模型的自发渗吸过程分为堵塞阶段和排出阶段，而分叉裂缝模型的渗吸过程分为堵塞阶段、排出阶段和连接阶段。研究结果揭示了具有分叉裂缝的非均质多孔介质的渗吸机理，可为土壤修复强化策略的制订提供指导。Liu 等（2020）使用优化的颜色梯度晶格玻尔兹曼方法，详细分析了逆流自吸过程中界面形态的演化过程，明确了微裂缝对非润湿流体和采收率的影响。结果表明：微裂缝对初始阶段的界面动力学和基体中的局部界面动力学影响不大，但界面形态的演变受微裂缝几何形状的控制；微裂缝可显著提高原油采收率；单个微裂缝的长度和分叉角会通过影响两相界面的演变而显著影响采收率。同时，单个微裂缝的长度和分叉角对采收率具有重要影响。Wang 等（2022）建立了裂缝性多孔介质自发渗吸驱油的数学模型，并用相场方法进行了数值求解。通过将数值结果与经典 Lucas-Washburn 方程所描述的单毛细管驱动流的解析解进行比较，验证了所提方法的准确性，并探讨了岩石润湿性、油水黏度比、界面张力、裂缝网络等因素对自吸采油的影响。结果表明，该方法能较好地观测到油滴在孔隙尺度上的跃离和聚结过程。

为探究研究区储层不同孔隙介质渗吸效果差异，黎明等（2022）以鄂尔多斯盆地渭北油田三叠系延长组三段超低渗透油藏为研究对象，分别设计了基质储层和裂缝型储层渗吸实验。直接渗吸实验表明，裂缝型储层渗吸驱油效率均高于基质型储层，平均渗吸驱油效率分别为 34.8% 和 23.2%。主要原因在于储层中裂缝的存在，一方面增大了渗吸接触面积，毛细管作用力面积增大，可以使得渗吸效率增大；另一方面增加了油水运移通道，裂缝附近的基质储层中的原油或残余油通过渗吸作用，渗吸至裂缝中，再由裂缝面驱出岩样，提高了驱油效率。

裂缝的存在不仅扩大了致密基质与水接触的渗吸面积和渗吸前缘的范围，而且还减小了油排出的阻力，提高了渗吸速度和采出程度（图 8-4）。因此，对致密储层进行大规模体积压裂改造和注水吞吐，利用逆向渗吸的吸水排油机理，可提高渗吸排油速度和采出程度，改善开发效果。

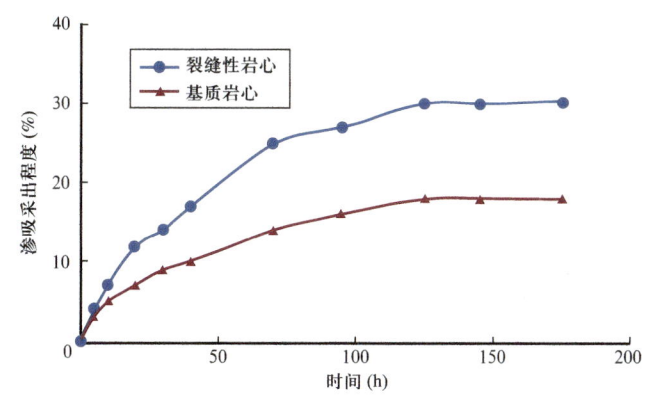

图 8-4 裂缝性岩心和基质岩心渗吸效果对比

七、CO_2

CO_2 是提高致密油采收率的主要技术之一，能够有效提高致密油渗吸采出程度。传统观点认为，CO_2 提高渗吸采收率的主要机理是增强岩石水湿性。CO_2 与钙镁等离子生成碳酸盐沉淀，使岩石亲水性增强；CO_2 与原油接触后，可抽提原油中的非极性组分，削弱了岩石矿物表面的油膜，增强骨架颗粒表面的极性，使岩石润湿性向亲水性转变。大量的矿场经验也证明，长期 CO_2 驱后岩石亲水性会增强，有利于降低渗吸残余油饱和度，从而提高渗吸驱油的采出程度。但也有学者认为，增大注 CO_2 压力会使油水界面张力减小，渗吸的毛细管力减小，不利于渗吸效应发生。

唐永强等（2021）针对致密油 CO_2 溶液渗吸机理展开研究，设计了渗吸实验装置，开展了不同压力、不同渗透率的渗吸实验，并研究了束缚水饱和度对渗吸能力的影响。结果表明：CO_2 能够提高自发渗吸速度及渗吸采出程度；提高压力能增强 CO_2 的传质速度，增强渗吸作用；较低的渗透率会阻碍 CO_2 在岩心中的扩散，削弱了 CO_2 提高自发渗吸速度的能力；束缚水的存在会影响渗流能力，并消耗一部分 CO_2，使渗吸速度降低，但束缚水一般分布在盲端和无效孔隙，因此对渗吸总采出程度的影响较小；增加 CO_2 压力可以降低油水界面张力，降低毛细管力（图8-5）；渗透率越高，毛细管半径越大，毛细管力越低，说明 CO_2 对毛细管力的作用并非提高渗吸采收率的主要机理；CO_2 通过溶解、扩散、膨胀等作用，可以提高致密油渗吸速度和驱油效率，是 CO_2 增强渗吸作用的主要机理。

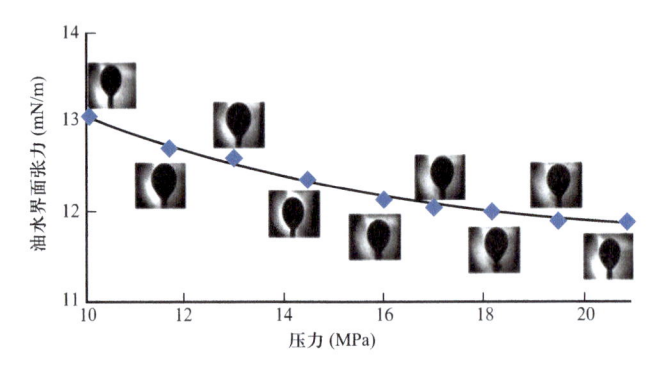

图 8-5 溶解 CO_2 后的油水界面张力（据唐永强等，2021）

八、润湿性

黄兴等（2021）的研究表明润湿性对致密砂岩自发渗吸有显著影响。根据润湿接触角测量结果显示，目标储层的润湿接触角主要为30°～120°，润湿性包括亲水、中性和弱亲油3种，且随着储层孔隙结构的变差，岩石润湿性也逐渐向亲油方向转变。采出程度与润湿接触角呈负相关（图8-6），说明储层的亲水性越强，其动态渗吸效率越高。因此，在致密油藏注水吞吐开发中，可以通过向注入水中添加表面活性剂调节储层润湿性，达到提高渗吸效率的目的。

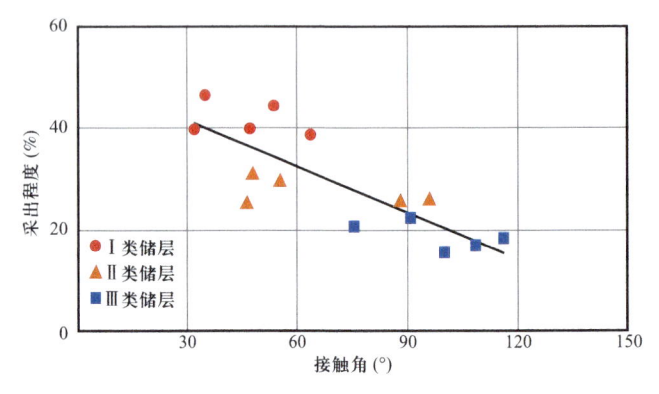

图 8-6 采出程度与润湿接触角的关系（据黄兴等，2021）

杨正明等（2019）的研究表明，强亲水岩心的逆向渗吸驱油效率最高为 19.12%，强亲油岩心的逆向渗吸驱油效率最低，为 2.82%，比强亲水岩心的驱油效率低 16.30%。因此，致密储层大规模体积压裂与改变储层润湿性、注水吞吐相结合有利于提高致密储层的渗吸效果。

李侠清等（2021）使用高温高压渗吸仪，以渗吸采收率为指标，系统评价储层特性、流体性质和边界条件等 3 类 7 项参数对岩心自发渗吸作用的影响。使用灰色关联分析法对各影响因素进行权重分析。结果表明：低渗透油藏渗吸采收率随着岩心渗透率和长度的增大而减小。油藏温度升高，原油黏度降低，渗吸作用增强，渗吸采收率增大；两端开启岩心渗吸采收率高于周围开启岩心；油水界面张力越低，岩石表面亲水性越强，渗吸采收率越高；裂缝越多，渗吸采收率越高（图 8-7）。各影响因素权重由大到小依次为：岩石润湿性、油水界面张力、裂缝条数、油藏温度、端面开启位置、岩心渗透率和岩心长度，其中油水界面张力、岩石润湿性和裂缝条数与渗吸采收率的关联度均在 0.95 以上，为渗吸采油主控因素。

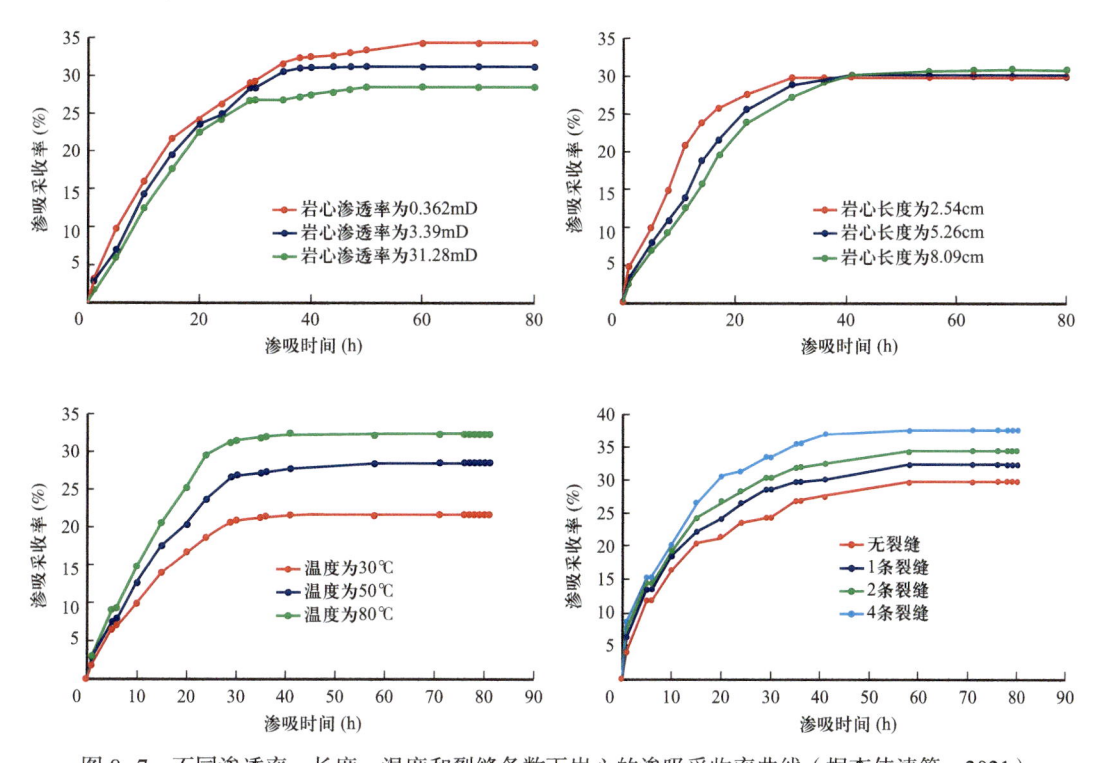

图 8-7 不同渗透率、长度、温度和裂缝条数下岩心的渗吸采收率曲线（据李侠清等，2021）

党海龙等（2017）对鄂尔多斯盆地延长油田西区采油厂的天然露头岩心开展了自发渗吸实验，研究了边界条件、润湿性、温度、原油黏度、界面张力及渗透率等因素对渗吸驱油作用的影响。实验结果表明：润湿性（图 8-8）、黏度、界面张力及渗透率是影响渗吸驱油的主要因素，岩石越亲水，原油黏度越低，渗吸驱油效果越好。对于亲水岩心，渗透率相近时，界面张力为 0.04mN/m 时渗吸效果最佳；岩石渗透率差异明显时，渗透率为 2.94mD 时渗吸效果最佳。

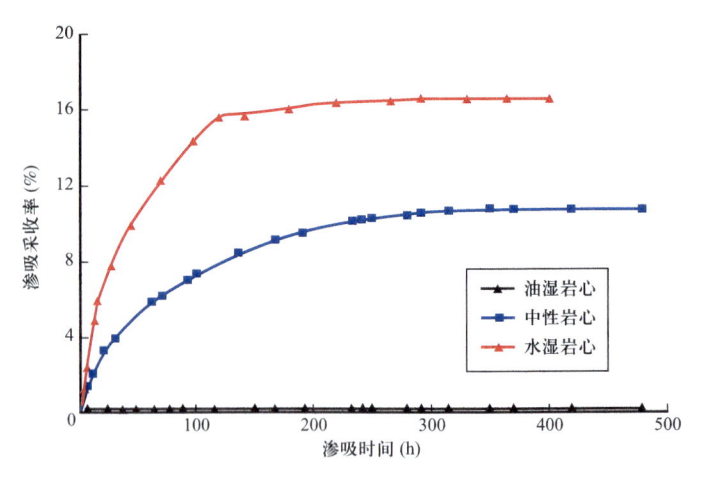

图 8-8 鄂尔多斯盆地延长油田岩心润湿性对渗吸采收率的影响（据党海龙等，2017）

参 考 文 献

白斌，朱如凯，吴松涛，等．2013．利用多尺度CT成像表征致密砂岩微观孔喉结构［J］．石油勘探与开发，40（3）：329-333．

白斌，朱如凯，吴松涛，等．2014．非常规油气致密储层微观孔喉结构表征新技术及意义［J］．中国石油勘探，19（3）：78-86．

白瑞婷，李治平，南珺祥，等．2016．考虑启动压力梯度的致密砂岩储层渗透率分形模型［J］．天然气地球科学，27（1）：142-148．

白雪峰，陆加敏，李军辉，等．2024．松辽盆地北部全油气系统成藏模式与勘探潜力［J］．大庆石油地质与开发，43（3）：49-61．

蔡来星，杨田，田景春，等．2023．致密砂岩储层中黏土矿物发育特征及其生长机理研究进展［J］．沉积学报，41（6）：1859-1889．

操应长，远光辉，杨海军，等．2022．含油气盆地深层—超深层碎屑岩油气勘探现状与优质储层成因研究进展［J］．石油学报，43（1）：112-140．

曹江骏，陈朝兵，罗静兰，等．2020．自生黏土矿物对深水致密砂岩储层微观非均质性的影响——以鄂尔多斯盆地西南部合水地区长6油层组为例［J］．岩性油气藏，32（6）：36-49．

常林森，张倩莹，郭雪岩．2021．基于高斯过程回归和遗传算法的翼型优化设计［J］．航空动力学报，36（11）：2306-2316．

陈朝兵，赵振宇，付玲，等．2021．鄂尔多斯盆地华庆地区延长组6段深水致密砂岩填隙物特征及对储层发育的影响［J］．石油与天然气地质，42（5）：1098-1111．

陈少云，杨勇强，邱隆伟，等．2024．致密砂岩孔喉结构分析与渗透率预测方法——以川中地区侏罗系沙溪庙组为例［J］．石油实验地质，46（1）：202-214．

陈奕阳，杜贵超，王凤琴，等．2023．甘泉油田长8油层组储层孔隙发育特征及演化规律［J］．西安石油大学学报（自然科学版），38（1）：19-30．

陈忠，沈明道，赵敬松，等．1998．黏土矿物含量分析中的几个问题［J］．沉积学报，（1）：137-139．

谌卓恒，杨潮，姜春庆，等．2018．加拿大萨斯喀彻温省Bakken组致密油生产特征及甜点分布预测［J］．石油勘探与开发，45（4）：626-635．

程辉，王付勇，宰芸，等．2020．基于高压压汞和核磁共振的致密砂岩渗透率预测［J］．岩性油气藏，32（3）：122-132．

戴金星，倪云燕，刘全有，等．2021．四川超级气盆地［J］．石油勘探与开发，48（6）：1081-1088．

党海龙，王小锋，段伟，等．2017．鄂尔多斯盆地裂缝性低渗透油藏渗吸驱油研究［J］．断块油气田，24（5）：687-690．

邓浩阳，司马立强，吴玟，等．2018．致密砂岩储层孔隙结构分形研究与渗透率计算——以川西坳陷蓬莱镇组、沙溪庙组储层为例［J］．岩性油气藏，30（6）：76-82．

董鑫旭，孟祥振，蒲仁海，等．2023．基于致密砂岩储层孔喉系统分形理论划分的可动流体赋存特征认识［J］．天然气工业，43（3）：78-90．

窦宏恩，张蕾，米兰，等．2021．人工智能在全球油气工业领域的应用现状与前景展望［J］．石油钻采工艺，43（4）：405-419．

窦文超．2018．鄂尔多斯盆地西南部长6—长7段砂岩致密成因及非均质性研究［D］．北京：中国石油大学（北京）．

杜正瞳，何勇明，周涌沂，等．2024．准噶尔盆地玛湖凹陷致密砂砾岩储层自发渗吸规律研究［J］．油气地质与采收率，https：//doi.org/10.13673/j.pgre.202312037．

范宜仁，刘建宇，葛新民，等．2018．基于核磁共振双截止值的致密砂岩渗透率评价新方法［J］．地球物理学报，61（4）：1628-1638.

房涛，张立宽，刘乃贵，等.2017.核磁共振技术定量表征致密砂岩气储层孔隙结构——以临清坳陷东部石炭系—二叠系致密砂岩储层为例［J］.石油学报，38（8）：902-915.

冯军，张博为，冯子辉，等.2019.松辽盆地北部致密砂岩储集层原油可动性影响因素［J］.石油勘探与开发，46（2）：312-321.

冯胜斌，牛小兵，刘飞，等.2013.鄂尔多斯盆地长7致密油储层储集空间特征及其意义［J］.中南大学学报（自然科学版），44（11）：4574-4580.

冯文立.2009.鄂尔多斯盆地东北部太原组储层砂岩中粘土矿物特征及成因［D］.成都：成都理工大学.

冯越，黄志龙，张华，等.2019.吐哈盆地胜北洼陷七克台组二段混积岩致密储层特征研究［J］.特种油气藏，26（5）：56-63.

伏万军.2000.粘土矿物成因及对砂岩储集性能的影响［J］.古地理学报，（3）：60-69.

付金华，段晓文，席胜利.2000.鄂尔多斯盆地上古生界气藏特征［J］.天然气工业，20（6）：16-19.

付金华，喻建，徐黎明，等.2015.鄂尔多斯盆地致密油勘探开发新进展及规模富集可开发主控因素［J］.中国石油勘探，20（5）：9-19.

葛小波，李吉君，卢双舫，等.2017.基于分形理论的致密砂岩储层微观孔隙结构表征——以冀中坳陷致密砂岩储层为例［J］.岩性油气藏，29（5）：106-112.

谷潇雨，蒲春生，黄海，等.2017.渗透率对致密砂岩储集层渗吸采油的微观影响机制［J］.石油勘探与开发，44（6）：948-954.

谷宇峰，张道勇，鲍志东，等.2021.利用梯度提升决策树（GBDT）预测渗透率——以姬塬油田西部长4+5段致密砂岩储层为例［J］.地球物理学进展，36（2）：585-594.

郭彤楼，熊亮，杨映涛，等.2024.从储层、烃源岩到输导体勘探——以四川盆地须家河组致密砂岩气为例［J］.石油学报，45（7）：1078-1091.

韩伟，肖思群.2013.聚焦离子束（FIB）及其应用［J］.中国材料进展，32（12）：716-727+751.

郝栋，杨晨，刘晓东，等.2021.鄂尔多斯盆地白豹油田致密砂岩储层孔喉结构及NMR分形特征［J］.西安石油大学学报（自然科学版），36（5）：34-45.

郝杰，周立发，袁义东，等.2018.断陷湖盆致密砂砾岩储层成岩作用及其对孔隙演化的影响［J］.石油实验地质，40（5）：632-638.

何雨丹，毛志强，肖立志，等.2005.核磁共振T_2分布评价岩石孔径分布的改进方法［J］.地球物理学报，（2）：373-378.

贺闪闪，赵迪斐，刘静，等.2019.基于低温氮气吸附的无烟煤吸附孔隙结构与分形特征表征［J］.煤炭技术，38（1）：66-69.

侯栗丽，王兆兵，龙国徽，等.2024.柴西地区中新世致密油藏源储特征及其组合特征［J］.非常规油气，11（5）：70-81.

侯庆杰，刘显太，韩宏伟，等.2022.致密滩坝砂储集层孔隙分形特征、预测及应用——以东营凹陷为例［J］.沉积学报，40（5）：1439-1450.

胡渤，蒲军，苟斐斐，等.2022.基于数字岩心的致密砂岩微观孔喉结构定量表征［J］.油气地质与采收率，29（3）：102-112.

胡素云，朱如凯，吴松涛，等.2018.中国陆相致密油效益勘探开发［J］.石油勘探与开发，45（4）：737-748.

郈全来，孟元林，武景龙，等.2023.涠西南凹陷X油田中块渐新统储层碳酸盐胶结物特征及孔隙演化模式［J］.海洋地质前沿，39（7）：13-24.

黄兴，窦亮彬，左雄娣，等.2021.致密油藏裂缝动态渗吸排驱规律［J］.石油学报，42（7）：924-935.

惠威，贾昱昕，程凡，等.2018.苏里格气田东部盒8储层微观孔隙结构及可动流体饱和度影响因素［J］.

油气地质与采收率，25（5）：10-16.

吉利明，邱军利，夏燕青，等．2012．常见黏土矿物电镜扫描微孔隙特征与甲烷吸附性［J］．石油学报，33（2）：249-256.

贾爱林，位云生，郭智，等．2022．中国致密砂岩气开发现状与前景展望［J］．天然气工业，42（1）：83-92.

贾业，刘晓健，黄晓波，等．2024．碳酸盐胶结物对深层优质碎屑岩储层影响研究［J］．天然气与石油，42（4）：53-62.

姜洪福，艾鑫，罗光东，等．2024．松辽盆地徐家围子断陷白垩系沙河子组深层致密气成藏机理及勘探突破［J］．中国石油勘探，29（1）：130-141.

姜黎明，孙建孟，刘学锋，等．2012．天然气饱和度对岩石弹性参数影响的数值研究［J］．测井技术，36（3）：239-243.

康小斌，闫钰琦，屈亚宁，等．2024．致密砂岩储层孔喉结构特征及流体可动性影响因素［J］．大庆石油地质与开发，43（5）：79-88.

库丽曼，刘树根，朱平，等．2007．成岩作用对致密砂岩储层物性的影响——以川中地区上三叠统须四段气藏为例［J］．天然气工业，27（1）：33-36.

匡立春，胡文瑄，王绪龙，等．2013．吉木萨尔凹陷芦草沟组致密油储层初步研究——岩性与孔隙特征分析［J］．高校地质学报，19（3）：529-535.

赖锦，王贵文，郑懿琼，等．2013．低渗透碎屑岩储层孔隙结构分形维数计算方法——以川中地区须家河组储层41块岩样为例［J］．东北石油大学学报，37（1）：1-8.

黎李，朱宜新，刘孟琦，等．2024．川东地区须四段致密砂岩储层特征与主控因素［J］．矿物岩石，44（3）：142-151.

黎明，廖晶，王肃，等．2022．鄂尔多斯盆地超低渗透油藏渗吸特征及其影响因素——以渭北油田三叠系延长组三段储层为例［J］．石油实验地质，44（6）：971-980.

黎盼，孙卫，李长政，等．2018．低渗透砂岩储层可动流体变化特征研究——以鄂尔多斯盆地马岭地区长8储层为例［J］．地球物理学进展，33（6）：2394-2402.

李传明，薛海涛，王民，等．2019．脱气温度和样品粒径对致密砂岩低温氮气吸附实验结果的影响［J］．矿物岩石地球化学通报，38（2）：308-316.

李海波，朱巨义，郭和坤，等．2008．核磁共振T_2谱换算孔隙半径分布方法研究［J］．波谱学杂志，（2）：273-280.

李磊，鲍志东，李忠诚，等．2023．致密砂岩气储层微观孔隙结构与分形特征——以松辽盆地长岭气田登娄库组为例［J］．天然气地球科学，34（6）：1039-1052.

李闯，王浩，陈猛，等．2018．致密砂岩储层可动流体分布及影响因素研究——以吉木萨尔凹陷芦草沟组为例［J］．岩性油气藏，30（1）：140-149.

李明轩，韩宏伟，刘浩杰，等．2023．基于数据分布域变换与贝叶斯神经网络的渗透率预测及不确定性估计［J］．地球物理学报，66（4）：1664-1680.

李睿琦，吕文雅，王浩南，等．2023．塔里木盆地库车坳陷克拉苏构造带克深地区典型断背斜天然裂缝分布特征［J］．天然气地球科学，34（2）：271-284.

李帅，杨胜来，王爽，等．2022．三塘湖盆地致密沉凝灰岩储层孔隙结构及流体可动性特征［J］．西安石油大学学报（自然科学版），37（2）：45-52.

李侠清，张星，卢占国，等．2021．低渗透油藏渗吸采油主控因素［J］．油气地质与采收率，28（5）：137-142.

李晓骁，任晓娟，罗向荣，等．2018．低渗透致密砂岩储层孔隙结构对渗吸特征的影响［J］．油气地质与采收率，25（4）：115-120+126.

李阳，李树同，牟炜卫，等．2017．鄂尔多斯盆地姬塬地区长6段致密砂岩中黏土矿物对储层物性的影响［J］．天然气地球科学，28（7）：1043-1053．

李易隆，贾爱林，何东博，等．2013．致密砂岩有效储层形成的控制因素［J］．石油学报，34（1）：71-82．

李易隆，贾爱林，吴朝东，等．2014．松辽盆地长岭断陷致密砂岩成岩作用及其对储层发育的控制［J］．石油实验地质，36（6）：698-705．

李志愿，崔云江，关叶钦，等．2018．基于孔径分布和T_2谱的低孔渗储层渗透率确定方法［J］．中国石油大学学报（自然科学版），42（4）：34-40．

李忠．2016．盆地深层流体—岩石作用与油气形成研究前沿［J］．矿物岩石地球化学通报，35（5）：807-816．

刘标，姚素平，胡文瑄，等．2017．核磁共振冻融法表征非常规油气储层孔隙的适用性［J］．石油学报，38（12）：1401-1410．

刘翰林，杨友运，王凤琴，等．2018．致密砂岩储集层微观结构特征及成因分析——以鄂尔多斯盆地陇东地区长6段和长8段为例［J］．石油勘探与开发，45（2）：223-234．

刘金库，彭军，刘建军，等．2009．绿泥石环边胶结物对致密砂岩孔隙的保存机制——以川中—川南过渡带包界地区须家河组储层为例［J］．石油与天然气地质，30（1）：53-58．

刘客，2024．基于核磁共振和恒速压汞的致密砂岩孔喉结构表征新方法［J］．特种油气藏，32（1）：135-143．

刘林玉，张龙，王震亮，等．2007．鄂尔多斯盆地镇北地区长3储层微观非均质性的实验分析［J］．沉积学报，（2）：224-229．

刘明洁，李永承，唐青松，等．2021．成岩体系对致密砂岩储层质量的控制——以四川盆地中台山地区须二段为例［J］．沉积学报，39（4）：826-840．

刘强，张莹．2025．松辽盆地榆东地区泉头组四段特低—超低渗储集层成岩作用与成岩相［J］．古地理学报，27（2）：499-516．

刘桃，刘景东，李建青，等．2022．鄂尔多斯盆地新安边地区长7致密储层连通孔隙评价［J］．中南大学学报（自然科学版），53（3）：1111-1122．

刘天定，赵太平，李高仁，等．2012．利用核磁共振评价致密砂岩储层孔径分布的改进方法［J］．测井技术，36（2）：119-123．

刘薇，卢双舫，王民，等．2018．致密砂岩储集空间全孔喉直径表征及其意义——以松辽盆地龙虎泡油田龙26外扩区为例［J］．东北石油大学学报，42（6）：41-51+103+7-8．

刘伟新，鲍芳，俞凌杰，等．2016．川东南志留系龙马溪组页岩储层微孔隙结构及连通性研究［J］．石油实验地质，38（4）：453-459．

刘显阳，李士祥，周新平，等．2023．鄂尔多斯盆地石油勘探新领域、新类型及资源潜力［J］．石油学报，44（12）：2070-2090．

刘向君，熊健，梁利喜，等．2017．基于微CT技术的致密砂岩孔隙结构特征及其对流体流动的影响［J］．地球物理学进展，32（3）：1019-1028．

刘向君，朱洪林，梁利喜，等．2014．基于微CT技术的砂岩数字岩石物理实验［J］．地球物理学报，57（4）：1133-1140．

刘秀婵，陈西泮，刘伟，等．2019．致密砂岩油藏动态渗吸驱油效果影响因素及应用［J］．岩性油气藏，31（5）：114-120．

刘宗宾，李超，路研，等．2024．基于孔隙结构表征的低渗透砂岩流体赋存特征及渗透率评价［J］．吉林大学学报（地球科学版），54（4）：1124-1136．

柳益群，李文厚．1996．陕甘宁盆地东部上三叠统含油长石砂岩的成岩特点及孔隙演化［J］．沉积学报，

14（3）：89-98.

吕天雪，张国一，易立新，等．2022.松辽盆地低渗透储层孔隙结构及分形特征［J］.特种油气藏,29（1）：59-65.

鲁力，2022.致密油气储层自发渗吸特征实验与LBM数值模拟研究［D］.北京：中国矿业大学（北京）.

陆统智，曾溅辉，王濡岳，等．2022.柴达木盆地英西地区致密油成藏物理模拟实验［J］.天然气地球科学，33（2）：256-266.

路萍，王浩辰，高春云，等．2022.致密砂岩储层渗透率预测技术研究进展［J］.地球物理学进展，37（6）：2428-2438.

罗超，刘树根，孙玮，等．2014.鄂西—渝东地区下寒武统牛蹄塘组黑色页岩孔隙结构特征［J］.东北石油大学学报，38（2）：8-16.

罗顺社，魏炜，魏新善，等．2013.致密砂岩储层微观结构表征及发展趋势［J］.石油天然气学报，35（9）：5-10+1.

毛晨飞，高衍武，肖华，等．2023.基于流动单元划分的砂砾岩储层渗透率校正方法［J］.测井技术，2022，47（4）：486-494.

孟万斌，吕正祥，冯明石，等．2011.致密砂岩自生伊利石的成因及其对相对优质储层发育的影响——以川西地区须四段储层为例［J］.石油学报，32（5）：783-790.

孟子圆，孙卫，刘登科，等．2019.联合压汞法的致密储层微观孔隙结构及孔径分布特征——以鄂尔多斯盆地吴起地区长6储层为例［J］.地质科技情报，38（2）：208-216.

闵超，代博仁，张馨慧，等．2020.机器学习在油气行业中的应用进展综述［J］.西南石油大学学报（自然科学版），42（6）：1-15.

闵超，文国权，李小刚，等．2024.可解释机器学习在油气领域人工智能中的研究进展与应用展望［J］.天然气工业，44（9）：114-126.

聂晓炜．2022.智能油田关键技术研究现状与发展趋势［J］.油气地质与采收率，29（3）：68-79.

庞玉东，刘元良，张丽，等．2023.鄂尔多斯盆地华池地区长8段致密砂岩储层微观孔隙结构及流体可动性［J］.大庆石油地质与开发，42（3）：1-10.

彭军，韩浩东，夏青松，等．2018.深埋藏致密砂岩储层微观孔隙结构的分形表征及成因机理——以塔里木盆地顺托果勒地区柯坪塔格组为例［J］.石油学报，39（7）：775-791.

齐井顺．2007.松辽盆地北部深层火山岩天然气勘探实践［J］.石油与天然气地质，28（5）：590-596.

秦麟卿，吴伯麟，魏铭鉴，等．2001.X射线小角散射测定氧化铝粉末中微孔尺寸的分布［J］.仪器仪表学报，22（3）：358-359.

邱振，吴晓智，唐勇，等．2016.准噶尔盆地吉木萨尔凹陷二叠系芦草沟组致密油资源评价［J］.天然气地球科学，27（9）：1688-1698.

全国石油天然气标准化技术委员会．2017.致密油地质评价方法：GB/T 34906-2017［S］.北京：中国标准出版社．

全国有色金属标准化技术委员会．2017.气体吸附BET法测定固态物质比表面积：GB/T 19587-2017［S］.北京：中国标准出版社．

任大忠，孙卫，黄海，等．2016.鄂尔多斯盆地姬塬油田长6致密砂岩储层成因机理［J］.地球科学，41（10）：1735-1744.

任桂锋．2021.基于高斯过程回归的可寻址WAT中稀疏采样和预测方法研究［D］.杭州：浙江大学．

沈华，杨亮，韩昊天，等．2023.松辽盆地南部油气勘探新领域、新类型及资源潜力［J］.石油学报，44（12）：2104-2121.

石晓敏，位云生，朱汉卿，等．2023.致密凝灰质砂岩储层孔隙结构特征与储层分类评价——以松辽盆地南部营城组致密凝灰质砂岩为例［J］.天然气地球科学，34（10）：1828-1841.

石油地质勘探专业标准化委员会.2017.致密砂岩气地质评价方法：SY/T 6832-2011［S］.北京：石油工业出版社.

苏俊磊,孙建孟,王涛,等.2011.应用核磁共振测井资料评价储层孔隙结构的改进方法［J］.吉林大学学报:地球科学版,41（增刊1）:380-386.

孙嘉鑫,赵靖舟,汤延帅,等.2024.鄂尔多斯盆地致密砂岩储层成岩作用及孔隙演化——以七里村油田延长组7段为例［J］.断块油气田,31（4）:611-619.

孙亮,王晓琦,金旭,等.2016.微纳米孔隙空间三维表征与连通性定量分析［J］.石油勘探与开发,43（3）:490-498.

孙龙德,邹才能,贾爱林,等.2019.中国致密油气发展特征与方向［J］.石油勘探与开发,46（6）:1015-1026.

孙全力,孙晗森,贾趵,等.2012.川西须家河组致密砂岩储层绿泥石成因及其与优质储层关系［J］.石油与天然气地质,33（5）:751-757.

孙雅雄,张坦,丁文龙,等.2022.压汞法与数字图像分析技术在致密砂岩储层微观孔隙定量分析中的应用——以鄂尔多斯盆地吴起油田X区块为例［J］.石油实验地质,44（6）:1105-1115.

唐永强,樊昕晔,宗进旗,等.2021.CO_2对致密油渗吸作用的影响机理研究［J］.热力发电,50（1）:136-142.

汪新光,邱金来,彭小东,等.2022.基于数字岩心的致密砂岩储层孔隙结构与渗流机理［J］.油气地质与采收率,29（6）:22-30.

汪焰.2014.全球致密气勘探开发现状及关键技术［J］.石油知识,（2）:8-9.

汪勇,孙业恒,梁栋,等.2020.基于数字岩心与格子Boltzmann方法的致密砂岩自发渗吸模拟研究［J］.石油科学通报,5（4）:458-466.

王付勇,赵久玉.2022.基于深度学习的数字岩心图像重构及其重构效果评价［J］.中南大学学报（自然科学版）,53（11）:4412-4424.

王继超,崔鹏兴,刘双双,等.2023.不同孔隙结构页岩油储层可动流体分布特征［J］.西安石油大学学报（自然科学版）,38（1）:56-68.

王建夫,王秀宇,董万青,等.2017.致密砂岩毛管力曲线计算相渗的分形维数方法［J］.大庆石油地质与开发,36（5）:164-168.

王剑超,余瑜,林良彪,等.2023.川西坳陷须家河组四段致密砂岩储层可动流体饱和度影响因素［J］.矿物岩石,43（2）:95-107.

王敬,刘慧卿,夏静,等.2017.裂缝性油藏渗吸采油机理数值模拟［J］.石油勘探与开发,44（5）:761-770.

王猛,董宇,蔡军,等.2023.基于BP神经网络的储层渗透率预测及质量评价方法［J］.地球物理学进展,38（1）:321-327.

王强,赵金洲,胡永全,等.2022.岩心尺度静态自发渗吸的数值模拟［J］.石油学报,43（6）:860-870.

王瑞飞,张祺,邵晓岩,等.2020.多尺度CT成像技术识别超低渗透砂岩储层纳米级孔喉［J］.地球物理学进展,35（1）:188-196.

王伟,宋渊娟,黄静,等.2021.利用高压压汞实验研究致密砂岩孔喉结构分形特征［J］.地质科技通报,40（4）:22-30.

王伟,许兆林,李维振,等.2022.基于高斯过程回归和高压压汞测定致密砂岩渗透率——以鄂尔多斯盆地长7致密砂岩为例［J］.地质科技通报,41（4）:30-37+45.

王伟,朱玉双,梁正中,等.2024.致密砂岩三元孔喉结构特征——以鄂尔多斯盆地三叠系延长组7段致密砂岩为例［J］.中南大学学报（自然科学版）,55（4）:1361-1373.

参考文献

王香增, 任来义, 贺永红, 等. 2016. 鄂尔多斯盆地致密油的定义[J]. 油气地质与采收率, 23（1）: 1-7.

王向丽, 王忠, 倪培永, 等. 2013. 碳烟微观结构的小角X射线散射分析[J]. 内燃机工程, 34（2）: 58-61.

王小军, 白雪峰, 李军辉, 等. 2024. 松辽盆地北部下白垩统扶余油层源下致密油富集模式及主控因素[J]. 石油勘探与开发, 51（2）: 248-259.

王晓琦, 金旭, 李建明, 等. 2019. 聚焦离子束扫描电镜在石油地质研究中的综合应用[J]. 电子显微学报, 38（3）: 303-319.

王雅楠, 李达, 齐银, 等. 2011. 苏里格气田苏14井区盒8段储层成岩作用与孔隙演化[J]. 断块油气田, 18（3）: 297-300.

王艳忠, 宋磊, 孟涛, 等. 2024. 济阳坳陷车西洼陷二叠系上石盒子组致密砂岩储层成岩—成藏系统演化[J]. 中国石油大学学报（自然科学版）, 48（4）: 43-56.

王永诗, 高阳, 方正伟. 2021. 济阳坳陷古近系致密储集层孔喉结构特征与分类评价[J]. 石油勘探与开发, 48（2）: 266-278.

王羽, 汪丽华, 王建强, 等. 2018. 基于聚焦离子束—扫描电镜方法研究页岩有机孔三维结构[J]. 岩矿测试, 37（3）: 235-243.

王羽君, 赵晓东, 周伯玉, 等. 2022. 基于高压压汞—恒速压汞的低渗砂岩储层孔隙结构评价[J]. 断块油气田, 29（6）: 824-830.

魏小燕, 叶美芳, 朱津蕊, 等. 2022. 应用扫描电镜—能谱分析技术研究松辽盆地营城组致密砂岩中火山灰的微观特征[J]. 电子显微学报, 41（2）: 148-153.

吴浩, 张春林, 纪友亮, 等. 2017a. 致密砂岩孔喉大小表征及对储层物性的控制——以鄂尔多斯盆地陇东地区延长组为例[J]. 石油学报, 38（8）: 876-887.

吴浩, 刘锐娥, 纪友亮, 等. 2017b. 致密气储层孔喉分形特征及其与渗流的关系——以鄂尔多斯盆地下石盒子组盒8段为例[J]. 沉积学报, 35（1）: 151-162.

吴蒙, 秦勇, 王晓青, 等. 2021. 中国致密砂岩储层流体可动性及其影响因素[J]. 吉林大学学报（地球科学版）, 51（1）: 35-51.

吴松涛, 林士尧, 晁代君, 等. 2019. 基于孔隙结构控制的致密砂岩可动流体评价——以鄂尔多斯盆地华庆地区上三叠统长6致密砂岩为例[J]. 天然气地球科学, 30（8）: 1222-1232.

吴小斌, 侯加根, 孙卫, 等. 2011. 特低渗砂岩储层微观结构及孔隙演化定量分析[J]. 中南大学学报（自然科学版）, 42（11）: 3438-3446.

肖佃师, 卢双舫, 姜微微, 等. 2017. 基于粒间孔贡献量的致密砂岩储层分类——以徐家围子断陷为例[J]. 石油学报, 38（10）: 1123-1134.

肖佃师, 卢双舫, 陆正元, 等. 2016. 联合核磁共振和恒速压汞方法测定致密砂岩孔喉结构[J]. 石油勘探与开发, 43（6）: 961-969.

肖伟桐, 冯明石, 李志鹏, 等. 2023. 湖相浊积砂岩单砂层厚度对碳酸盐胶结物及储层质量的控制——以渤海湾盆地惠民凹陷沙三上亚段为例[J]. 矿物岩石, 43（1）: 131-143.

徐同台, 等. 2003. 中国含油气盆地黏土矿物[M]. 北京: 石油工业出版社.

徐永强, 何永宏, 卜广平, 等. 2019. 基于微观孔喉结构及渗流特征建立致密储层分类评价标准——以鄂尔多斯盆地陇东地区长7储层为例[J]. 石油实验地质, 41（3）: 451-460.

徐跃, 李向山. 2003. 炭纤维中纳米微孔的X射线小角散射分析[J]. 理化检验（物理分册），（1）: 28-31.

许晗, 刘明洁, 张庄, 等. 2022. 四川盆地川西坳陷须家河组三段致密砂岩储层成岩作用及孔隙演化[J]. 天然气地球科学, 33（3）: 344-357.

闫建平, 张帆, 胡钦红, 等. 2018. 东营凹陷南坡低渗透储层孔隙结构及有效性分析[J]. 中国矿业大学学报，47（2）：345-356.

闫健，秦大鹏，王平平，等.2020.鄂尔多斯盆地致密砂岩储层可动流体赋存特征及其影响因素［J］.油气地质与采收率，27（6）：47-56.

闫雪莹，桑琴，蒋裕强，等.2024.四川盆地公山庙西地区侏罗系大安寨段致密油储层特征及高产主控因素［J］.岩性油气藏，36（6）：98-109.

严敏，赵靖舟，黄延昭，等.2023.鄂尔多斯盆地东南部长6段致密砂岩孔喉结构及演化［J］.新疆石油地质，44（6）：674-682.

杨宸，杨二龙，安艳明，等.2024.致密储层孔隙结构对渗吸的影响研究进展［J］.特种油气藏，31（4）：10-18.

杨坤，王付勇，曾繁超，等.2020.基于数字岩心分形特征的渗透率预测方法［J］.吉林大学学报（地球科学版），50（4）：1003-1011.

杨涛，张国生，梁坤，等.2012.全球致密气勘探开发进展及中国发展趋势预测［J］.中国工程科学，14（6）：64-68.

杨雪，廖锐全，袁旭，等.2023.基于核磁共振技术的致密岩心高温高压自发渗吸实验［J］.大庆石油地质与开发，42（3）：58-65.

杨耀忠，谭绍泉，孙业恒，等.2021.油气勘探开发综合研究数字平台建设及应用［J］.油气藏评价与开发，11（4）：628-634.

杨正明，刘学伟，李海波，等.2019.致密储集层渗吸影响因素分析与渗吸作用效果评价［J］.石油勘探与开发，46（4）：739-745.

姚泾利，王琪，张瑞，等.2011.鄂尔多斯盆地中部延长组砂岩中碳酸盐胶结物成因与分布规律研究［J］.天然气地球科学，22（6）：943-950.

油气田开发专业标准化技术委员会.2017.油藏岩石润湿性测定方法：SY/T 5153-2017［S］.北京：石油工业出版社.

于兴河，李顺利，杨志浩，等.2015.致密砂岩气储层的沉积—成岩成因机理探讨与热点问题［J］.岩性油气藏，27（1）：1-13.

袁晓蔷，姚光庆，杨香华，等.2019.自生黏土矿物对文昌A凹陷深部储层的制约［J］.地球科学,44（3）：909-918.

岳亮，孟庆强，刘自亮，等.2022.致密砂岩储层物性及非均质性特征——以四川盆地中部广安地区上三叠统须家河组六段为例［J］.石油与天然气地质，43（3）：597-609.

曾凡成，张昌民，李忠诚，等.2021.断块型沉火山碎屑岩致密气藏有效储层控制因素及分布规律——以松辽盆地南部王府气田白垩系沙河子组为例［J］.石油与天然气地质，42（2）：13.

张大智.2017.利用氮气吸附实验分析致密砂岩储层微观孔隙结构特征——以松辽盆地徐家围子断陷沙河子组为例［J］.天然气地球科学，28（6）：898-908.

张恒荣，何胜林，吴进波，等.2017.一种基于Kozeny-Carmen方程改进的渗透率预测新方法［J］.吉林大学学报（地球科学版），47（3）：899-906.

张继成，唐永建，吴卫东，等.2006.聚焦离子束系统在微米/纳米加工技术中的应用［J］.材料导报，20：40-43.

张品，苟红光，龙飞，等.2018.吐哈盆地天然气地质条件、资源潜力及勘探方向［J］.天然气地球科学，29（10）：1531-1541.

张全培，吴文瑞，刘丽萍，等.2020.鄂尔多斯盆地镇北地区延长组超低渗透储层孔隙结构及其分形特征［J］.油气地质与采收率，27（3）：20-31.

张永旺，蒋善斌，李峰，等.2021.东营凹陷沙河街组砂岩储层砂泥岩界面对长石溶蚀的影响［J］.地质学报，95（3）：883-894.

张哲豪, 魏新善, 弓虎军, 等. 2020. 鄂尔多斯盆地定边油田长7致密砂岩储层成岩作用及孔隙演化规律[J]. 油气地质与采收率, 27（2）: 43-52.

赵华伟, 宁正福, 赵天逸, 等. 2017. 恒速压汞法在致密储层孔隙结构表征中的适用性[J]. 断块油气田, 24（3）: 413-416.

赵建鹏, 陈惠, 李宁, 等. 2020. 三维数字岩心技术岩石物理应用研究进展[J]. 地球物理学进展, 35（3）: 1099-1108.

赵久玉, 王付勇, 杨坤, 等. 2020. 致密砂岩分形渗透率模型构建及关键分形参数计算方法[J]. 特种油气藏, 27（4）: 73-78.

赵雪培, 张霞, 林春明, 等. 2023. 辽河坳陷滩海东部沙河街组低渗透砂岩储层成岩作用特征[J]. 断块油气田, 30（2）: 196-204.

郑民, 李建忠, 吴晓智, 等. 2019. 我国主要含油气盆地油气资源潜力及未来重点勘探领域[J]. 地球科学, 44（3）: 833-847.

支东明, 李建忠, 周志超, 等. 2024. 三塘湖盆地油气勘探开发新领域、新类型及资源潜力[J]. 石油学报, 45（1）: 115-132.

钟大康. 2017. 致密油储层微观特征及其形成机理——以鄂尔多斯盆地长6—长7段为例[J]. 石油与天然气地质, 38（1）: 49-61.

钟大康, 朱筱敏, 张枝焕, 等. 2003. 东营凹陷古近系砂岩储集层物性控制因素评价[J]. 石油勘探与开发, 30（30）: 95-98.

钟大康, 朱筱敏, 李树静, 等. 2007. 早期碳酸盐胶结作用对砂岩孔隙演化的影响——以塔里木盆地满加尔凹陷志留系砂岩为例[J]. 沉积学报, 25（6）: 885-890.

周港, 程甜, 李杰, 等. 2023. 胜北洼陷三间房组致密储集层成岩作用及孔隙演化[J]. 新疆石油地质, 44（3）: 289-298.

周立宏, 陈长伟, 韩国猛, 等. 2021. 陆相致密油与页岩油藏特征差异性及勘探实践意义——以渤海湾盆地黄骅坳陷为例[J]. 地球科学, 46（2）: 555-571.

周志恒, 钟大康, 凡睿, 等. 2019. 致密砂岩中岩屑溶蚀及其伴生胶结对孔隙发育的影响——以川东北元坝西部须二下亚段为例[J]. 中国矿业大学学报, 48（3）: 592-603.

朱晴, 乔向阳, 张磊, 等. 2019. 恒速压汞在鄂尔多斯东南部致密砂岩储层中的应用[J]. 特种油气藏, 26（6）: 123-128.

朱如凯, 吴松涛, 苏玲, 等. 2016. 中国致密储层孔隙结构表征需注意的问题及未来发展方向[J]. 石油学报, 37（11）: 1323-1336.

朱育平. 2008. 小角X射线散射: 理论、测试、计算及应用[M]. 北京: 化学工业出版社.

邹才能, 等. 2014. 非常规油气地质学[M]. 北京: 地质出版社.

邹才能, 张国生, 杨智, 等. 2013. 非常规油气概念、特征、潜力及技术——兼论非常规油气地质学[J]. 石油勘探与开发, 40（4）: 385-399.

邹才能, 朱如凯, 白斌, 等. 2016. 致密油与页岩油内涵、特征、潜力及挑战[J]. 矿物岩石地球化学通报, 36（1）: 3-17.

邹才能, 朱如凯, 吴松涛, 等. 2012. 常规与非常规油气聚集类型、特征、机理及展望——以中国致密油和致密气为例[J]. 石油学报, 33（2）: 173-187.

Aliakbardoust E, Rahimpour-bona H. 2013. Effects of pore geometry and rock properties on water saturation of a carbonate reservoir[J]. Journal of Petroleum Science and Engineering, 112: 296-309.

Anovitz L, Cole D, Rother G, et al. 2013. Diagenetic changes in macro-to nano-scale porosity in the St. Peter Sandstone: an (ultra) small angle neutron scattering and backscattered electron imaging analysis[J]. Geochimica Et Cosmochimica Acta, 102: 280-305.

Anovitz L, Freiburg J, Wasbrough M, et al. 2018. The effects of burial diagenesis on multiscale porosity in the St. Peter Sandstone: an imaging, small-angle, and ultra-small-angle neutron scattering analysis [J]. Marine and Petroleum Geology, 92: 352-371.

Anselmetti F, Luthi S, Eberli G. 1998. Quantitative characterization of carbonate pore systems by digital image analysis [J]. AAPG Bulletin, 82 (10): 1815.

Bjørlykke K. 2014. Relationships between depositional environments, burial history and rock properties: some principal aspects of diagenetic process in sedimentary basins [J]. Sedimentary Geology, 301: 1-14.

Blunt M. 2001. Flow in porous media-pore-network models and multiphase flow [J]. Current Opinion in Colloid & Interface Science, 6 (3): 197-207.

Bui B, Tutuncu A. 2017. Contribution of osmotic transport on oil recovery from rock matrix in unconventional reservoirs [C]. Paris: Biot Conference on Poromechanics: 2016-2026.

Cerepi A, Durand C, Brosse E. 2002. Pore microgeometry analysis in low-resistivity sandstone reservoirs [J]. Journal of Petroleum Science and Engineering, 35 (3): 205-232.

Clarkson C, Freeman M, He L, et al. 2012a. Characterization of tight gas reservoir pore structure using USANS/SANS and gas adsorption analysis [J]. Fuel, 95: 371-385.

Clarkson C, Wood J, Burgis S, et al. 2012b. Nanopore structure analysis and permeability predictions for a tight gas siltstone reservoir by use of low pressure adsorption and mercury intrusion techniques [C]. Pittsburgh: SPE Americas Unconventional Resources Conference, 15: 648-661.

Clarkson C, Solano N, Bustin R, et al. 2013. Pore structure characterization of North American shale gas reservoirs: using USANS/SANS, gas adsorption, and mercury intrusion [J]. Fuel, 103 (1): 606-616.

Coates G R, Xiao L, Prammer M G. 1999. NMR logging principles and applications [J]. Haliburton Energy Services, 234.

Dai C, Cheng R, Sun X, et al. 2019. Oil migration in nanometer to micrometer sized pores of tight oil sandstone during dynamic surfactant imbibition with online NMR [J]. Fuel, 245: 544-553.

Daigle H, Johnson A. 2016. Combining mercury intrusion and nuclear magnetic resonance measurements using percolation theory [J]. Transport in Porous Media, 111 (3): 669-679.

Dong C, Zhao Y, Teng T, et al. 2022. A semi-empirical modified geometry model for long-term co-current spontaneous imbibition of porous media based on convoluted, nonuniform and topological pore network [J]. Journal of Hydrology, 609: 127669.

Dong X, Meng X, Pu R, et al. 2023. Impacts of mineralogy and pore throat structure on the movable fluid of tight sandstone gas reservoirs in coal measure strata: a case study of the Shanxi formation along the southeastern margin of the Ordos Basin [J]. Journal of Petroleum Science and Engineering, 220: 111257.

Dutton S, Loucks R. 2010. Diagenetic controls on evolution of porosity and permeability in lower Tertiary Wilcox sandstones from shallow to ultradeep (200-6700m) burial, Gulf of Mexico Basin, USA [J]. Marine and Petroleum Geology, 27 (1): 69-81.

Ehrenberg S. 1993. Preservation of anomalously high porosity in deeply buried sandstones by chlorite rims: examples from the Norwegian Continental Shelf [J]. AAPG Bulletin, 77 (1): 1260-1286.

Ehrenberg S. 1997. Influence of depositional sand quality and diagenesis on porosity and permeability: examples from Brent Group reservoirs, northern North Sea [J]. Journal of Sedimentary Research, 67 (1): 197-211.

Ehrlich R, Kennedy S, Crabtree S, et al. 1984. Petrographic image analysis, I. Analysis of reservoir pore complexes [J]. Journal of Sedimentary Petrology, 54 (4): 1365-1378.

Emery D, Myers K, Young R. 1990. Ancient subaerial exposure and freshwater leaching in sandstones [J].

Geology, 18 (12): 1178-1181.

Everett D. 1972. Manual of symbols and terminology for physicochemical quantities and units, appendix II: definitions, terminology and symbols in colloid and surface chemistry[J]. Pure and Applied Chemistry, 31(4): 585.

Fournier F, Pellerin M, Villeneuve Q. 2018. The equivalent pore aspect ratio as a tool for pore type prediction in carbonate reservoirs [J]. AAPG Bulletin, 102 (7): 1343-1377.

Gao F, Song Y, Zhuo L, et al. 2018. Quantitative characterization of pore connectivity using NMR and MIP: a case study of the Wangyinpu and Guanyintang shales in the Xiuwu basin, Southern China [J]. International Journal of Coal Geology, 197: 53-65.

Gong R, Wang X, Li L, et al. 2022. Lattice boltzmann modeling of spontaneous imbibition in variable-diameter capillaries [J]. Energies, 15.

Gu L, Wang N, Tang X, et al. 2020. Application of FIB-SEM techniques for the advanced characterization of earth and planetary materials [J]. Scanning: 8406917.

Guan M, Liu X, Jin Z, et al. 2020. The heterogeneity of pore structure in lacustrine shales: insights from multifractal analysis using N_2 adsorption and mercury intrusion [J]. Marine and Petroleum Geology, 114: 104150.

Guinier A, Fournet G, Walker C, et al. 1956. Small-angle scattering of X-Rays [J]. Physics Today, 9.

Handy L. 1960. Determination of effective capillary pressures for porous media from imbibition data [J]. Transactions of the AIME, 219 (1): 75-80.

Hao F, Zhang X, Wang C, et al. 2015. The fate of CO_2 derived from Thermochemical Sulfate Reduction (TSR) and effect of TSR on carbonate porosity and permeability, Sichuan Basin, China [J]. Earth-Science Reviews, 141: 154-177.

He Z, Liang F, Meng J, et al. 2022. Pore-scale study of the effect of bifurcated fracture on spontaneous imbibition in heterogeneous porous media [J]. Physics of Fluids, 34 (7): 072003.

Huang H, Sun W, Ji W, et al. 2017. Effects of pore-throat structure on gas permeability in the tight sandstone reservoirs of the Upper Triassic Yanchang formation in the Western Ordos Basin, China [J]. Journal of Petroleum Science and Engineering, 162.

Hurst A, Nadeau P. 1995. Clay microporosity in reservoir sandstones: an application of quantitative electron microscopy in petrophysical evaluation [J]. AAPG Bulletin, 79 (4): 563-573.

Khatibi S, Ostadhassan M, Xie Z H. 2019. NMR relaxometry a new approach to detect geochemical properties of organic matter in tight shales [J]. Fuel, 235: 167-177.

Kibria M G, Hu Q, Liu H, et al. 2018. Pore structure, wettability, and spontaneous imbibition of Woodford Shale, Permian Basin, West Texas [J], 91: 735-748.

Lai F, Li Z, Wei Q. 2016. Experimental investigation of spontaneous imbibition in tight reservoir with nuclear magnetic resonance testing [J]. Energy & Fuels, 30 (11): 8932-8940.

Lai J, Wang G, Fan Z, et al. 2016. Insight into the pore structure of tight sandstones using NMR and HPMI measurements [J]. Energy & Fuels, 30 (12): 10200-10214.

Lai J, Wang G, Fan Z, et al. 2018a. Fractal analysis of tight shaly sandstones using nuclear magnetic resonance measurements [J]. AAPG Bulletin, 102 (2): 175-193.

Lai J, Wang G, Wang Z, et al. 2018b. A review on pore structure characterization in tight sandstones [J]. Earth-Science Reviews, 177: 436-457.

Liao Z, Huang Y, Yue X, et al. 2016. In silico prediction of gamma-aminobutyric acid type-a receptors using novel machine—learning-based SVM and GBDT approaches[J]. BioMed Research International(6): 1-12.

Liu Y, Cai J, Sahimi M, et al. 2020. A study of the role of microfractures in counter-current spontaneous imbibition by lattice boltzmann simulation [J]. Transport in Porous Media, 9.

Loucks R, Reed R, Ruppel S. 2012. Spectrum of pore types and networks in mudrocks and a descriptive classification for matrix-related mudrock pores [J]. AAPG Bulletin, 96: 1071-1098.

Lu Y, Kovalchuk M, Simmons M, et al. 2018. Residual film thickness following immiscible fluid displacement in noncircular microchannels at large capillary number [J]. Aiche Journal, 64(9): 3456-3466.

Mason G, Morrow N. 1991. Capillary behavior of a perfectly wetting liquid in irregular triangular tubes [J]. Journal of Colloid and Interface Science, 141(1): 262-274.

Mattax C, Kyte J. 1962. Imbibition oil recovery from fractured, water-drive reservoir [J]. Society of Petroleum Engineers Journal, 2(2): 177-184.

Medina C, Mastalerz M, Rupp J. 2017. Characterization of porosity and pore-size distribution using multiple analytical tools: implications for carbonate reservoir characterization in geologic storage of CO_2 [J]. Environmental Geosciences, 24(1): 51-72.

Meng Z, Sun W, Liu Y. 2021. Effect of pore networks on the properties of movable fluids in tight sandstones from the perspective of multitechniques [J]. Journal of Petroleum Science and Engineering, 201: 108449.

Mohaghegh S, Arefi R, Ameri S, et al. 1995. Design and development of an artificial neural network for estimation of formation permeability [J]. SPE Computer Applications, 7(6): 151-154.

Morriss C E, MacInnis J, Freedman R, et al. 1993. Field test of an experimental pulsed nuclear magnetism tool [C]. Calgary: SPWLA 34th Annual Logging Symposium.

Nelson P. 2009. Pore throat sizes in sandstones, tight sandstones, and shales [J]. AAPG Bulletin, 93: 1-13.

Petrov O, Furó I. 2009. NMR cryoporometry: principles, applications and potential [J]. Progress in Nuclear Magnetic Resonance Spectroscopy, 54(2): 97-122.

Pittman E D. 1992. Relationship of porosity and permeability to various parameters derived from mercury injection-capillary pressure curves for sandstone [J]. AAPG Bulletin, 76(2): 191-198.

Pittman E D, Larese R E, Heald M T. 2012. Origin, diagenesis, and petrophysics of clay minerals in sandstones [M]. Tulsa: SEPM (Society for Sedimentary Geology), 241-255.

Qiao J, Zeng J, Chen D. 2022. Permeability estimation of tight sandstone from pore structure characterization [J]. Marine and Petroleum Geology, 135: 105382.

Qu Y, Sun W, Tao R. 2020. Pore-throat structure and fractal characteristics of tight sandstones in Yanchang Formation, Ordos Basin [J]. Marine and Petroleum Geology, 120: 104573.

Qu Y, Sun W, Wu H, et al. 2022. Impacts of pore-throat spaces on movable fluid: implications for understanding the tight oil exploitation process [J]. Marine and Petroleum Geology, 137: 105509.

Rezaee R, Saeedi A, Clennell B. 2012. Tight gas sands permeability estimation from mercury injection capillary pressure and nuclear magnetic resonance data [J]. Journal of Petroleum Science and Engineering, 88: 92-99.

Rumelhart D, Hinton G, Williams R. 1986. Learning representations by back-propagating errors [J]. Nature, 323(6088): 533-536.

Salman B, Robert H, Linda B. 2002. Anomalously high porosity and permeability in deeply buried sandstone reservoirs: origin and predictability [J]. AAPG Bulletin, 86: 301-328.

Schechter D, Zhou D. 1991. Capillary imbibition and gravity segregation in low IFT systems [C]. Dallas: SPE Annual Technical Conference and Exhibition.

Shen Y, Ge H, Li C, et al. 2016. Water imbibition of shale and its potential influence on shale gas recovery:

a comparative study of marine and continental shale formations [J]. Journal of Natural Gas Science and Engineering, 35: 1121-1128.

Shen Y, Li C, Ge H, et al. 2017. Spontaneous imbibition in asymmetric branch-like throat structures in unconventional reservoirs [J]. Journal of Natural Gas Science and Engineering, 44: 328-337.

Soeder D, Chowdiah P. 1990. Pore geometry in high and low-permeability sandstones, Travis Peak Formation, east Texas [J]. SPE Formation Evaluation, 5 (4): 421-430.

Sun M, Yu B, Hu Q, et al. 2017. Pore characteristics of Longmaxi shale gas reservoir in the Northwest of Guizhou, China: investigations using small-angle neutron scattering (SANS), helium pycnometry, and gas sorption isotherm [J]. International Journal of Coal Geology, 171: 61-68.

Sun M, Lin H, Qin H, et al. 2020. Multiscale connectivity characterization of marine shales in southern China by fluid intrusion, small-angle neutron scattering (SANS), and FIB-SEM [J]. Marine and Petroleum Geology, 112.

Swanson B. 1981. A simple correlation between permeabilities and mercury capillary pressures [J]. Journal of Petroleum Technology, 33 (12): 2498-2504.

Tian H, Pan L, Xiao X, et al. 2013. A preliminary study on the pore characterization of Lower Silurian black shales in the Chuandong Thrust Fold Belt, southwestern China using low pressure N_2 adsorption and FE-SEM methods [J]. Marine and Petroleum Geology, 48: 8-19.

Vergés E, Tost D, Ayala D. 2011. 3D pore analysis of sedimentary rocks [J]. Sediment Geology, 234: 109-115.

Vilcáez J, Morad S, Shikazono N. 2017. Pore-scale simulation of transport properties of carbonate rocks using FIB-SEM 3D microstructure: implications for field scale solute transport simulations [J]. Journal of Natural Gas Science and Engineering, 42: 13-22.

Wang D, Ma Y, Song K, et al. 2022. Phase-field modeling of pore-scale oil replacement by spontaneous imbibition in fractured porous media [J]. Energy & Fuels, 36 (24): 14824-14837.

Wang H, Anovitz L, Burg A, et al. 2013. Multi-scale characterization of pore evolution in a combustion metamorphic complex, Hatrurim basin, Israel: combining (ultra) small-angle neutron scattering and image analysis [J]. Geochimica Et Cosmochimica Acta, 121: 339-362.

Wang J, Liu H, Qian G, et al. 2019. Investigations on spontaneous imbibition and the influencing factors in tight oil reservoirs [J]. Fuel, 236: 755-768.

Wang X, Wang M, Li Y, et al. 2021. Shale pore connectivity and influencing factors based on spontaneous imbibition combined with a nuclear magnetic resonance experiment [J]. Marine and Petroleum Geology: 105239.

Weislogel M, Lichter S. 1998. Capillary flow in an interior corner [J]. Journal of Fluid Mechanics, 373: 349-378.

Wirth R. 2009. Focused Ion Beam (FIB) combined with SEM and TEM: Advanced analytical tools for studies of chemical composition, microstructure and crystal structure in geomaterials on a nanometre scale [J]. Chemical Geology, 261 (3-4): 217-229.

Worden R, Morad S. 2000. Quartz cementation in oil field sandstones: a review of the key controversies [J]. Quartz Cementation in Sandstones [J]. 1-20.

Wu H, Zhang C, Ji Y, et al. 2018. An improved method of characterizing the pore structure in tight oil reservoirs: integrated NMR and constant-rate-controlled porosimetry data [J]. Journal of Petroleum Science and Engineering, 166: 778-796.

Wu H, Yao Y, Zhou Y, et al. 2019. Analyses of representative elementary volume for coal using X-ray μ-CT and FIB-SEM and its application in permeability predication model [J]. Fuel, 254: 115563.

Xiao D, Lu S, Lu Z, et al. 2016. Combining nuclear magnetic resonance and rate-controlled porosimetry to probe the pore-throat structure of tight sandstones [J]. Petroleum Exploration and Development, 43 (6): 1049-1059.

Xiao D, Lu Z, Jiang S, et al. 2016. Comparison and integration of experimental methods to characterize the full-range pore features of tight gas sandstone: a case study in Songliao Basin of China [J]. Journal of Natural Gas Science and Engineering, 34: 1412-1421.

Xiao D, Lu S, Yang J. 2017. Classifying multiscale pores and investigating their relationship with porosity and permeability in tight sandstone gas reservoirs [J]. Energy&Fuels, 31: 9188-9200.

Yang K, Wang F, Zhao J, et al. 2023. Experimental study of surfactant-enhanced spontaneous imbibition in fractured tight sandstone reservoirs: the effect of fracture distribution [J]. Petroleum Science, 20 (1): 370-381.

Yang L, Ge H, Shi X, et al. 2016. The effect of microstructure and rock mineralogy on water imbibition characteristics in tight reservoirs [J]. Journal of Natural Gas Science and Engineering: 1461-1471.

Yuan H, Swanson B. 1989. Resolving pore-space characteristics by rate-controlled porosimetry [J]. SPE Formation Evaluation, 4 (1): 17-24.

Zang Q, Liu C, Awan R. 2022. Occurrence characteristics of the movable fluid in heterogeneous sandstone reservoir based on fractal analysis of NMR data: a case study of the Chang 7 Member of Ansai Block, Ordos Basin, China [J]. Journal of Petroleum Science and Engineering, 214: 110499.

Zhang C, Zhang Y, Shi X, et al. 2019. On incremental learning for gradient boosting decision trees [J]. Neural Processing Letters, 50 (2): 957-987.

Zhang J, Tang Y, He D, et al. 2020. Full-scale nanopore system and fractal characteristics of clay-rich lacustrine shale combining FE-SEM, nano-CT, gas adsorption and mercury intrusion porosimetry [J]. Applied Clay Science, 196: 105758.

Zhang L, Lu S, Xiao D, et al. 2017. Characterization of full pore size distribution and its significance to macroscopic physical parameters in tight glutenites [J]. Journal of Natural Gas Science and Engineering, 38: 434-449.

Zhang P, Lu S, Li J, et al. 2018. Petrophysical characterization of oil-bearing shales by low-field nuclear magnetic resonance (NMR) [J]. Marine and Petroleum Geology, 89: 775-785.

Zhang Q, Liu Y, Wang B, et al. 2022. Effects of pore-throat structures on the fluid mobility in chang 7 tight sandstone reservoirs of longdong area, Ordos Basin [J]. Marine and Petroleum Geology, 135: 105407.

Zhao H, Ning Z, Wang Q, et al. 2015. Petrophysical characterization of tight oil reservoirs using pressure-controlled porosimetry combined with rate-controlled porosimetry [J]. Fuel, 154: 233-242.

Zheng J, Chen Z, Xie C, et al. 2018. Characterization of spontaneous imbibition dynamics in irregular channels by mesoscopic modeling [J]. Computers & Fluids, 168: 21-31.

Zheng H, Liao R, Cheng N, et al. 2021. Microscopic mechanism of fracturing fluid imbibition in stimulated tight oil reservoir [J]. Journal of Petroleum Science and Engineering, 202 (1): 108533.